21 世纪电气工程及其自动化系列教材

高电压技术

文远芳

U0362715

华中科技大学出版社

（中国·武汉）

图书在版编目(CIP)数据

高电压技术/文远芳. —武汉:华中科技大学出版社,2001 年 1 月(2020.4 重印)

ISBN 978-7-5609-2317-8

Ⅰ.高… Ⅱ.文… Ⅲ.高电压-技术 Ⅳ.TM8

中国版本图书馆 CIP 数据核字(2008)第 004589 号

高电压技术   文远芳

责任编辑:李　德   封面设计:潘　群
责任校对:张　欣   责任监印:周治超

出版发行:华中科技大学出版社(中国·武汉)
　　　　武昌喻家山   邮编:430074   电话:(027)81321915

录　　排:华中科技大学出版社照排室
印　　刷:武汉华工鑫宏印务有限公司

开本:787×960 1/16   印张:17   字数:278 000
版次:2001 年 1 月第 1 版   印次:2020 年 4 月第 14 次印刷   定价:45.00 元
ISBN 978-7-5609-2317-8/TM·84

内 容 提 要

　　本书包括各类电介质在高电场下的特性、电气设备绝缘试验技术、电力系统过电压与绝缘配合三部分。着重介绍高电压技术最基本的概念、理论和方法,重点在新的理论和实用方法上。

　　本书为高等学校电气工程及其自动化专业学生在学习高电压技术课程时的教材,也可供从事这方面工作的工程技术人员参考。

前　　言

本书系根据全国高等学校电气工程及其自动化专业教学指导委员会制订的《高电压技术课程教学基本要求》和教材编写大纲编写的,为电气工程及其自动化专业学生学习本课程时的教科书。

高电压技术的发展始于 20 世纪初,至今已成为电工学科的一个重要分支,对于电气工程及其自动化专业的学生来说,学习本课程的目的是学会正确认识和处理电力系统中绝缘与作用电压这一对矛盾。本课程主要内容由三部分组成:各类电介质在高电场下的特性,电气设备绝缘试验技术,电力系统过电压与绝缘配合。这些是从事电力系统设计、建设和运行的工程技术人员必备的基本知识。

本书在编写时采用既兼顾常规内容,又融进国内外新近理论与发展,以及高压与计算机、微电子技术、环境保护、材料等新兴学科交叉结合的内容。为了便于学生自学,书中突出了基本理论、基本物理概念和基本训练。在编写时,注意深入浅出,说理清楚。每章后附有思考题和习题。

在编写过程中得到了西安交通大学马乃祥教授、严璋教授、曹晓珑教授、浙江大学赵智大教授、重庆大学孙才新教授、上海交通大学王寿泰教授、武汉水利电力大学贺景亮教授、哈尔滨理工大学雷清泉教授以及本单位招誉颐教授、唐跃进教授的热情指导和帮助,对本书内容和编写大纲提出非常中肯的建议和意见。此外,在编写大纲初期,本单位李正瀍教授、李劲教授、王晓瑜教授,还有张国胜副教授、王燕工程师等提出了不少宝贵意见。戴玲参与本书的校正工作。在此向他们深表感谢。

由于编者的水平有限,书中有不妥和错误之处,恳请读者批评指正。

编者

2000 年 11 月

目　　录

第一篇　各类电介质在高电场下的特性

第二篇　电气设备绝缘试验技术

第三篇　电力系统过电压与绝缘配合

第一篇　各类电介质在 高电场下的特性

本篇主要介绍气体、液体、固体介质及其组合绝缘在高电场下的特性,即在电场强度等于或大于电介质的放电起始场强或击穿场强的电场下电介质的放电、闪络、击穿特性。同时还介绍在电场强度比电介质的击穿场强小得多的电场下电介质的极化、电导、损耗等电气现象,以及提高电介质的电气强度的方法。

第一章　气体的放电基本物理过程 和电气强度

本章系统介绍气体放电的汤逊理论和流注理论,气体放电的基本规律、击穿特性和影响因素,以及提高气体介质电气强度的方法。此外还介绍沿面放电及防污对策。

第一节　汤逊理论和流注理论

汤逊理论和流注理论是气体放电的两个重要理论,这两个理论互相补充,可以说明广阔的 pd(压力和极间距离的乘积)范围内气体放电现象。

一、非自持放电和自持放电

气体放电通常可分为非自持放电和自持放电两类。为了描述这两种放电现象,首先分析气体放电试验的伏安特性曲线。

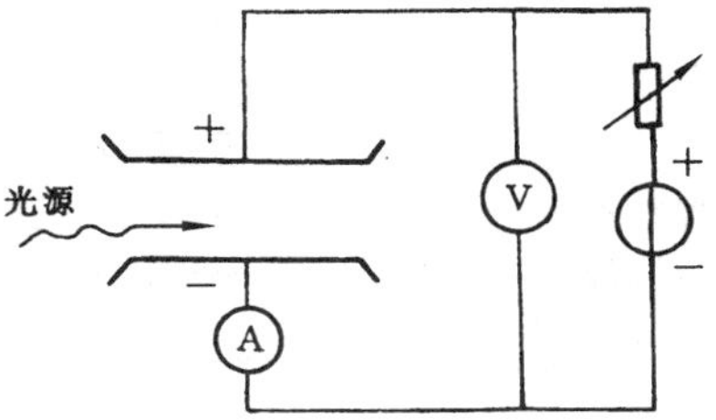

如图 1-1 所示,在外部光源(天然辐射或人工光源,例如紫外线)照射下,两平行平板电极间的气体由于电离而不断产生带电质点,另一方面正、负带电质点又在不断复合,使气体空间存在一定浓度的带电质点。电极间施加电压以后带电质点沿电场

图 1-1　测定气体间隙的电压和电流

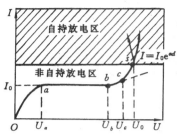

图 1-2 气体放电的伏安特性

运动，电路中出现电流。外施电压 U 逐渐升高，电流 I 也发生变化，如图 1-2 所示。起初电流随电压升高而升高，这是由于气隙中带电离子向电极运动的速度加快导致复合率减小的缘故。当电压超过 U_a 时，单位时间内外部光源使气隙中电离产生的带电离子数基本不变，尽管电压升高，电流也不会增大，如图 1-2 中 ab 段。也就是说，这时的电流仅取决于外电离因素，而和电压大小无关。这种情况下气隙仍处于良好的绝缘状态。当电压升高到 U_b 以后，又出现电流的增长，这是由于电压升高，电场增强，引起了气体间隙内碰撞电离的加强，产生了更多的带电离子。电压升高到某一临界值 U_0 时，电流急剧突增，气体间隙击穿，并伴有发光、发声等现象，即此时气隙转入良好的导电状态。

外施电压小于 U_c 时，气隙内虽有电流，但其数值很小，通常远小于微安级，而且这时电流要依靠外电离因素（如光源照射）才能维持。如果这时取消外电离因素，那么电流也将消失。这类依靠外电离因素的作用而维持的放电叫非自持放电。

在电压达到 U_0 以后，电流剧增，且此时气隙中电离过程只靠外施电压已能维持，不再需要外电离因素了。外施电压到达 U_0 后的放电称为自持放电，U_0 称为放电的起始电压。

二、汤逊理论

20 世纪初，汤逊从均匀电场、低气压短气隙（$pd < 26.66\text{kPa} \cdot \text{cm}$）的气体放电实验出发，总结出较系统的气体放电理论。下面对汤逊理论加以介绍。

如图 1-3 所示，在光源的照射下，阴极电极表面发生光电离产生电子（起始电子），并在电场作用下向阳极方向运动。当两极间电压升高、电场增强时，电子动能达到足够数值，就引起了气体的碰撞电离。电离以后产生

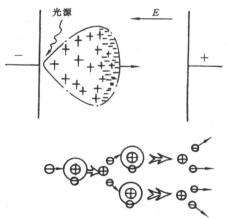

图 1-3 电子崩形成示意图

一个新电子,它和初始电子在向阳极方向运动过程中将会获得动能而发生碰撞电离,产生两个新电子,如此下去,电子个数按 1—2—4—8···—2^n 不断增长(示意而已),如同雪崩一样,因此,将这一剧增的电子流称为电子崩。

　　电子崩形成过程中产生的正离子,在电场作用下向阴极移动,当它到达阴极附近时,或者由于加强了阴极的场强,或者由于正离子撞击阴极表面而使阴极表面发生电离产生电子发射。新发射的电子从电场中获得动能参与了气体中的碰撞电离,使"雪崩"现象加剧,并且,在拆去外电离因素的情况下仍有后继电子,使放电得以自持。

　　为了定量分析气隙中气体放电过程,引入三个系数:

　　α 系数:它代表一个电子沿着电场方向行经 1cm 长度,平均发生的碰撞电离次数;

　　β 系数:一个正离子沿着电场方向行经 1cm 长度,平均发生的碰撞电离次数;

　　γ 系数:表示折合到每个碰撞阴极表面的正离子,使阴极金属平均释放出的自由电子数。

　　由上可知:α 系数对应于起始电子形成电子崩的过程,亦称 α 过程,与电子崩过程类似,在引起电子剧增同时,β 系数对应于造成离子崩的过程,亦称 β 过程,γ 系数描述了离子崩到达阴极后,将引起阴极发射二次电子的过程,亦称 γ 过程。

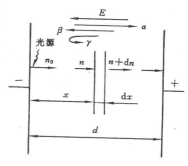

图 1-4　均匀电场中的电子数增长计算

　　图 1-4 是计算气隙中电子数增长的示意图,设外电离因素使阴极表面产生的起始电子数为 n_0,当起始电子到达离阴极 x 处时电子数已增加到 n 个,这 n 个电子行经 dx 后,又会产生 dn 个新电子,即

$$\mathrm{d}n = n \cdot \alpha \mathrm{d}x$$

或

$$\frac{\mathrm{d}n}{n} = \alpha \mathrm{d}x$$

$$n = \mathrm{e}^{\alpha d} \tag{1-1}$$

式(1-1)就是 α 过程包括起始电子在内的电子崩中的电子数,而 $\mathrm{e}^{\alpha d} - 1$ 即 β 过程,气隙中碰撞电离而产生的离子崩中的正离子数,亦是从阴极产生的一个电子消失在阳极之前,由 α 过程所形成的正离子数。那么 $\gamma(\mathrm{e}^{\alpha d} - 1)$ 表示了

这些正离子消失在阴极之前，由 γ 过程又在阴极上释放出二次电子数。若 $\gamma(\mathrm{e}^{ad} - 1) = 1$，表示由 γ 过程在阴极上重新发射一个电子，这时不再需要外电离因素，就能使电离维持发展，即转入自持放电了。

因此自持放电的条件为

$$\gamma(\mathrm{e}^{ad} - 1) = 1 \tag{1-2}$$

在不均匀电场中，由于各点的电场强度 E 不一样，因而各处的 α 值也不同，自持放电的条件应为

$$\gamma(\mathrm{e}^{\int_0^d a\,\mathrm{d}x} - 1) = 1 \tag{1-3}$$

综上所述，将电子崩和阴极上的 γ 过程作为气体自持放电的决定因素是汤逊理论的基础。汤逊理论的实质是：电子碰撞电离是气体放电的主要原因，二次电子来源于正离子撞击阴极使阴极表面逸出电子，逸出电子是维持气体放电的必要条件。所逸出的电子能否接替起始电子的作用是自持放电的判据。

三、巴申定律

根据上面所述的自持放电条件可以导出击穿电压的表达式为

$$\alpha = Ap\mathrm{e}^{-Bp/E} \tag{1-4}$$

式中，A、B 是两个与气体种类有关的常数；关于 α 的详细推导见参考文献 12。

式(1-4)表明了击穿电压与气体状态等因素的关系。将式(1-4)代入式(1-3)，可得：

$$Ap\mathrm{e}^{-Bpd/U_0} \cdot d = \ln\frac{1}{\gamma} + 1$$

$$U_0 = \frac{B(pd)}{\ln\left[\dfrac{A(pd)}{\ln\left(1 + \dfrac{1}{\gamma}\right)}\right]} = f(pd) \tag{1-5}$$

式中，U_0 为在气温不变的条件下，均匀电场中气体的自持放电的起始电压，它等于气隙的击穿电压 U_b。

式(1-5)表明的规律在汤逊之前(1889 年)已由巴申从实验中总结出来了，称为巴申定律。其内容是：当气体成分和电极材料一定时，气体间隙击穿电压(U_b)是气压(p)和极间距离(d)乘积的函数。

图 1-5 为几种气体的击穿电压 U_b 与 pd 值关系的实验曲线。由曲线可见，随 pd 的变化，击穿电压 U_b 有最小值。这一现象可用汤逊理论加以解释：因为形成自持放电需要达到一定的电离数 ad，而这又决定于碰撞次数与电离

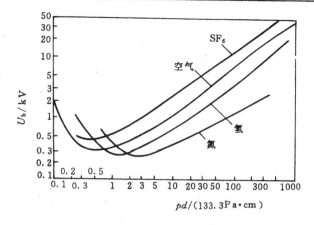

图 1-5　均匀场中几种气体的巴申曲线

概率的乘积,如果 d 固定,则当 p 增大时,碰撞次数将增加,而电离概率将减小。因此,在某个 p 值下 αd 有最大值,从而 U_b 最小。另一方面,如果 p 固定,则当 d 增大时,碰撞次数将增加,但由于 $E = U/d$ 减小,电离概率将减小,因此在某个 d 值下 αd 有最大值,从而 U_b 最小。

以上分析是在假定气体温度不变的情况下得到的。为了考虑温度变化的影响,巴申定律更普遍的形式是以气体的密度(δ)代替压力,对空气来说可表示为

$$U_b = f(\delta d) \tag{1-6}$$

式中

$$\delta = \frac{T_s}{p_s} \cdot \frac{p}{T} = 2.9 \frac{p}{T}$$

T_s、p_s 为标准大气条件($p_s = 101.3\text{kPa}, T_s = 293\text{K}$);$T$、$p$ 为实验时大气条件。

四、流注理论

以上所述汤逊用电子碰撞电离和正离子碰撞阴极使阴极释放二次电子来说明自持放电的理论,这一放电理论能较好解释低气压短气隙中的放电现象。但用来解释高气压、长气隙($pd \gg 26.66\text{kPa.cm}$)中的放电现象时,发现与实际情况有许多矛盾,例如:实际测得的大气击穿过程所需的时间比按汤逊理论推测的时间小得多,在大气压力下的气体放电几乎与阴极材料无关;而且在大气中发生气体击穿时,会出现带有分支的明亮细通道,不像低气压下气体放电是在整个气隙中均匀连续发展的。因此必须采用另外一种理论——流注理论来解释高气压长气隙的气体放电现象。

如前所述,在外电离因素(如光源)的作用下,在阴极附近产生起始电子。这些电子在电场作用下,在向阳极运动的途中与中性原子发生碰撞电离,而形成初始电子崩。当初崩发展到阳极时[图 1-6(a)]崩头中电子迅速跑到该极进行中和。暂留的正离子(在电子崩头部其密度最大)作为正空间电荷使原有电场受到畸变,加强了正离子与阴极之间的电场,同时向周围放射出大量光子。这些光子使附近的气体因光电离而产生二次电子。它们在正空间电荷所引起的畸变和加强了的局部电场作用下,又形成新的电子崩叫二次崩[图 1-6(b)],二次崩头部的电子跑向初崩的正空间电荷区域,与之汇合成为充满正负带电粒子的混合通道。这个电离通道称为流注。流注通道导电性能良好,其端部(这里流注的发展方向是从阳极到阴极,与初崩的方向相反)又有二次崩留下的正电荷,因此大大加强了流注发展方向的电场,促使更多的新电子崩相继产生并与之汇合,从而使流注向前发展[图 1-6(c)]。到流注通道把两极接通时[图 1-6(d)],就将导致气隙完全被击穿。

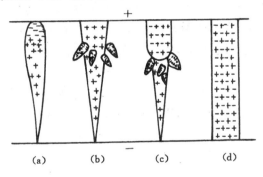

图 1-6　流注的形成和发展

综上所述,流注理论认为:形成流注的必要条件是电子崩发展到足够的程度后,电子崩中的空间电荷足以使原电场(外施电压在气隙中产生的电场)明显畸变,大大加强电子崩崩头和崩尾处的电场。另一方面,电子崩中电荷密度很大,所以复合过程频繁,放射出的光子在这部分强电场区很容易成为引发新的空间光电离的辐射源,所以流注理论认为:二次电子的主要来源是空间的光电离。

气隙中一旦出现流注,放电就可以由本身产生的空间光电离而自行维持,因此形成流注的条件即自持放电的条件,对均匀场可写为

$$e^{ad} = 常数 \qquad (1-7)$$

或

$$\gamma e^{ad} = 1, \quad ad = \ln \frac{1}{\gamma} \qquad (1-8)$$

一般认为当 $ad \approx 20$(或 $e^{ad} \approx 10^8$)便可满足上述条件,使流注得以形成。

流注理论可以说明汤逊理论所无法解释的一系列在高气压、长气隙情况下出现的放电现象。根据流注理论,二次崩的起始电子是由光子形成的,而光子的速度远比电子的大,二次崩又是在加强了的电场中,所以流注发展更迅速,击穿时间比由汤逊理论推算的小得多。二次崩的发展具有不同的方位,所以流注的推进不可能均匀,而且具有分支,大气条件下气体放电的发展不是依靠正离子使阴极表面电离形成的电子维持的,而是靠空间光电离产生电子维持的,故阴极材料对气体击穿电压影响不大。在 pd 值较小的情况下,起始电子不可能在穿越极间距离时完成足够多的碰撞电离次数,因而难以积聚到 $e^{ad} = 10^8$ 所要求的电子数,这样就不可能出现流注,放电的自持只能依靠阴极上的 γ 过程。因此这两种理论各适用于一定条件下的放电过程,不能用一种理论来取代另一种理论,它们互相补充,可以说明广阔的 pd 范围内的放电现象。

还必须补充说明的是:以上的自持放电条件公式对非电负性气体是适用的,但对强电负性气体,还应引入 η 系数描述电子的附着效应 η 过程,η 的定义与 α 相似,即一个电子沿电场方向行经 1cm 时平均发生的电子附着次数。由此可知,在电负性气体中,有效碰撞电离系数 $\bar{\alpha}$ 为

$$\bar{\alpha} = \alpha - \eta \tag{1-9}$$

对于这种情况,汤逊理论自持放电条件(1-2)、(1-3)式中的 α 不能简单地用 $\alpha - \eta$ 来代替。这是因为在电负性气体中,正离子数等于新增的电子数与负离子数之和。

一般强电负性气体的工程应用属于流注放电的范畴,因此这里直接探讨其流注自持放电条件。参照式(1-7),均匀电场中电负性气体的流注自持放电条件有类似的表达式

$$(\alpha - \eta)d = K \tag{1-10}$$

式中,K 为电子崩中电子的临界值取对数。实验研究表明,对于 SF_6(六氟化硫)强电负性气体,$K = 10.5$。

由于强电负性气体的附着效应,使得 $\bar{\alpha} < \alpha$,从而导致自持放电场强远比非电负性气体高得多。仍以 SF_6 气体为例,在标准状态下,均匀电场中击穿场强(89kV/cm)约为同样状态的空气间隙击穿场强(30kV/cm)的 3 倍(关于强电负性气体的电气性质将在第五节详细介绍)。

第二节　不均匀电场中的放电过程

在均匀电场中,气体间隙内的流注一旦形成,放电达到自持的程度,气隙

就被击穿。而在不均匀电场中,情况就显得复杂些。

　　电气设备的绝缘结构的电场大多是不均匀的,对不均匀电场还应区分两种不同的情况,即稍不均匀电场和极不均匀电场,这是因为它们的放电特点不同。

一、稍不均匀电场和极不均匀电场的放电特点

　　图 1-7 表示直径为 D 的球隙的放电电压与极间距离 d 的关系曲线。试验表明:当 $d \leqslant 2D$ 时,电场还比较均匀,其放电特性与均匀电场相似,一旦出现自持放电,立即导致整个气隙击穿。当 $d \geqslant 4D$ 以后,这时由于电场强度沿

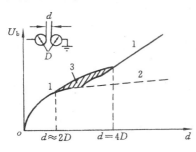

图 1-7　球隙的放电特性与
极间距离的关系
1—击穿电压;2—电晕起始电压;
3—放电不稳定区

气隙分布极不均匀,因而当所加电压达到某一临界值时,在靠近二球极的表面出现蓝紫色的晕光,并发出“咝咝”的响声,称这种局部放电现象为电晕放电,开始出现电晕放电的电压称为电晕起始电压。当外加电压进一步增大时,电极表面电晕层亦随之扩大,并出现刷状的细火花,火花越来越长,最终导致气隙完全击穿。球隙距离在 $2D \sim 4D$ 之间时,属于过渡区域,随电压升高会出现电晕,但不稳定,该球隙立刻就转为火花放电。由实验可知,随着电场不均匀程度增加,放电现象不相同,电场越是不均匀(两球

间距离越大,电场越不均匀),击穿电压和电晕起始电压之间的差别也越大。从放电的观点看,电场的不均匀程度也可以根据是否存在稳定的电晕放电来区分:如果电场的不均匀程度导致存在稳定的电晕放电(如 $d \geqslant 4D$ 以后),就称为极不均匀电场;虽然电场不均匀,但还不存在稳定的电晕放电,电晕一旦出现,气隙立刻被击穿(如 $2D < d < 4D$ 时),就称为稍不均匀电场。从电场均匀程度看,要明确地划分稍不均匀场和极不均匀场是比较困难的,但通常可用电场的不均匀系数来大致划分。电场不均匀系数 f 等于气隙中最大场强 E_{max} 与平均场强 E_{av} 的比值

$$f = \frac{E_{max}}{E_{av}} \tag{1-11}$$

$$E_{av} = \frac{U}{d} \tag{1-12}$$

式中,U 为极间电压;d 为极间距离。

通常$f<2$时为稍不均匀电场，$f>4$就明显地属于极不均匀电场了。

由上述可见，在稍不均匀电场中放电达到自持条件时发生击穿现象，此时气隙中平均电场强度比均匀电场气隙的要小，因此在同样极间距离时稍不均匀场气隙的击穿电压比均匀场气隙的要低，在极不均匀场气隙中自持放电条件即是电晕起始条件，由发生电晕至击穿的过程还必须升高电压才能完成。

二、极不均匀电场中的电晕放电现象

在极不均匀电场中，气隙完全被击穿以前，电极附近会发生电晕放电，产生暗蓝色的晕光。这种特殊的晕光是电极表面电离区的放电过程造成的。电离区内的分子，在外电离因素(如光源)和电场的作用下，产生了激发、电离，形成大量的电子崩。在此同时也产生激发和电离的可逆过程——复合。在复合过程中，会产生光辐射，从而形成了晕光。这就是电晕。电晕放电的电流强度取决于外加电压、电极形状、极间距离、气体性质和密度等。电晕放电的起始电压在理论上可根据自持放电的条件求取，但这种方法计算繁杂且不精确，所以通常都是根据经验公式来确定的(经验公式可查)。

在某些情况下可以利用电晕放电的空间电荷来改善极不均匀场的电场分布，以提高其击穿电压。

在图 1-8 的导线—板气隙中，给出了不同直径 D 的导线的工频击穿电压(有效值)与极间距离 d 的关系。由图可见，导线直径 D 在厘米级时击穿电压与尖—板气隙相近；但当导线直径减小到 0.5mm 时，击穿电压值几乎接近均匀场时的情况。这是由于细线电晕放电时形成的均匀电晕层，改善了气隙中的电场分布，因而击穿电压提高。导线直径较大时情况不同，因为电极表面不可能绝对光滑，所以在整个表面发生电晕之前局部有缺陷处先发生放电，出现刷状放电现象，因此击穿电压与尖—板气隙相近。

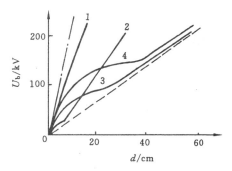

图 1-8　导线—板气隙的工频击穿电压
(有效值)与气隙距离的关系

1—导线直径 $D=0.5$mm；2—$D=3$mm；3—$D=16$mm；4—$D=20$mm；虚线—尖—板气隙；点划线—均匀场气隙

电晕放电在工业部门已获得广泛应用，例如净化工业废气的静电除尘器与净化水用的臭氧发生器和静电喷涂等都是电晕放电工业应用的例子。电晕放电在电力生产中有许多明显的害处,电晕放电时发光并发出咝咝声和引起化学反应(如使大气中氧变为臭氧),这些都需要能量,所以输电线路发生电晕时会引起功率损耗。其次电晕放电过程中由于流注的不断消失和重新产生会出现放电脉冲,形成高频电磁波对无线电广播和电视产生干扰。此外,电晕放电发出的噪声有可能超过环境保护的标准。所以,应力求防止或限制电晕放电。例如,对于输电线路设计应考虑防止电晕的问题,通常采用分裂导线即将每相输电导线分裂为几根导线,合理选择分裂导线数、线径及间距,以限制导线的表面场强值,减小电晕放电的危害。

三、极不均匀电场中的放电过程

"棒—板"电极是典型的不均匀电场,在"棒—板"电极中,电离总是先从棒极开始,而与该电极的极性无关,但此后的放电发展过程、气隙的电气强度、击穿电压等都与该电极的极性密切相关,即不均匀电场的放电有明显的极性效应。极性取决于曲率半径较小的棒极的电位符号;而在两个电极几何形状相同时,如"棒—棒"气隙,极性取决于不接地的那个棒极的电位。

现以电场最不均匀的"棒—板"气隙为例,讨论电晕放电和击穿放电两个不同放电阶段的极性效应。

1. 自持放电前的阶段

图 1-9 表示正极性"棒—板"气隙中自持放电前空间电荷对原电场的畸变情况。图 1-9(a)表明此时棒电极附近已有发展得相当充分的电子崩,因棒极带正电位,所以崩头电子迅速进入棒极,而正离子则向板极运动,但速度很慢而暂留在棒极附近。如图 1-9(b)所示,这些正空间电荷削弱了棒极附近的电场强度而加强了正离子群外部空间的电场,如图 1-9(c)所示。因此,正空间电荷阻止了棒极附近的流注形成,从而使电晕起始电压有所提高。

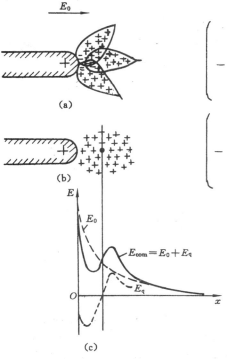

图 1-9 正极性"棒—板"气隙中
E_0—原电场;E_q—空间电荷的电场;
E_{com}—合成电场

负极性"棒—板"气隙中,空间电荷的作用与上述情况相反,如图 1-10 (a)、(b)、(c)所示,在这种情况下,由于棒极带负电位,所以电子崩中的电子迅速扩散并向板极运动,而留在棒极附近的也是大批正离子。这些正空间电荷加强了棒极附近的场强而削弱了外部空间的电场,因此,这种情况下正空间电荷使棒极附近容易形成流注,因而电晕起始电压比正极性时要低。

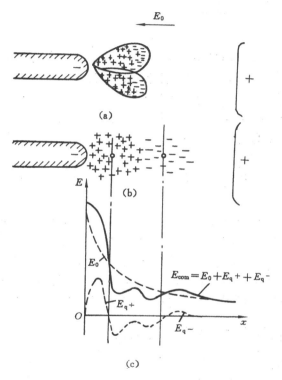

图 1-10　负极性"棒—板"气隙中

E_0—原电场;E_q—空间电荷的电场;E_{com}—合成电场

2. 自持放电后的阶段

自持放电后的阶段是指极不均匀电场中气隙由电晕放电发展到击穿放电的阶段。

由图 1-9(c)可见,正极性"棒—板"气隙中空间电荷加强放电区的外部空间的电场,因此,当电压进一步提高,随着电晕放电区的扩展,强场区亦将逐渐向板极方向推进,因而放电的发展是顺利的,直至气隙被击穿。负极性"棒—板"气隙的情况则相反,如图 1-10(c)所示,当电压进一步提高时,电晕区不易向外扩展,整个气隙的击穿将是不顺利的,因而其击穿电压比正极性时高得多,完成击穿过程所需的时间也要比正极性时长得多。

由以上分析可见,对于极不均匀场气隙来说,击穿的极性效应刚好与电晕起始放电的极性效应相反。工程实际中,输电线路绝缘和高压电器的外绝缘都属于极不均匀场气隙,因此交流电压下击穿都发生在外施电压的正半周,考核绝缘冲击特性时应施加正极性的冲击电压,因为这时的电气强度较低。

当气隙较长(例如极间距离大于 1m)时,在放电发展过程中,流注往往不能一次就贯通整个气隙,而出现逐级推进的先导放电现象。这时在流注发展到足够长度后,会出现新的强电离过程,通道的电导大增,形成电导通道,从而加大了头部前沿区域的电场强度,引起新的流注,导致先导进一步伸展、逐级推进。当所加电压达到或超过该气隙的击穿电压时,先导将贯通整个气隙而导致主放电和最终的击穿。这里不拟探讨长气隙放电的过程细节,只强调长气隙的放电是由电晕放电—先导放电—主放电这样几个阶段组成的。

第三节　空气间隙在各种电压下的击穿特性

气隙的击穿特性与所加电压的类型有很大关系,在电力系统中,引起空气间隙击穿的作用电压波形及持续时间是多种多样的,通常可归纳为:稳态电压:直流电压和工频交流电压;冲击电压:雷电冲击电压和操作冲击电压。而在以上任一种电压下气隙的击穿特性还取决于电极的形状,即电场形式。以下将结合不同类型电压下对应各种电场形式的气隙的击穿分别加以讨论。

一、空气间隙在稳态电压下的击穿

直流电压和工频交流电压统称稳态电压,因为这类电压随时间的变化率很小,在放电发展所需的时间范围内(以 μs 计)可以认为外施电压没什么变化。在稳态电压下气隙的击穿强度还与电场的均匀度有很大关系,因此以下将讨论电场均匀度不同的气隙在稳态电压下的击穿特性。

1. 均匀电场气隙的击穿

均匀电场就是电极间电力线互相平行的场,也就是电极尺寸比极间距离大得多的平行平板电极间的电场。高压静电电压表内电极布置就是均匀场气隙的一个实例。

由于均匀电场中电极布置是对称的,各处场强相等,因此不存在极性效应,击穿所需的时间极短。实验表明均匀场气隙在直流、工频电压作用下的击穿电压是相同的。图 1-11 给出了均匀电场中标准大气状态条件下($p_0 =$

$101.3\mathrm{kPa}, T_0 = 293\mathrm{K}, h_c = 11\mathrm{g/m^3}$) 在稳态电压作用时空气间隙的击穿电压峰

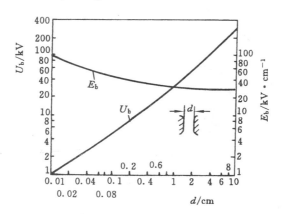

图 1-11　均匀电场空气间隙的击穿电压峰值 U_b 与极间距离 d 的关系

值 U_b 与极间距离的关系,它可以用下面经验公式来表示

$$U_b = 24.55\delta d + 6.66\sqrt{\delta d} \tag{1-13}$$

式中,d 为极间距离,单位为 cm;δ 为空气相对密度[见式(1-6)],电压单位为 kV。

由图 1-11 或式(1-13)可知,当 d 在 1～10cm 内,空气的击穿场强约为 30kV/cm。

2. 稍不均匀电场气隙的击穿

前面已经提到电场不均匀系数 $f < 2$ 时为稍不均匀场,用得最多的稍不均匀电场为球隙和同轴圆柱(前者主要有测量高压幅值的球隙测压器,属后者电极布置的有:高压标准电容器、单芯电缆及气体绝缘组合电器中的分相封闭母线等),下面将讨论这两种典型电极的电场特性。

(1) 球隙

若两球对称布置,其中任何一球都不接地,测量对地对称的直流电压时,无极性效应,但通常是一球接地使用,如图 1-12 所示,由于大地的影响,电场分布不对称,因而有极性效应。

图 1-13 表示一球接地时,直径为 D 的球隙的击穿电压 U_b 与气隙距离 d

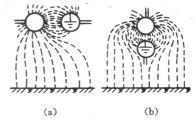

(a)　　　　(b)

图 1-12　球隙中一球接地的电场分布

(a)球水平放置; (b)球垂直放置

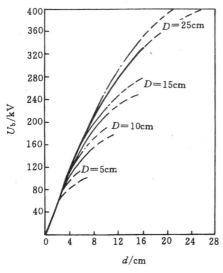

图 1-13　球隙击穿电压峰值 U_b
与极间距离 d 的关系
— · — 正极性直流电压及冲击电压；
——负极性直流电压及冲击电压；
---- 气隙距离已超出用以测量电
压时所推荐的变动范围

的关系。由图 1-13 可见，当 $d < D/4$ 时，由于大地及周围物体对球隙电场分布影响很小，且电场相当均匀，因而其击穿特性与均匀电场相似，直流、工频交流(也包括冲击电压)下的击穿电压大致相同。但当 $d > D/4$ 时，电场不均匀度增大，大地对球隙中电场分布的影响加大，因而平均击穿场强减小，击穿电压的分散性增大。为了保证测量精度，球隙测压器的工作范围应在 $d \leqslant D/2$ 内。

(2) 同轴圆柱

图 1-14 给出同轴圆柱电极的外筒内半径 R 为 10cm，而改变内筒外半径 r 的大小，其电晕起始电压 U_c、击穿电压 U_b 随内筒外半径 r 的变化而变化的趋势。当 $\dfrac{r}{R} < 0.1$ 时，气隙属于不均匀电场，击穿前先出现电晕，且 U_c 值很小，

而 $U_b \gg U_c$；但当 $\dfrac{r}{R} > 0.1$ 时，气隙已逐渐变为稍不均匀电场，这时有 $U_b \approx U_c$，

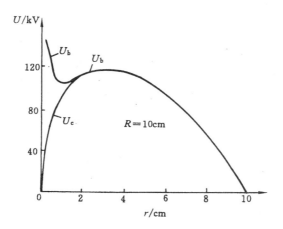

图 1-14　同轴圆筒气隙的电晕起始电压 U_c 和击穿电压 U_b(均指峰值)
与内筒外半径 r 的关系(内筒为负极性时)

击穿前不再有稳定的电晕放电,击穿电压的极大值出现在$\frac{r}{R} \approx 0.33$。同轴圆筒绝缘设计时通常取$\frac{r}{R} = (0.25 \sim 0.4)$。

击穿电压随r变化出现极大值可解释为:当r很大时虽然电场均匀度接近1,但因气隙距离$d = (R - r)$很小,所以U_b很低;若r过小,虽此时d增大,但由于电场不均匀度增大,也会使U_b下降。

3. 极不均匀电场中的击穿

实际工程中遇到各种各样的极不均匀电场气隙,按其电极的对称程度可分别选用"棒—棒"或"棒—板"的典型击穿特性曲线来估计其电气强度。例如,可用"棒—棒"气隙的击穿特性估算"导线—导线"的击穿电压,而用"棒—板"气隙的击穿实验数据估计"导线—大地"的击穿电压大小。

研究表明:不仅电极的对称程度影响气隙的击穿特性,而且极间距离大小对击穿电压也有很大影响。

图1-15给出了"棒—棒"和"棒—板"气隙的直流击穿电压与极间距离(0~10cm范围)的关系曲线。可以看出:正极性"棒—板"的击穿电压远低于负极性"棒—板"的击穿电压,"棒—棒"的击穿电压介乎二者之间,这说明不对称的极不均匀电场在直流电压下的击穿具有明显的极性效应,而"棒—棒"气隙的极性效应不明显。

图1-16表示"棒—棒"和"棒—板"长气隙的直流击穿电压特性曲线,这些实验结果可用于估算超高压直流输电工程中对称布置和不对称布置所需的绝缘距离。

以上是直流电压下"棒—棒"和"棒—板"气隙的击穿特性,而在工频交流电压下测量气隙的击穿电压时,通常是控制升压的速率直至气隙发生击穿。在这样的情况下,"棒—板"气隙的击穿无疑是发生在棒极为正极性的那半周的峰值附近,因此其击穿电压的峰值与直流电压下正极性"棒—板"的击穿电压相近。而"棒—棒"气隙的工频击穿电压比"棒—板"气隙要高。

图1-17为空气中"棒—棒"和"棒—板"气隙的工频击穿电压峰值与极间

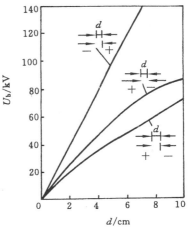

图1-15　"棒—棒"和"棒—板"空气间隙的直流击穿特性

d—极间距离;U_b—击穿电压

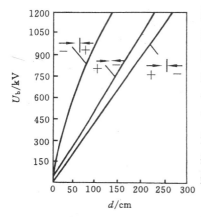

图 1-16 "棒—棒"和"棒—板"长空
气间隙的直流击穿特性

距离的关系曲线。由图可见:在距离小于 1m
的范围内,"棒—棒"和"棒—板"气隙的工频
击穿电压几乎相等,但随距离增大,它们的
差异就明显了。当距离超过 2m,击穿电压与
气隙距离的关系出现"饱和"趋势,特别是
"棒—板"气隙,其饱和趋势尤甚。很明显,
这时如果再增大"棒—板"气隙的长度,对于
提高其工频击穿电压是无效的,在设计高压
装置时,这一点是值得注意的。

顺便提一下,各种气隙的工频击穿电压的
分散性都较小,其标准偏差 σ 值为 2% ~ 3%。

二、空气间隙在冲击电压下的击穿

冲击电压就是作用时间极为短暂的电

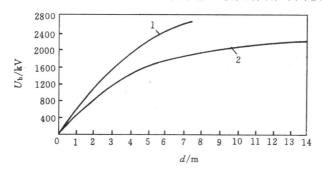

图 1-17 "棒—棒"、"棒—板"长空气间隙的工频击穿特性
1—"棒—棒"; 2—"棒—板"

压,一般指雷电冲击电压和操作冲击电压,前者是由雷电造成的幅值高、陡度
大、作用时间极短的冲击电压;后者是由电力系统在操作或发生事故时,因状
态发生突然变化引起的持续时间较长、幅值高于系统相电压几倍的冲击电压。
不同于稳态电压,在冲击电压作用下空气间隙的击穿特性有着许多新的特点,
并且雷电冲击电压与操作冲击电压也有很大不同,因此下面分别讨论在这两
种冲击电压下气隙的击穿特性。

1. 在雷电冲击电压下的击穿

(1) 雷电冲击电压标准波形

高压试验室中产生的冲击电压用以模拟雷闪放电引起的过电压波,为使实验结果具有可比性和实用价值,国际电工委员会(IEC)和我国国家标准对如图 1-18 所定义雷电冲击电压波形参数作了规定:(视在)波前时间 $T_1 = 1.2\mu s$,容许偏差 ±30% ;(视在)半峰值时间或波长时间 $T_2 = 50\mu s$,容许偏差 ±20% ;通常表示为 ±1.2/50μs 波,± 符号表示波的极性。图 1-18 中 o' 为波的视在原点。P 点为波形峰值,多数国家规定峰值容许偏差 ±30% 。

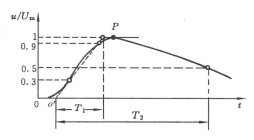

图 1-18 标准雷电冲击电压波形
T_1—(视在)波前时间;T_2—(视在)半峰值时间;
U_m—冲击电压峰值;o'—视在原点

(2) 冲击放电的时延

前面已描述冲击电压是变化速度很快、作用时间很短的波,其有效作用时间是以微秒计的,与稳态电压作用下气隙比,它的放电时间就成为所关注的一个重要因素。

实验表明:对气隙施加冲击电压,要使气隙击穿不仅需要足够幅值的电压,有引起电子崩并导致流注和主放电的有效电子,而且需要电压作用一定的时间让放电得以发展以至击穿。图 1-19 表示了在一气隙上施加冲击电压发生冲击放电所需的全部时间。当时间为 t_1 时,电压升高到持续作用电压下的

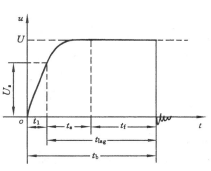

图 1-19 冲击放电时间的组成

击穿电压 U_s(称为静态击穿电压),击穿过程尚未开始,因这时的电压还不够高。事实上,时间达到 t_1 后,击穿过程也不一定立即发生,因这时气隙中可能尚未出现有效电子,从 t_1 开始到气隙中出现第一个有效电子所需的时间 t_s 称为统计时延,这里为区别于其它电子,指能引起电子崩并最终导致击穿的电子为有效电子。这一电子的出现的所需时间是具有统计性的。从有效电子出现

时刻起到产生电子崩、形成流注和发展到主放电,乃至气隙击穿完成所需的时间 t_f,称为放电的形成时延,它同样具有统计性。所以,冲击击穿放电的总时间 t_b 为

$$t_\mathrm{b} = t_1 + t_\mathrm{s} + t_\mathrm{f} \tag{1-14}$$

式中, $t_\mathrm{s} + t_\mathrm{f}$ 称放电时延,记为 t_lag。

研究表明:短气隙(几 cm 内)中,特别是电场较均匀时, $t_\mathrm{s} \gg t_\mathrm{f}$,这种情况下 t_lag 主要决定于 t_s。为了减小 t_s,一方面可提高外施电压使气隙中出现有效电子的概率增加,另一方面可采用人工光源照射,使阴极释放出更多电子。如用较小的球隙测量冲击电压通常采取照射措施就是一例。较长气隙中,放电时延往往主要决定于 t_f,且电场越不均匀则 t_f 越长,显然,对气隙施加高于击穿所需的最低电压,可以使 t_s 和 t_f 都缩短。

(3)雷电 50% 冲击击穿电压($U_{50\%}$)

考核气隙的冲击击穿特性时,保持波形不变,而逐渐提高冲击电压的峰值,并将每一级峰值电压重复作用于该气隙。在幅值很低时,虽然多次重复施加冲击电压,但气隙均不击穿,随着幅值增高,气隙有时击穿而有时不击穿,随着幅值继续增高,气隙击穿的百分比越来越增加,最后,当电压超过某一值后,气隙百分之百击穿。

从评定气隙绝缘耐受冲击电压的能力而言,应是求得刚好引发一次击穿的最低电压值,但要准确得到这一值是很难的。所以工程上采用 50% 冲击击穿电压($U_{50\%}$)来描述气隙的冲击击穿特性。即在多次施加同一电压时,其中半数导致气隙击穿,以此反映气隙的耐受冲击电压的特性。

采用 50% 冲击击穿电压决定绝缘距离时,应根据击穿电压分散性的大小,留有一定的裕度。在均匀和稍不均匀电场中,击穿电压分散性小,其 $U_{50\%}$ 和静态击穿电压 U_s 相差不大,因此冲击系数 β ($U_{50\%}$ 与 U_s 之比)接近 1。而在极不均匀电场中,由于放电时延较长,其冲击系数 β 均大于 1,击穿电压分散性也大一些,其标准偏差可取 3%。

实验表明:"棒—棒"和"棒—板"在气隙距离不很大时(几百 cm 内)的冲击击穿特性有极性效应,气隙距离较大时同样存在极性效应,图 1-20 给出了"棒—棒"和"棒—板"长空气间隙的雷电 50% 冲击击穿电压和极间距离的关系,可以看出:"棒—板"气隙有明显的极性效应,"棒—棒"气隙也有极性效应。与图 1-17 比较,可以看出:50% 冲击击穿电压比工频击穿电压的峰值要高。

(4)伏秒特性

以上 $U_{50\%}$ 冲击击穿电压是表征气隙击穿特性的一种方法，由于气隙的击穿存在时延现象，所以还必须将击穿电压值与放电时延联系起来确定气隙的击穿特性，也就是伏秒特性，它是表征气隙击穿特性的另一种方法。

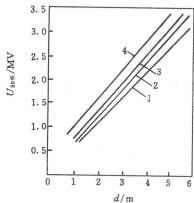

图 1-20 "棒—棒"和"棒—板"长空气间隙的雷电冲击击穿特性
（$1.5/40\mu s$ 下得出）
1—正极性"棒—板"；2—正极性"棒—棒"；
3—负极性"棒—棒"；4—负极性"棒—板"

图 1-21 表示通过实验绘制气隙伏秒特性的方法，其步骤是保持冲击电压波形不变，逐级升高电压使气隙发生击穿，记录击穿电压波形，读取击穿电压值 U 与击穿时间 t。注意到当电压不很高时击穿一般在波长时间发生，当电压很高时，击穿百分比将达 100%，放电时间大大缩短，击穿可能在波前时间发生。以图 1-21 三个坐标点为例说明绘制方法，击穿发生在波前时，U 与 t 均取击穿时的值（图中 2、3 坐标点），击穿发生在波长时，U 取波峰值，t 取击穿时对应值（图中 1 坐标点）将 1、2、3 各点连接起来，即可得到伏秒特性曲线。

实际上，放电时间有分散性，即在每级电压下可测得不同的放电时间，所以伏秒特性是如图 1-22 所示的以上、下包线为界的带状区域。工程上为方便起见，通常用平均伏秒特性或 50% 伏秒特性曲线表征气隙的冲击击穿特性，在绝缘配合中伏秒特性具有重要意义。

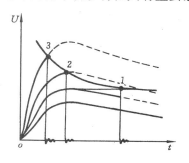

图 1-21　气隙的伏秒特性绘制方法
（虚线表示原始冲击电压波形）

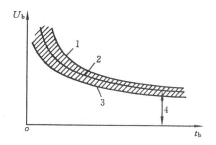

图 1-22　伏秒特性带与 50% 伏秒特性
1—上包线；2—50% 伏秒特性；
3—下包线；4—$U_{50\%}$

图 1-23 表示被保护设备绝缘的伏秒特性 1 与保护间隙的伏秒特性 2 配

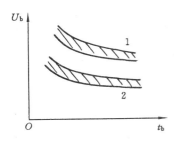

图 1-23　伏秒特性的正确配合
1—被保护设备；2—保护间隙

合的情况,这种配合完全正确,因为伏秒特性 1 的下包线时时都在伏秒特性 2 的上包线之上,即任何情况下保护间隙都会先动作从而保护了电气设备的绝缘。所希望的是保护间隙 2 的伏秒特性低而平坦。

用伏秒特性表征气隙的冲击击穿特性较为全面和准确,但其制作相当费时。在某些情况下,只用某一特定的,如 50% 冲击击穿电压值就够了。

2. 操作冲击电压下的击穿

为保证高压电气设备安全运行,还须考核其操作冲击耐受能力。研究表明:长气隙考核是不能用工频电压试验代替操作过电压耐受试验的,因为工频电压试验偏于宽松,这说明长气隙在操作冲击电压下的击穿是应引起关注的。

IEC 标准和我国标准规定为[图 1-24(a)所示],波前时间 $T_{cr}=250\mu s$,容许偏差 $\pm 20\%$;半峰值时间 $T_2=2500\mu s$,容许偏差 $\pm 60\%$。记为 $\pm 250/2500\mu s$ 波,$\pm$ 符号同前。此外,还建议采用一种衰减振荡波[如图 1-24(b)所示],其第一个半波的持续时间为 $2000\sim 3000\mu s$;第二个半波为反极性,它的峰值约占第一个半波峰值的 4/5。

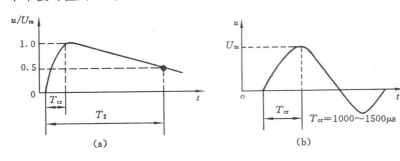

图 1-24　操作冲击试验电压波形
(a) 非周期性双指数冲击波；　(b) 衰减振荡波
T_{cr}—波前时间；T_2—波长时间；U_m—冲击电压峰值

研究表明:在均匀电场和稍不均匀电场中,气隙的 50% 冲击击穿电压(操作和雷电)与工频击穿电压(峰值)几乎相同,击穿几乎发生在峰值。而在极不均匀电场中,操作冲击电压下的击穿具有自身的一些特性。

操作冲击电压下极不均匀场长气隙击穿呈 U 形曲线。图 1-25 表明"棒—

板"气隙正极性50%操作冲击击穿电压
与波前时间的关系。可以看出:50%操
作冲击击穿电压具有极小值,对应于极
小值的波前时间随气隙距离加大而增
加,对7m以下的气隙,大致在50～
200μs之间。这种"U形曲线"现象被认
为是由于放电时延和空间电荷形成迁
移这两类不同因素的影响所造成。U
形曲线极小值左边E_b随t_f的减小而增
大是放电时间在起作用,这一点与雷电
冲击电压下的伏秒特性是相似的。U
形曲线极小值右边E_b随t_f的增加而增
大,是因为电压作用时间增加后空间电
荷迁移的范围扩大,改善了气隙中电场
分布,从而使击穿电压提高。

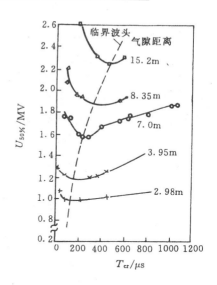

图1-25 "棒—板"气隙正极性50%
操作冲击击穿电压和波前
时间的关系

● 虽然操作冲击电压的变化速度
和作用时间均介于工频交流电压和雷
电冲击电压之间,但气隙的操作冲击击穿电压不仅远低于雷电冲击击穿电压,
在某些波前时间内,甚至比工频击穿电压还低,图1-26就是一个例子。图1-
26是"棒—板"气隙在正极性操作冲击波和雷电冲击波下的50%击穿电压和

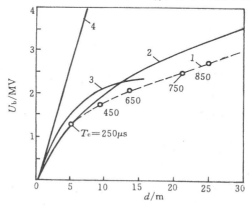

图1-26 "棒—板"气隙正极性50%冲击击穿电压和工频击穿电压
1—在不同T_c值下得出的$U_{50\%(min)}$;2—+250/2500μs操作冲击电压波;
3—工频交流电压;4—+1.2/50μs雷电冲击电压波

工频击穿电压的实验曲线。图中虚线为不同的临界波前时间 T_c 下得出的 50% 操作冲击击穿电压极小值 $U_{50\%(min)}$,此虚线所对应的 U_b 最低。因此,在确定电力设施的空气间距时,必须全面慎重考虑。

● 极不均匀电场长气隙的操作冲击击穿特性也具有"饱和"特征,其饱和程度与电极对称度、操作冲击极性、波形性状等有关,随着极间距离的增大,气隙的"饱和"更甚,这对发展特高压输电技术而言,无疑是不利的。

● 操作冲击电压下的气隙击穿电压和放电时间的分散性都比雷电冲击电压下大得多,此时极不均匀电场的相应标准偏差可达 5% ~ 8% 。

第四节　大气条件对气隙击穿特性的影响

大气条件主要是指压力、温度、湿度等条件,通常这些条件都是千变万化的,都会影响气隙放电环境,如空气的密度、电子自由行程长度、碰撞电离及附着过程,因而也必然会影响气隙的击穿电压。海拔高度也有类似的影响,因为海拔高度的增加将会导致空气压力和密度的减小。所以,在不同大气条件下测得的击穿电压必须换算到统一的参考大气条件下才能进行比较。我国规定的标准大气条件是:压力 $p_0 = 101.3kPa$;温度 $t_0 = 20℃$ 或 $T_0 = 293K$,绝对湿度 $h_c = 11g/m^3$。在实际试验条件下的气隙击穿电压 U 和标准大气条件下的击穿电压 U_0 可以通过相应的校正系数进行如下换算

$$\dot{U} = \frac{K_d}{K_h} U_0 \qquad (1-15)$$

式中,K_d 为空气密度校正系数;K_h 为湿度校正系数。

式(1-15)既适用于气隙的击穿电压,也适用于外绝缘的沿面闪络电压。当实际试验条件不同于标准大气条件时,应将试验标准中规定的标准大气条件下的试验电压值换算得出实际的试验电压值。本书中所引用的有关气隙击穿电压的曲线和数据,除特别注明外,均对应于标准大气条件和正常海拔高度的情况。

下面对气隙密度、湿度、海拔高度校正系数分别进行讨论。

一、对空气密度的校正

空气密度与压力和温度有关。由式(1-6)可知,空气的相对密度

$$\delta = 2.9 \frac{p}{T}$$

式中,p 为压力,单位为 kPa;T 为温度,单位为 K,$T = 273 + t$。

在大气条件下,气隙的击穿电压随 δ 的增大而升高。实验表明,当空气相对密度 δ 在 $0.95 \sim 1.05$ 范围内变动时,气隙的击穿电压与其密度成正比,即说明这时的空气密度校正系数 $K_d \approx \delta$,则有

$$U \approx \delta U_0 \tag{1-16}$$

应当指出:当气隙间距不大于 1m 时,式(1-16)可用于在各种电场和各种电压波形下进行近似估算,均能满足工程实际要求。对长气隙击穿特性的研究表明,气隙击穿电压与大气条件变化的关系,并不是一种简单的线性关系,而是随电极形状、极间距离以及电压类型而变化的复杂关系。只有在极间距离不大,电场也比较均匀或长度虽大,但击穿电压仍随极间距离增加呈线性增大(如雷电冲击电压)的情况下,尚可用上式。其它情况下的空气密度校正系数必须按下式求取

$$K_d = \left(\frac{p}{p_0}\right)^m \times \left(\frac{273 + t_0}{273 + t}\right)^n \tag{1-17}$$

式中,m、n 与电极形状、极间距离、电压种类及极性有关,其值在 $0.4 \sim 1.0$ 的范围内,具体取值可参考有关的国家标准。

二、对湿度的校正

实验研究表明,大气中所含的水汽分子能俘获自由电子而形成负离子,这对气体中的放电过程无疑是起着抑制作用的,可以认为大气的湿度越大,气隙的击穿电压也会越高。但在均匀和稍不均匀电场中,从放电起,整个气隙的电场强度都较高,电子的运动速度较快,水分子不易俘获电子,因而湿度的影响甚微,可略去不计。如果用球隙测量高电压,可不必考虑湿度的影响,只用空气相对密度校正其击穿电压就够了。所要考虑的是湿度对极不均匀电场放电过程的显著影响,应用下式进行湿度校正

$$K_h = k^\omega \tag{1-18}$$

式中,k 值与绝对湿度和电压种类有关;ω 之值取决于电极形状、极间距离、电压种类及其极性。具体取值需参考有关的国家标准。

三、对海拔高度的校正

随着海拔高度的增加,空气逐渐稀薄,大气压力及密度均减小,因此空气间隙的击穿电压也随之降低。计及这一影响,我国的国家标准规定:凡安装在海拔高度超过 1000m 而又低于 4000m 地段的电力设施外绝缘,其试验电压 U 应等于平原地区外绝缘的试验电压 U_p 与海拔校正系数 K_a 的乘积,即

$$U = K_a U_p \tag{1-19}$$

式中, $K_a = \dfrac{1}{1.1 - H \times 10^{-4}}$; H 为安装点的海拔高度(m)。

第五节　提高气体介质电气强度的方法

　　研究气隙放电的目的之一,就是要知晓如何提高气体介质的电气强度。在工程上,为了缩小绝缘尺寸,常采取各种措施使气隙绝缘距离尽可能取得小一些,为此,必须采取有效的办法提高气体介质电气强度。一般来说有两种途径可寻:一是改善气隙中的电场分布,使之均匀化;二是设法削弱或抑制气体介质中的电离过程。具体如下:

一、改善电场分布

　　电场分布越均匀,气隙的平均击穿场强越高。因此,改善电场分布可以有效地提高气隙的击穿电压。

1. 改进电极形状以改善电场分布

　　增大电极的曲率半径、改善电极边缘形状以消除边缘效应等方法减小气隙中场强差异,使气隙电场强度均匀化,提高气隙的击穿电压。

　　采用屏蔽罩以增大电极的曲率半径是一种常用的方法。一些高压设备的高压出线端都加装屏蔽罩以降低出线端附近空间的最大场强,提高电晕起始电压。此外,在超高压线路绝缘子串上安装保护金具、超高压线路上采用扩径导线等都是根据屏蔽原理改善电场分布提高电晕起始电压的具体应用。

2. 利用空间电荷改善电场分布

　　在极不均匀电场中,由于气隙击穿前先发生电晕放电,因此在一定条件下,可以利用放电自身产生的空间电荷来改善电场分布。例如采用细线,如"线—板"、"线—线"结构在一定的距离范围内有可能提高气隙的击穿电压。这是因为:当导线直径很小时,周围容易形成比较均匀的电晕层,电晕放电形成的空间电荷调整和改善了电场分布,从而提高了击穿电压。当气隙距离超过一定值,细线也将产生刷状放电,或导线直径较大因其表面不够光滑将产生局部电晕和刷状放电,破坏了比较均匀的电晕层,此后其击穿电压也将下降。

3. 极不均匀电场中采用屏障改善电场分布

　　采用薄片固体绝缘材料(纸或纸板)作为屏障,插入电晕间隙的适当位置,拦住与电晕电极同号的空间电荷,使得电晕电极与屏障之间场强减弱,而使屏障与另一板极间场强增大。阻碍带电粒子运动和调整空间电荷分布,使屏障与板极之间形成比较均匀的电场,从而使整个气隙的击穿电压得到提高。

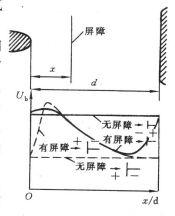

图 1-27 给出了直流电压下"棒—板"空气间隙中击穿电压和屏障位置的关系曲线,由图可见,随着屏障位置不同,击穿电压有很大变化。棒极极性不同,屏障的影响也有区别。最有利的屏障位置在 $x/d \approx 0.2$ 处,这时该气隙的电气强度在正极性"棒—板"时约增加 $2 \sim 3$ 倍;但屏障在负极性"棒—板"时只略微提高 0.2 倍。在工频电压下,由于击穿一定发生在棒为正极性的那半周,因此设置屏障仍然是很有效的。而对于"棒—棒"气隙,在两个棒极附近都应设屏障,因为电晕放电是从两棒极发生的。

图 1-27　"棒—板"气隙的直流击穿电压和屏障位置的关系

一般来说,屏障插入极不均匀场的电晕电极附近能提高气隙的稳态击穿电压。而暂态电压下屏障的作用小多了。

二、削弱或抑制电离过程

提高气压可以减小电子的平均自由行程,从而削弱和抑制了电离过程。此外,采用强电负性气体,利用其电子强附着效应大大减弱碰撞电离过程。还有,采用高真空使电子的平均自由行程远大于极间距离,因而使碰撞电离几乎成为不可能,如上种种方法均应用到工程实践中。

1. 采用高气压

空气在常压下的电气强度约为 30kV/cm。如果压缩空气,使气压大大超过 0.1MPa,它的电气强度就能有显著的提高。实用中许多场合应用高气压的气体作为高电气强度的介质(压缩空气断路器、标准电容器等设备的内绝缘)。下面介绍压缩 SF_6 之类的高电气强度气体取代空气,效果会更佳。

图 1-28 为空气、SF_6 气体、高真空等在不同气压下的击穿电压与极间距离的关系,由图可见:2.8MPa 的空气具有极高的击穿电压,但这种情况下对电气设备外壳的密封性能和机械强度要求很高,因此目前广泛应用 SF_6,为得到同样的电气强度,只需约 0.7MPa 的气压就可达到。

2. 采用强电负性气体

六氟化硫(SF_6)、氟里昂(CCl_2F_2)等一些含卤族元素气体属于强电负性气体,它们的电气强度比空气高得多,因此用于电气设备时其气压不必太高,这就有可能使设备的制造和运行得以简化。

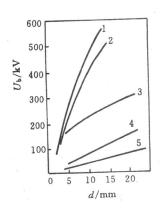

图 1-28　几种气体介质在均匀
电场中的击穿电压与
极间距离的关系

1—空气,气压为 2.8MPa;
2—SF_6,0.7MPa;3—高真空;
4—SF_6,0.1MPa;5—空气,0.1MPa

强电负性气体要在工程中获得实际应用,除电气强度要高外,还必须具备液化温度不高;化学性能稳定,在该气体中发生放电时不易分解、不燃烧、不产生有毒物质;并且生产不太困难,价格不能过高。

目前得到工程应用的强电负性气体惟有 SF_6 及其混合气体。SF_6 的电气强度约为空气的 2.5 倍,而其灭弧能力则为空气的 100 倍以上,它作为绝缘媒质和灭弧媒质是除空气外应用得最广泛的气体介质。鉴于这类气体的特殊重要性,以下将作详细介绍。

(1) SF_6 的绝缘性能

SF_6 是一种强电负性气体,它容易俘获自由电子而形成负离子(电子附着过程),电子变成负离子后,它引起碰撞电离的能力就变得很弱,从而削弱了放电发展过程。

应该强调指出:SF_6 优异的绝缘性能只有在电场比较均匀的场合下才能得到充分的发挥,因此在设计以 SF_6 气体作为绝缘的各种电气设备时,应尽可能使气隙中的电场均匀化。因为电场的不均匀程度对 SF_6 电气强度的影响远比空气的要大,具体表现在与均匀电场中的击穿电压相比,SF_6 在极不均匀电场中击穿电压下降的程度比空气要大得多。

本章第一节已讨论了均匀场中电负性气体的自持放电条件[见式(1-10)],由式(1-10)结合实验研究可以得出 SF_6 气体击穿电压为

$$U_b = 88.5pd + 0.38 \tag{1-20}$$

式中,电压单位为 kV。

在极不均匀电场中,SF_6 气体的击穿有异常现象,其原因一是工频击穿电压随气压的变化曲线存在"驼峰";二是驼峰区段内的雷电冲击击穿电压明显低于静态击穿电压,冲击系数 $\beta = 0.6$ 左右[见图1-29]。由于驼峰常出现在 $0.1 \sim 0.2$ MPa(工作气压以下)的气压下,因此,在进行绝缘设计时应尽可能设法避免极不均匀电场的情况。

以上异常现象与空间电荷的运动有关。在稳态电压下,空间电荷对棒极的屏蔽作用会使击穿电压提高,但在雷电冲击电压的作用下,空间电荷来不及移动到有利的位置,故其击穿电压低于静态击穿电压;气压提高将使空间电荷

扩散速度变缓,在气压超过0.1~0.2MPa时,空间电荷对棒极的屏蔽作用减弱,导致气隙工频击穿电压呈下降的趋势。

除电场均匀程度外,影响 SF_6 气体击穿场强的主要因素还有:电极表面缺陷和导电微粒存在将对 SF_6 气体的绝缘性能产生不利影响。

(2) SF_6 的理化特性

这里讨论 SF_6 实际应用中与理化特性相关的主要问题。

关于液化问题: SF_6 高压断路器的气压约为 0.7MPa,GIS(Gas Insulated Switchgear)全封闭气体绝缘组合电

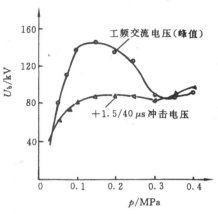

图 1-29 "针—球"气隙(针极曲率半径1mm,球半径50mm,极间距30mm)中的 SF_6 气体在不同类型电压下的击穿与压力的关系

器中除断路器外其余部分气压不大于0.45MPa。如果 20℃时的充气压力为 0.75MPa,则对应的液化温度在 −25℃左右。如 20℃时充气压力为 0.45MPa,则对应的液化温度为 −40℃,可见一般不存在液化问题。

关于毒性分解物:纯净的 SF_6 气体是无毒的,它在温度低于 180℃时与电气设备中材料的相容性与氮气相似。但值得注意的是 SF_6 的分解物是有毒的,对材料是有腐蚀作用的。

由于电子碰撞、热以及光辐射导致 SF_6 气体分解,在电气设备中主要是前两种原因使其分解,如断路器触头间的电弧或 GIS 内部的故障电弧的高温会使 SF_6 气体迅速分解,局部放电、电晕放电或火花放电也会使其分解。通常采用吸附剂吸附分解物和吸收水分。

关于含水量:在 SF_6 气体内所含的各种杂质或杂质组合中,水分是最有害的成分。因为水的存在会影响气体分解物,且会与 HF 形成氢氟酸,引起材料腐蚀,导致机械故障,还会在低温时引起固体介质表面凝露,使闪络电压急剧降低。因此,在设备安装、运行时要检测和控制含水量是否符合国家标准。

关于 SF_6 混合气体:为使 SF_6 混合气体有广阔应用前景,还必须将其液化温度再降低,其电气强度对电场的敏感度再减小,价格再降低。

研究表明:用廉价气体如 N_2、CO_2 或空气与 SF_6 气体组成混合气体时,能使这些常见气体的电气强度有很大提高。图 1-30 给出了 SF_6-N_2 气体在 SF_6 与 N_2 两种气体成分不同的体积比较时有效电离系数 $\bar{\alpha}$ 随电场强度的变化曲线,可以看

出:在同一 E/p 值下,$\bar{\alpha}/p$ 值随 SF₆ 含量减小而增大,而 $\bar{\alpha}/p = f(E/p)$ 曲线的斜率也在减小,这表明混合气体的电气强度对电场的敏感度减低了。

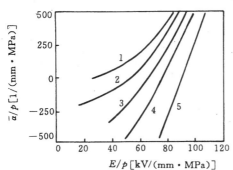

图 1-30　SF₆-N₂ 混合气体中的

$\bar{\alpha}/p$ 与 E/p 的关系

1—纯 N₂;2—SF₆ 含量为 10%;

3—SF₆ 含量为 25%;

4—SF₆ 含量为 50%;5—纯 SF₆

混合气体的绝缘性能和灭弧能力均略低于纯 SF₆ 气体,因而充混合气体的设备的工作气压常需再提高 0.1MPa。由于此时 SF₆ 混合气体的气压仍比用纯 SF₆ 气体时的工作气压低得多,所以不会出现液化问题。统计表明:如用 SF₆-N₂ 混合气体代替 SF₆ 气体,可取得很大经济效益。

3. 采用高真空

提高真空度可以使气隙的击穿电压得到显著上升。如果完全用前面所述气体放电理论来解释高真空中的击穿过程,将会得出击穿电压极高甚至趋于无限大的结论。因为这时电子穿越极间距离几乎碰撞不到中性分子,是不能引起足够多的碰撞电离的。图 1-28 的实验曲线说明这样一个事实,即极间距离较小时,高真空(曲线 3)的击穿电压很高,其值超过压缩气体(曲线 1、2);但极间距离较大时击穿电压提高较缓,明显低于压缩气体间隙的击穿电压。因此,应用真空击穿理论解释,在极间距离较小时,高真空的击穿是与阴极表面的强场发射密切相关的。由于强场发射所引起的电流密度很大,导致电极局部过热使电极释放出金属气体,破坏高真空度从而引起击穿。在极间距离较大时,击穿是由所谓全电压效应引起的。随着气隙距离增大及击穿电压的增高,电子从阴极到阳极积聚了很大的动能。这些高能电子轰击阳极表面使之释放出正离子和光子,当它们到达阴极又加强了该极的表面电离。这样反复作用将产生越来越大的电子流,使电极局部气化,最终导致气隙击穿,这就是所谓"全电压效应",也是引起平均击穿电压随极间距离的增大而降低的原因。真空间隙的击穿电压与电极材料、电极表面粗糙度和洁净度(吸附气体的数量、种类)等多种因素有关,所以分散性大。

目前真空间隙已在真空断路器中得到应用。因为真空不仅绝缘性能好,而且灭弧能力强,所以真空断路器用于配电网中还是很合适的。但在电力设备中实际采用高真空作为绝缘媒质的情况是很少的,这主要是在各种设备的绝缘结构中大都还要采用固体或液体介质,它们在真空中都会逐渐释出气体,使高真空无法长期保持的缘故。

第六节　沿面放电及防污对策

这里所介绍的沿面放电是指沿气体介质与固体介质的交界面上发展的放电现象,它是一种特殊的气体放电。在电力系统中,用于支撑和悬挂高压导体的固体绝缘材料称为绝缘子或绝缘支撑。用于固定高压导体的固体绝缘称套管。气体中沿固体绝缘表面放电的形式有沿面滑闪和沿面闪络,前者是尚未发生击穿的放电形式,后者就是沿面击穿放电现象。研究表明:在相同的放电距离条件下,沿面闪络电压比纯气隙的击穿电压低得多,可见一个绝缘装置的实际耐压能力是取决于它的沿面闪络电压的。因此,在确定输电线路和变电所外绝缘的绝缘水平时,其沿面闪络电压值起着决定性作用。应该注意的是,不仅要研究表面干燥、清洁时的沿面放电,而且要研究表面潮湿、污染时的沿面放电。因为它们的放电机理有很大的不同,并且在后一种情况下的沿面闪络电压要低很多,甚至可能在工作电压下发生,对电力系统的安全运行构成威胁,因而日益受到重视。

一、沿面放电界面电场分布与特点

气体介质与固体介质交界面(简称界面)上的电场分布情况对沿面放电的特性有很大的影响。界面电场分布可分为三种典型情况,如图 1-31 所示。

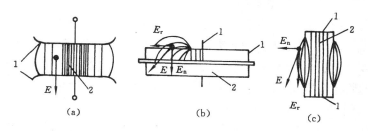

图 1-31　介质界面的典型电场形式

(a)均匀的界面电场;　(b)垂直分量 E_n 很强的界面电场;

(c)垂直分量 E_n 很弱的界面电场

1—电极;2—固体介质

● 固体介质处于均匀电场中,且界面与电力线平行,如图 1-31(a)所示,这种情况在工程实际中较为少见,但实际中会遇到不少固体介质处于稍不均匀电场的情况,它的放电现象与均匀场中的情况有许多相似之处。

● 固体介质处于极不均匀电场中,且电力线垂直于界面的法向分量 E_n 比平行于界面的切向分量 E_τ 要大得多,如图 1-31(b)所示套管就属于这种情况。

● 固体介质处于极不均匀电场中,与上述相反,大部分界面上的电场强度切向分量 E_τ 大于垂直分量 E_n,如图 1-31(c)所示,支柱绝缘子就属于这种情况。

以上三种情况沿面放电现象的差异可如下表述。

1. 均匀和稍不均匀电场中的沿面放电

在图 1-31(a)均匀电场中插入固体介质后仍能保持界面与电力线平行,看起来似乎固体介质的插入完全不影响原来的电场分布。其实不然,此时的沿面闪络电压已比纯空气间隙的击穿电压低很多,这说明原先的均匀电场发生了畸变。其畸变程度主要取决于下述原因。

(1) 固体介质与空气接触的状况

由于潮气吸附到固体介质的表面而形成薄水膜,其中的离子受电场的驱动而沿着界面移动,电极附近的表面上积聚的电荷较多,从而沿面电压分布变得不均匀。因此,降低了闪络电压。这种影响取决于空气的潮湿程度;但更取决于固体绝缘材料吸附水分的性能,石蜡、硅橡胶等为憎水性材料,影响较小;瓷和玻璃等为亲水性材料,影响较大。而离子的移动和电荷的积聚是需要时间完成的,所以在工频下闪络电压降低较多,而在雷电冲击电压下降低很少。

(2) 固体介质与电极接触的状况

当它们接触不良,存在小气隙时,小气隙内将首先发生放电(因空气的介电常数 ε_0 远小于固体介质的介电常数 ε),所产生的带电粒子沿着固体介质的表面移动,原有电场发生畸变,使沿面闪络电压有所降低。可以采用在与电极接触的固体介质表面上喷涂导电粉末的办法消除小气隙中的放电。

(3) 固体介质表面电阻和表面光滑度的状况

固体介质表面电阻不均匀和表面的粗糙不平也会畸变沿面电场。

2. 极不均匀电场具有强垂直分量时的沿面放电

如图 1-31(b)所示,套管中的固体介质(瓷套)处于极不均匀电场中,而且电场强度垂直于界面的分量要比切向分量大得多。可以看出,接地的法兰附近的电力线密集,电场最强,可将其分解为弱切向分量(E_τ)和强垂直分量(E_n)。

当施加电压不太高时,法兰附近首先出现电晕放电,如图 1-32(a)所示,随着所施电压的升高,放电区逐渐形成由许多平行的火花细线组成的光带,如图 1-32(b)所示。火花细线的长度随电压的升高而增大,但此时放电通道中的电流密度较小,压降较大,伏安特性仍具有上升的特征,因此仍属于辉光放电的范畴。当外施电压超过某一临界值后,放电性质发生变化,个别细线突然迅速伸长,转变为分叉的树枝状明亮的火花通道,如图 1-32(c)所示,这种树枝状放电并不固定在一个位置上,而是在不同的位置交替出现,因而称为滑闪放电。滑闪放电通道中的电流密度已较大,压降较小,其伏安特性具有下降的特征。此后,电压的微小升高就会导致火花的急剧延伸,这时电压再升高一些,放电火花就将沟通另一电极,使表面气体完全击穿,称为沿面闪络或简称"闪络"。通常,沿面闪络电压比滑闪放电电压高得不多。

3. 极不均匀电场具有弱垂直分量时的沿面放电

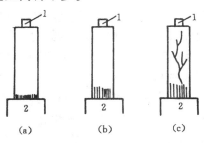

图 1-32　沿套管表面放电示意图
(a) 电晕放电; (b) 辉光放电; (c) 滑闪放电
1—导杆;2—法兰

如图 1-31(c)所示,支柱绝缘子沿界面的电场强度切向分量 E_t 要比垂直分量 E_n 大得多,这类绝缘子极间距离较长,中间的固体介质本身是根本不可能被击穿的,可能出现的只有沿面闪络。又由于 E_n 很弱,因而没有热电离和滑闪放电。试验表明:这种绝缘子的干闪络电压(表面干燥、清洁时)基本上随极间距离的增大而提高。

通过分析[分别对应图 1-31(a)、(b)、(c)]三种典型界面电场分布对沿面放电特性的影响,可以得出:

● 与第一种放电情况比,第二、三两种情况的沿面平均闪络场强显然比情况一低得多;对比情况二、三两种场合,由于情况二中界面电场具有强垂直分量,必然会出现热电离和滑闪放电,因而其平均闪络场强比情况三中具有弱垂直分量时会低些。

● 在界面具有弱垂直分量的极不均匀电场中,沿面闪络电压比同样距离的纯空气间隙的击穿电压略有减小。而在界面具有强垂直分量的极不均匀电场中,沿面闪络电压比同样距离的纯空气间隙击穿电压低很多。后一种情况的主要问题是:由于强垂直分量的作用易引起热游离和出现滑闪放电,为了提高其闪络电压,单靠增大极间距离是不能奏效的,必须防止或推迟出现滑闪放电才能收到效果。

现以图 1-32 套管型结构为例说明提高沿面放电电压的方法。将套管型沿面放电问题转换为链形等值回路,如图 1-33 所示,图中 R_S 表示固体介质单位

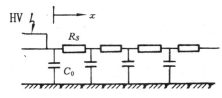

图 1-33 套管沿面放电的等值电路

R_S—单位面积的介质表面电阻；

C_0—介质的比电容

面积的表面电阻，C_0 表示介质表面单位面积对导杆的电容(比电容)。为简化分析，已略去与 C_0 并联的介质体积电阻 $R_0(R_0 \gg \frac{1}{\omega C_0})$。由于放电只与电场分布有关而与电极的电位无关，可以认为在法兰上加高压(HV)，导杆处于地电位。

图 1-34 为按图 1-33 所示等值电路计算的沿介质表面的电压分布，这种电压不均匀分布是由于靠近法兰处的 R_S 中流过的电流大于远离法兰处的 R_S 中电流造成的。在法兰附近，电场强度大，其垂直分量也大，因而此处容易发生滑闪放电。为要提高套管的电晕起始电压和滑闪放电电压，可从两方面入手：

● 减小比电容 C_0，可采用加大法兰处套管的外径和壁厚，也可采用介电常数较小的介质，如用瓷-油组合绝缘代替纯瓷介质等办法达到。

● 减小绝缘表面电阻，可通过减小介质表面电阻率实现，如在套管靠近接地法兰处涂半导体釉、在电机绝缘的出槽口处涂半导体漆等。这些措施可使此处压降逐渐减小，也能防

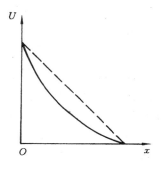

图 1-34 按图 1-33 等值电路得出的介质表面的电压分布(虚线为 $C_0 \to 0$ 时的电压分布)

止滑闪放电过早出现。对于 35kV(额定电压)以上的高压套管，还必须采用能调节径向、轴向电场分布的电容式套管和绝缘性能更好的充油式套管才能符合技术要求。

二、固体介质表面有水膜时的沿面放电

户外运行的绝缘子表面会受到雨、露水、雾、雪、风等的侵袭和大气中污秽物质的污染，其结果是沿面放电电压显著降低。这里仅讨论固体介质表面有水膜时的沿面放电，即：洁净的瓷面被雨水淋湿时的沿面放电。

图 1-35 给出了运行中的棒型支柱绝缘子被雨淋的可能闪络途径。由于雨淋时绝缘子表面上的水膜大都是不均匀和不连续的，因而造成有水膜覆盖的表面电导大，无水膜处的表面电导小，绝大部分外加电压由干表面来承受的状况。绝缘子在雨中有三种可能的闪络途径：

● 沿着湿表面 *AB* 和干表面 *BCA'* 发展；在这种情况下，被工业区的雨水（电导率约为 0.01S/m）淋湿的绝缘子的闪络电压（称湿闪电压）只有干闪电压的 40% ~ 50%，如果雨水电导率更大，湿闪电压还会降得更低。

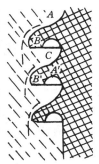

● 沿着湿表面 *AB* 和空气间隙 *BA'* 发展；在这种情况下，空气间隙 *BA'* 中只有分散的雨滴，气隙的击穿电压降低不多，雨水电导率大小的影响不大，绝缘子的湿闪电压不会降低太多。

● 沿着湿表面 *AB* 和水流 *BB'* 发展；在这种情况下，伞裙间的气隙被连续的水流所短接，湿闪电压将降到很低的数值，这些只有在倾盆大雨时才会发生。为了保证绝缘子有较高的湿闪电压，必须在绝缘子的结构设计中予以充分、合理地考虑。

图 1-35　雨中的棒型支柱绝缘子可能闪络途径

三、绝缘子污染状态下的沿面放电

以上讨论了洁净的绝缘子瓷面被雨水淋湿的沿面放电，这里介绍绝缘子表面有湿污层时的沿面放电。

1. 污闪的发展过程

绝缘子表面被污染的过程一般是渐进的，但有时也可能是急速的。

现以悬式绝缘子为例说明污秽放电的形成和发展过程。悬式绝缘子铁脚和铁帽附近表面上的污层在干燥状态下一般不导电，但在毛毛雨雾、露等不利天气时，污层将被水分所湿润，电导大增，在工作电压下污层中电流密度较大，污层烘干较快，先出现干区。干区的电阻比其余湿污层的电阻大很多（有大几个数量级的），此时整个绝缘子上的电压几乎都集中在干区上，通常干区的宽度不大，因而其电场强度很大。如果电场强度已足以引起表面空气碰撞电离，于是在铁脚和铁帽周围将开始电晕放电或辉光放电。由于此时泄漏电流较大，电晕或辉光放电很易直接转变为电弧，这种电弧存在于绝缘子的局部表面（称之为局部电弧）。随后局部电弧根部附近的湿污层被很快烘干，即干区扩大，电弧伸长，若此时电压尚不足以维持电弧的燃烧，电弧即熄灭。再加上交流电流有过零时刻，更促使电弧呈现"熄灭—重燃"或"延伸—收缩"的交替变化。在污层湿润度不断增大的情况下，泄漏电流也随之逐渐变大，在一定电压下能维持。局部电弧长度也不断增加，绝缘子表面上这种不断延伸发展的局部电弧现象俗称爬电。一旦爬电至某一临界长度时，弧道的进一步伸长就不再需要更高的电压，能自动延伸完成沿面闪络，相应的电压称为污闪电压。

由以上分析可见,绝缘子的污闪是一个复杂的过程,大体可分为积污、受潮、干区形成、局部电弧的出现和发展等阶段,采取措施抑制或阻止各阶段的形成和转化,就能有效地防止污闪事故。

积污是发生污闪的温床,治理环境可防止积污;污层受潮或湿润是污闪的催化剂;干区出现的部位和局部电弧发展、延伸的难易均与绝缘子的结构形状有密切关系。这是绝缘子设计所要解决的一个重要问题。

事故统计表明:发生污闪事故往往是大面积范围的,因为一个区域内的绝缘子积污、受潮状况是差不多的。所以容易发生大面积多点污闪事故,自动重合闸成功率远低于雷击闪络时的情况,因而往往导致事故的扩大和长时间停电。就经济损失而言,污闪在各类事故中居首位。因此目前都认为:"绝缘子串在工作电压下不发生污闪"——在电力系统外绝缘水平的选择中起着重要作用。

2. 污秽等级的划分

我们所关心的是:电力系统外绝缘表面污层的导电程度,通常采用"等值盐密"来表征绝缘子表面的污秽度,污秽度定义为每平方厘米表面上沉积的等效氯化钠毫克数。实际中,由于绝缘子表面所积污的成分相当复杂,所以用氯化钠等值表示表面实际沉积的混合盐类。定义污秽度在于测定它,并划分污区等级,我国按照污源、气象条件、等值盐密三方面的因素进行划分。划分的目的是为了决定各污区的户外绝缘应有的绝缘水平、清扫周期。表 1-1 为高压架空线路和发电厂、变电所环境污区分级及外绝缘选择标准,见参考文献 3。

表 1-1　线路和发电厂、变电所污秽等级

污秽等级	污湿特征(污源、气象条件)	盐密/mg·cm^{-2}	
		线路	发电厂、变电所
0	大气清洁地区及离海岸盐场 50km 以上无明显污染地区	≤0.03	—
I	大气轻度污染地区,工业区和人口低密集区,离海岸盐场 10km~50km 地区。在污闪季节中干燥少雾(含毛毛雨)或雨量较多时	>0.03~0.06	≤0.06
II	大气中等污染地区,轻盐碱和炉烟污秽地区,离海岸盐场 3km~10km 地区,在污闪季节中潮湿多雾(含毛毛雨)但雨量较少时	>0.06~0.10	>0.06~0.10

污秽等级	污湿特征(污源、气象条件)	盐密/mg·cm^{-2}	
		线路	发电厂、变电所
Ⅲ	大气污染较严重地区,重雾和重盐碱地区,离海岸盐场 1km～3km 地区,工业与人口密度较大地区,离化学污源和炉烟污秽 300m～1500m 的较严重污秽地区	>0.10～0.25	>0.10～0.25
Ⅳ	大气特别严重污染地区,离海岸盐场 1km 以内,离化学污源和炉烟污秽 300m 以内的地区	>0.25～0.35	>0.25～0.35

表中从 0 级到Ⅳ级,污秽程度逐渐增大,0 级为清洁区、Ⅳ级为特别严重污秽区。

3．防止污闪的措施

在对供电可靠性的要求日益增高、而环境污染日益加重的今天,防止电力系统中污闪事故的发生已受到高度重视并成为亟待解决的课题。实际采用的防污闪措施主要有:

(1)增大爬电比距(泄漏比距)

从前面分析中可知污闪是污染绝缘子表面局部电弧延伸的结果,局部电弧能否勾通电极一要看所加电压高低,二要看外绝缘的爬电距离,因此常用"爬电比距"(泄漏比距)λ 表示污染外绝缘的绝缘水平。λ 的大小为外绝缘"相—地"之间的爬电距离与系统最高工作(线)电压(kV,有效值)之比。GB/T16434—1996规定了各级污区应有的爬电比距值,它们是以大量实际运行经验为基础而规定的。若实际运行中出现不应有的污闪事故,应即重新复核污区等级,在必要时应增大爬距、加强绝缘。对耐张绝缘子串来说,可通过增加串中片数达到目的;而对悬垂串来说,在增加片数有困难时可换用每片爬距较大的耐污型绝缘子或改用 V 形串固定导线。或推行用一种复合材料制成环状薄片,将其嵌入绝缘子铁帽下部的防污闪新技术。绝缘子加装环状薄片后既增大了泄漏距离,又改善了绝缘子表面电场分布,对于抑制帽沿根部电晕的产生、防污和提高闪络电压都是十分有效的。

(2)清扫表面积污

在综合治理环境、净化空气尚未彻底实现以前,仍应在容易发生污闪的季节定期清扫,采用带电水冲洗法,清洁时不能因水冲洗而引起相间闪络发生。

在变电所里,可对设备绝缘,装设泄漏电流记录器,根据泄漏电流幅值和脉冲数监视污秽绝缘子运行情况,发出需清扫的预告信号(即不定期清扫)。

(3)用防污闪涂料处理表面

在绝缘子表面涂上憎水性材料,这样在潮湿气候下表面只能形成孤立的水滴,而不致形成连续的水膜,因此绝缘子泄漏电流很小,不易形成逐步延伸的局部电弧,亦即不会导致污闪。常用的涂料为有机硅油、有机硅脂、地蜡等,涂后效果好,但价格贵、有效期短(半年之久)。近些年采用的室温硫化硅橡胶涂料,憎水性强,使用寿命长。

(4)采用半导体釉和硅橡胶的绝缘子

半导体釉绝缘子表面一直有一个比普通绝缘子表面泄漏电流为大的表面电导电流流过,使绝缘子表面温度比环境温度略高,因而污层不易吸潮,积污也会较少。此外,釉层电导还能缓解干区电场集中现象,使干区不易出现局部电弧,沿整个绝缘子串的电压分布会变得比较均匀。总之,线路绝缘的耐污性能将得到改善。但这种材料易被腐蚀和老化,这就影响了它的推广应用。

有机硅橡胶合成绝缘子的防污性能比普通绝缘子要好得多,它是由承受外力负荷的芯棒(内绝缘)和保护芯棒免受大气环境侵袭的伞套(外绝缘)以及金属连接附件组成复合结构的绝缘子。玻璃钢芯棒系用玻璃纤维束经树脂浸渍后通过引拔模加热固化而成,有极高的抗张强度。至目前止,硅橡胶仍是最理想的伞套材料,它的电气强度高、憎水性强、耐污性能好,在不同温度下性质稳定。

新型合成绝缘子具有一系列瓷质绝缘子无可比拟的优点:首先它防污闪性能优良,运行中不需清扫,其次它重量轻(仅相当同电压等级的瓷绝缘子的1/10左右)、体积小、抗拉、抗弯、强度高,制造工艺简单。因此,合成绝缘子已成为一项有效的防污闪措施正在推广。

习　　题

1-1　简要分析汤逊理论与流注理论对气体放电过程、电离因素以及自持放电条件的观点有何不同?并说明这两种理论各自的适用范围?

1-2　试解释气体放电过程的 α、β、γ、η 系数。

1-3　均匀电场和极不均匀电场气隙放电特性有何不同?

1-4　试分析极间距离相同的正极性棒—板与负极性棒—板自持放电前、后的气体放电的差异。

1-5　试对极间距离相同的正极性棒—板、负极性棒—板、板—板、棒—棒四种电极布局的气隙直流放电电压进行排序? 并简述这种排序的原因?

1-6 试分析不同电压作用下的气体放电有何特点?

1-7 气体介质的冲击电气强度通常用哪些方式来表示?

1-8 气隙的伏秒特性是怎样绘制的? 研究气隙的伏秒特性有何实用意义?

1-9 气隙有哪些放电现象?

1-10 如何提高气隙的放电电压?

1-11 为什么压缩气体的电气强度远较常压下的气体为高? 又为什么当大气的湿度增大时,空气间隙的击穿电压增高,而绝缘子表面的闪络电压下降?

1-12 简述绝缘污闪的发展过程及防污措施。

1-13 试解释沿面闪络电压显著地低于纯气隙的击穿电压的原因。

1-14 雷击放电过程与实验室的长气隙放电过程有何主要区别?

1-15 为了提高棒—板间隙的击穿电压,分别采取了以下五种措施,试判定哪些措施是有效的? 为什么?
(1) 增大气压;(2) 在气隙中适当位置设置屏障;(3) 抽出气体,使气隙内保持为真空状态;(4) 充上压力为 0.45MPa 的 SF_6 气体,以替代空气;(5) 将板极的尺寸增大。

1-16 试利用经验公式确定在标准大气条件下极间距离为 2cm 的均匀电场的平均击穿场强。

1-17 试证明同轴圆柱电极在外电极半径 R 保持不变而改变内电极半径 r 时,其自持放电电压出现最大值的条件为 $R/r = e$。(提示:即内电极表面电场强度出现极小值的条件。)

1-18 试验测得一气隙的击穿电压峰值为 100kV,试验时气压为 100kPa,环温为 27℃,湿度为 20g/m³,试计算该气隙在标准大气条件下的击穿电压值。

1-19 某 110kV 电气设备如用于平原地区,其外绝缘应通过的工频试验电压有效值为 240kV,如用于海拔 4000m 地区,而试验单位位于平原地带,问该电气设备的外绝缘应通过多大的工频试验电压值?

1-20 一般在封闭组合电器中充 SF_6 气体的原因是什么? 与空气比较,SF_6 的绝缘特性如何?

第二章　液体、固体介质的电气特性

本章介绍液体、固体介质在电场下的四个行为特征参数:介电常数 ε、电导率 γ、介质损耗角正切 $\text{tg}\delta$ 和击穿电场强度 E_b;液体、固体介质的击穿特性;组合绝缘的性能以及延缓绝缘老化的办法。

第一节　电介质的极化、电导和损耗

在电场强度比介质的击穿场强小得多的电场下,各类电介质都有极化、电导、损耗等电气物理现象,不过气体介质的极化、电导和损耗都很微弱,一般均可忽略不计。所以,真正需要注意的只有液体和固体介质在这些方面的特性。

一、电介质的极化

先介绍电介质的极化现象,ε_r 是综合反映电介质极化特性的一个物理量,各种电介质的介电常数与温度、电源频率的关系各不相同,这与极化的形式有关,极化的最基本的形式为电子式、离子式和偶极子式极化,另外还有夹层介质界面极化和空间电荷极化等。

为便于比较,将各种极化类型列于表 2-1。

表 2-1　各种极化类型的比较

极化类型	产生场合	完成极化时间/s	极化原因	能量损耗
电子式	任何电介质	10^{-15}	束缚电荷的位移	无
离子式	离子式结构电介质	10^{-13}	离子的相对偏移	几乎没有
偶极子式	极性电介质	$10^{-10} \sim 10^{-2}$	偶极子的定向排列	有
夹层介质界面	多层介质的交界面	$10^{-1} \sim$ 数小时	自由电荷的移动	有
空间电荷	电极附近			

由表 2-1 可见,电子式极化时间最短,所以 ε_r 不随 f 变化,温度变化对这类介质体积变化影响较小,即温度对电子式极化影响不大。离子式极化时间也很短,可以认为 ε_r 与 f 无关,温度对离子式极化存在一定影响,其 ε_r 一般具有正的温度系数。但温度对极性介质的 ε_r 有很大的影响,极性气体介质常具

有负的温度系数,而极性液体、固体介质的 ε_r 随温度增加具有先上升后下降的关系,且其 ε_r 与 f 也有较大关系,它随 f 的增加具有先增大后减小的趋势。多层介质界面极化则完全不一样,其各层电位分布最初按介电常数分布,逐步过渡到稳态按电导率分布。空间电荷极化与夹层介质界面极化一样都进行缓慢,因此相对外加电场而言,在 f 很高时没有极化现象。

综上可见,对具体介质而言,必须说明其相对介电常数 ε_r 对应的极化条件:频率和温度。20℃时工频下气体介质由于密度很小,其 ε_r 接近 1,而液体和固体介质的 ε_r 大多在 2~6 之间。现将几种常用介质(在 20℃、工频电压下)的介电常数列于表 2-2 中。

表 2-2　常用电介质的介电常数 ε_r 值

材料类别		名称	ε_r(20℃、工频)
气体介质	中性	空气/氮气	1.00058/1.00060
(标准大气条件下)	极性	二氧化硫	1.009
液体介质	弱极性	变压器油/硅有机液体	2.2/2.2~2.8
	极性	蓖麻油/氯化联苯	4.5/4.6~5.2
	强极性	丙酮/酒精/水	22/33/81
固体介质	极性	纤维素/胶木/聚氯乙烯	6.5/4.5/3.0~3.5
	离子性	云母/电瓷	5~7/5.5~6.5

各种电介质的 ε_r 差别是很大的,了解电介质的极化在工程上是很有意义的。例如:在几种绝缘材料组合使用时,应注意各种材料的 ε_r 的配合,使之电场分布较为合理。在有些绝缘结构设计中希望材料的 ε_r 小一些,如减小电缆绝缘的 ε_r,可使电缆工作时的充电电流减小。但有些情况下又希望材料的 ε_r 大一些,如选择电容器中用的绝缘材料,ε_r 大使电容器单位容量的体积和重量减小。在预防性试验中,利用材料的极化性质,有助于判断电气设备的绝缘状态。

二、电介质的电导

电介质的电导可分为离子电导和电子电导。有些电介质在电场或外界因素影响下(如紫外线辐射)本身会产生电离,电介质中的正负离子沿电场方向移动,形成电导电流,这就是离子电导。电介质中的自由电子是在高电场作用下,离子与电介质分子碰撞电离激发出来的,这些电子在电场作用下移动形成电子电导电流。当电介质中出现电子电导电流时,表明电介质已被击穿,因此,一般电介质的电导都是指离子电导。

液体介质分中性、弱极性和强极性三类。中性和弱极性的液体电介质,由于其分子的离解度小,故其电导率就小。强极性电介质则反之,因此,水、醇类强极性介质一般不能用作绝缘材料,工程上常用的变压器油、漆、树脂以及它们的溶剂(四氯化碳、苯)都属于中性和弱极性液体电介质。它们在纯净的情况下的电导率是很小的。但工程上使用的液体电介质难免含有杂质,这样就会增大其电导率。

表 2-3 列出了部分液体介质的电导率。

表 2-3　部分液体介质的电导率

液体种类	名称	温度/℃	电导率/S·cm^{-1}	纯净程度
中性	变压器油	80	10^{-18}	高度净化
极性	三氯联苯	80	10^{-11}	工程上应用
	蓖麻油	20	10^{-12}	工程上应用
强极性	水	20	10^{-7}	高度净化
	乙醇	20	10^{-8}	净化

理论与实践都已证明,液体介质电导率 γ 与温度间有以下关系,即

$$\gamma = Ae^{-\phi/kT} \qquad (2-1)$$

式中,A 为常数,与介质性质有关;T 为绝对温度,单位为 K;ϕ 为导电率的活性化能量,对矿物油、硅油,$\phi \approx 0.41\text{eV}$;$k$ 为波尔兹曼常数。

此公式同样适用于固体电介质。

由以上分析得出:在测量电介质的电导或绝缘电阻时,必须记录环境温度,以便对测量结果进行分析。

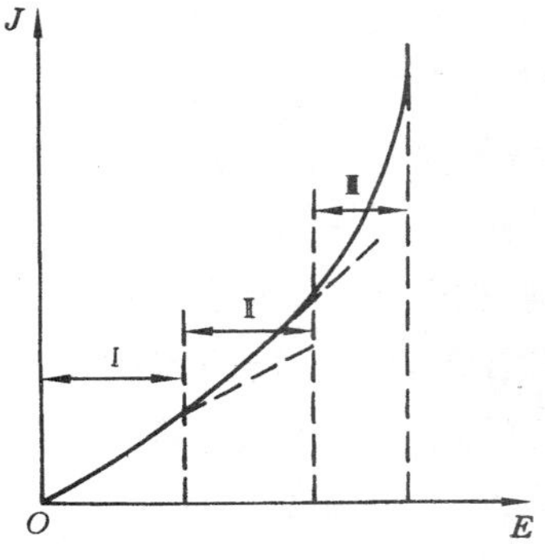

固体电介质的电导分为离子电导和电子电导两部分,其电导电流密度与电场强度的关系,即 $J\text{-}E$ 特性如图 2-1 所示。图中 I、II 区为离子电导区,离子电导在很大程度上决定于电介质中所含的杂质离子,特别对于中性及弱极性

图 2-1　固体电介质的电流密度
与电场强度的关系

电介质,杂质离子起主要作用。在 E 较低时,J 与 E 成正比(图中 I 区所示);当 E 较高时,J 与 E 成指数关系(图中 II 区所示);当 E 更高时,由于碰撞电离和阴极发射,产生大量的自由电子,使电子电导急增,J 与 E 仍成指数关系(图中 III 区所示)。

固体电介质的表面电导,主要决定于它表面吸附导电杂质(水、污染物等)的能力及其分布状态。在实际测试中,有时表面电导远大于体积电导,这是因为电介质表面很薄的杂质膜的电导很大的缘故。所以,在测量绝缘泄漏电流和绝缘电阻时,要注意屏蔽和正确分析测试结果。

讨论电介质的电导在工程上也是很有意义的,如串联的多层介质在直流电压下的稳态分布与各层的电导成反比,所以设计用于直流的绝缘材料应注意它们的电导率,使材料尽可能合理使用。对于某些能量较小的电源,如静电发生器等,要注意减小绝缘材料的表面泄漏电流以保证得到高电压。有些情况下又要设法增大电导,如在高压套管法兰附近涂半导体釉,高压电机定子绕组出槽口部分涂半导体漆等以改善电场分布、消除电晕,设计绝缘结构时要考虑温度的影响。有时需作表面防潮处理,在预防性试验中,测量介质的绝缘电阻(电导)、泄漏电流,以判断绝缘是否受潮或劣化。

三、电介质的损耗

从以上所述的电介质的极化和电导可以看出,介质在电压作用下有能量损耗。一种是由电导引起的损耗,另一种是由某些有损极化引起的损耗,如极性介质中偶极子极化、夹层极化等。

在直流电压作用下(低于发生局部放电的电压),用体积电导率和表面电导率这两个物理量描述就能充分说明问题。在交流电压下,除电导损耗外,还由于周期性的极化而引起能量损耗,因此需要研究占很大比重的周期性极化的介质的能量损耗。

如图 2-2 所示,介质两端施加交流电压 $\dot{U}$,流过介质中的电流包含有功和无功两个分量 $\dot{I}_R$ 和 $\dot{I}_C$,图 2-2 给出了介质在交流电压下的相量图和功角特性。

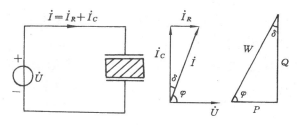

图 2-2 介质在交流电压下的相量图和功角特性

于是可推得介质损耗

$$P = UI\cos\phi = UI_R = UI_C \operatorname{tg}\delta = U^2 \omega C_p \operatorname{tg}\delta \qquad (2\text{-}2)$$

式中，ϕ 为功率因数角；δ 为介质损耗角；ω 为电源角频率。

　　用介质损耗 P 作为比较各种介质品质好坏显然是不合适的，因为 P 值和试验电压 U、试品电容量 C_P、电源频率 ω 等因素有关，所以常用介质损耗角的正切——$\operatorname{tg}\delta$（介质损耗角 δ 是功率因数角 ϕ 的余角）来判断介质的品质，它同 ε_r 一样，是仅决定于材料损耗特性而与上述种种因素无关的物理量。正由于此，通常均采用介质损耗角正切 $\operatorname{tg}\delta$ 作为综合反映电介质损耗特性优劣的一个指标，测量各种电力设备绝缘的 $\operatorname{tg}\delta$ 值已成为电力系统中绝缘预防性试验的最重要项目之一。

　　实际上有损介质的电导损耗和极化损耗都是存在的，可用三个并联支路的等值回路来表示，如图 2-3 所示。图中 C_1 代表介质的无损极化（电子式和离子式极化），$C_2\text{-}R_2$ 代表各种有损极化，而 R_3 则代表电导损耗。在这个等值

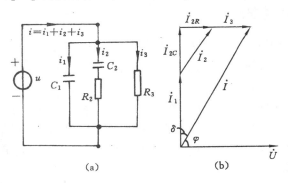

图 2-3　电介质的三支路等值电路和相量图
(a) 等值电路；　(b) 相量图

电路加上直流电压时，介质中流过的将是电容电流 i_1、吸收电流 i_2 和传导电流 i_3。i_1 在加压瞬间数值很大而后迅速衰减为零；i_2 比 i_1 下降慢很多，其下降速率取决于介质种类、结构和均质程度；i_3 是惟一与时间无关的量。这里将流过绝缘的总电流 $i(= i_1 + i_2 + i_3)$ 与时间 t 的关系曲线称为吸收曲线（见图 2-4）。

　　如果施加交流电压于三支路上，则各支路对应的电流 $\dot{I}_1$、$\dot{I}_2$、$\dot{I}_3$ 都将长期存在。总电流为 $\dot{I}(= \dot{I}_1 + \dot{I}_2 + \dot{I}_3)$，反映有损极化或吸收现象的 $\dot{I}_2$ 又可分解为有功分量 $\dot{I}_{2R}$ 和无功分量 $\dot{I}_{2C}$，如图 2-3(b) 所示。上述三条支路也可用电阻、电容的串联或并联等值电路表示。如果损耗主要由介质极化及连接导线的电

阻等引起,则常用串联等值电路表示;如果损耗主要是电导引起的,则常用并联等值电路表示。当 $tg\delta$ 很小时,两种等值电路中的介损都可用(2-2)式表示。还需注意,在强电场下,除了电导、极化两种损耗外,还有介质孔隙中气体电离等所引起的损耗。

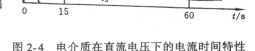

图 2-4　电介质在直流电压下的电流时间特性

以下分别介绍气体、液体、固体介质的损耗。

1. 气体介质的损耗

在外加电压作用下,气体间隙尚未产生碰撞电离时,气体中只存在很小的电导损耗(其 $tg\delta < 10^{-8}$),所以常用气体(如空气、N_2、CO_2、SF_6 等)作为标准电容器的介质。当外加电压超过放电起始电压 U_0(或 E_0)时,气体将发生局部放电,损耗急剧增加,如图 2-5 所示。这种情况常发生在固体或液体介质中含有气泡的场合,因为固体和液体介质的 $\varepsilon_r \gg \varepsilon_0$,所以即使外加电压还不高时,但气泡中可能出现很大的电场强度而导致局部放电。这有别于前面所讲的发生在棒极附近的电晕放电(也是局部放电),而此处气泡可能远离电极。

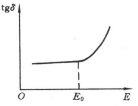

图 2-5　气体介质的 $tg\delta$
与电场强度的关系

2. 液体电介质的损耗

中性或弱极性液体介质的损耗主要由电导引起的,因此 $tg\delta$ 较小。损耗与温度的关系也和电导相似,例如变压器油在 20℃ 时 $tg\delta \leqslant 0.5\%$,70℃ 时 $tg\delta \leqslant 2.5\%$。电缆油和电容器油的性能更好一些,例如高压电缆油在 100℃ 时的 $tg\delta \leqslant 0.15\%$。

在极性介质中(如蓖麻油、氯化联苯、松香油)除电导损耗外,还有极化损耗,因此 $tg\delta$ 较大,而且和温度、频率有关。如图 2-6 所示,图中曲线 $1(f = f_1)$ 的变化可解释为:在低温时,极化损耗和电导损耗都较小,随着温度的升高,液体粘度减小,偶极子转向极化增强,电导损耗也在增大,所以总的 $tg\delta$ 亦上升,在 $t = t_1$ 时达到极大值。在 $t_1 < t < t_2$ 的范围内,由于分子热运动的增强,妨碍了偶极子沿电场方向的有序排列,极化强度反而随温度的上升而减弱;由于极化损耗的减小超过了电导损耗的增加,所以总的 $tg\delta$ 曲线随 t 的升高而下

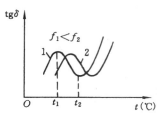

图 2-6　极性液体介质的
tgδ 与温度的关系
1—电源频率为 f_1
2—电源频率为 f_2

降,并在 $t = t_2$ 时达到极小值;在 $t > t_2$ 以后,电导损耗随 t 而急剧上升,极化损耗已不占主要成分,因而 tgδ 将随 t 上升而增大。从图 2-6 还可以看出,当 $f_2 > f_1$ 即频率增高时,tgδ 的极大值出现在较高的温度点。这是因为在较高的频率下偶极子来不及充分转向,要使转向极化进行得充分,就必须减小粘度,即升高温度,使整个曲线右移。

3. 固体介质的损耗

固体介质分有机绝缘材料和无机绝缘材料两大类。

有机绝缘材料又可分为极性和非极性有机电介质。属极性有机电介质的有聚氯乙烯、纤维素、酚醛树脂、胶木、绝缘纸等。它们的 tgδ 约为 0.1% ~ 1.0% 或更大。其 tgδ 与温度、频率的变化关系与极性液体介质相似。属非极性有机电介质的有聚乙烯、聚苯乙烯、聚四氟乙烯等,在不含极性杂质的条件下,它们都只有电子式极化,其损耗是由电导引起的,其"tgδ-温度"特性是由"电导率-温度"特性决定的,而其 tgδ 与频率几乎无关。聚乙烯的 tgδ 变化范围很小(0.01% ~ 0.02%),由于它具有化学性能稳定、有弹性、不吸潮等优点,因此已被用于制造高频电缆、海底电缆、高频电容器等。

无机绝缘材料有云母、陶瓷、玻璃等,它们是离子式结构电介质。云母中不含杂质时没有显著的极化过程,在各种频率下的损耗都是电导引起的,而其电导率在高温下都很小,因此介损小。电工陶瓷既有电导损耗,也有极化损耗,其电导率在常温下很小;20℃、50Hz 工频下的 tgδ 为(2% ~ 5%)。玻璃也具有电导损耗和极化损耗,它的 tgδ 值与其组成成分有关。

表 2-4 为某些常用液体和固体电介质在工频电压下,温度在 20℃ 时的 tgδ 值。

表 2-4　某些液体和固体电介质的 tgδ 值(工频电压、20℃)

电介质	tgδ/%	电介质	tgδ/%
变压器油	0.05 ~ 0.5	聚乙烯	0.01 ~ 0.02
蓖麻油	1 ~ 3	交联聚乙烯	0.02 ~ 0.05
电瓷	2 ~ 5	聚苯乙烯	0.01 ~ 0.03
油浸电缆纸	0.5 ~ 8	聚四氟乙烯	< 0.02
沥青云母带	0.2 ~ 1	聚氯乙烯	5 ~ 10

第二节　液体介质的击穿

目前最常用的液体介质主要是矿物绝缘油,它广泛用于变压器、断路器、套管、电缆及电容器等设备中,分别称为变压器油、电缆油和电容器油。其它如蓖麻油等植物油以及某些新型的合成液体绝缘材料如硅油等,其应用远不及矿物油广泛。液体介质除用作电气设备的绝缘媒质外,还同时兼作冷却媒质(如在变压器中),或灭弧媒质(如油断路器中),或同时起贮能媒质(如用于电容器中)的作用。

液体介质在强电场(高电压)作用下,将出现由介质转变为导体的击穿过程,这里介绍液体的击穿过程、影响其电气强度的因素及提高电气强度的办法。

一、液体介质击穿的概念

绝缘液体的击穿场强与许多因素有关,除了外加电压的类型、时间与幅值,以及电极的形状、材料及表面特性外,击穿电压大小将主要受油中的水和气的含量以及其它杂质的影响。因此,尽管还不能借统一的理论来叙述液体绝缘材料的击穿过程,但是从这种绝缘破坏过程中所观察到的全部现象可作客观描述。

按照某些因素占主导地位来分析液体介质的击穿,可提出下述概念以利统一和完善其击穿机理。

1. 被掩盖的气体放电

在短时交流电压、特别在脉冲电压作用下,可以认为绝缘液体的击穿是由电子碰撞电离造成的。由于液体分子间存在所谓"空穴",这些空穴主要有:油中易挥发的成分("自身蒸气")、在外界压力下溶解于油中的外来气体、还有外电场作用或者同符号离子(正或负)反复碰撞的分解物所形成的微小空穴("气穴"),加之油分解和碰撞电离导致离子浓度上升,电流增大引起附加发热,其结果有利于气泡的形成。当气泡电离时,它的电导率增加,致使油中电场分布畸变。由气泡电离形成电子崩,并且在崩头电场强度达到一定数值时,如果继续增加外加电压,绝缘液体将发生直接电离或分级电离。在电子崩形成的预放电通道中,由于电和热的双重作用将使加压油隙达到完全击穿。

由此概念出发,可将油隙击穿称为被掩盖的气体放电。

2. 纤维桥接击穿

即使绝缘液体在浸渍互感器、变压器绕组前经过过滤、干燥和脱气处理,但在运行中,由于纸绝缘及设备元件可能分离出较大的固体杂质(纤维或其它的不溶解物），而一些未封闭的设备（例如变压器），由于与大气接触，会有水分（潮气）进入其绝缘液体中，纤维素的纤维极易吸潮，受潮纤维的介电常数必然增大。在外电场作用下，它们会发生极化并游动到电场强度最高的区域内，它们相互连接在电极间搭成导电桥。由于纤维桥的导电率高，电流密度大，因此引起的焦耳热很大，会使得纤维附近的潮气和个别低沸点的液体蒸发，击穿将在刚刚形成的气泡内发生，因此可将这类击穿解释为在缺陷处的局部热击穿。

如果电极间纤维桥尚未接通，则纤维等杂质与油串联。由于纤维的 ε_r 大以及含水纤维的电导大，使其端部油中场强显著增高并引起电离。于是油分解出气体，气泡扩大，电离增强。这样下去必然会出现如上所述被掩盖的气体放电。

二、影响液体介质击穿电压的因素

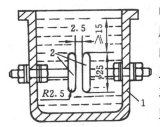

图 2-7　标准油杯
1—绝缘外壳；
2—黄铜电极(单位:mm)

由于液体介质的电气强度不是材料常数，它是由很多因素如:电压形式、电极形状，油中水、气、杂质含量、油体积（油量）、温度等共同来确定。工程中检验油的质量的最重要的试验项目是用标准油杯测量油的工频击穿电压。此外，关于液体介质击穿的一些规律也是利用油杯验证的。我国采用的标准油杯如图 2-7 所示，极间距离为 2.5mm，圆盘形铜电极直径为 25mm，电极的边缘为半径是 2.5mm 的半圆形，以减弱边缘效应，使极间电场基本均匀。

1. 电压形式的影响

液体中"被掩盖的气体放电和纤维桥接击穿"所需的时间，比气体放电所需的时间要长，因此油间隙的冲击击穿场强比空气间隙的冲击击穿场强要高得多。

电压作用时间和上升速率对液体介质击穿有较大影响，击穿电压随加压时间的增加而下降。因为在较长时间的电压作用下，对于促进击穿过程的各种条件同时出现的概率增加。电压上升的速度同样也会明显地影响同一电极结构的击穿电压的大小，升压速度愈大，击穿电压 U_b 就会愈高，因此液体的冲击击穿场强显著地高于工频击穿场强，如图 2-8 所示。可见其冲击系数（冲击击穿场强与工频击穿场强的比值）也远高于间隙介质为空气时的情况。

2. 温度、含水量、含气量的影响

油的击穿电压与温度关系比较复杂，和含水量、含气量有很大关系。图 2-9为不同温度下矿物油的击穿强度曲线，由图2-9可见:在含水量较低时，矿

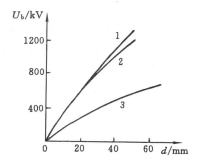

图 2-8 稍不均匀电场中变压器
油的击穿电压与极间
距离的关系

1—— − 1.2/50μs 波；2—— + 1.2/50μs 波；
3—工频电压

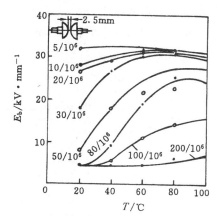

图 2-9 不同含水量的变压器油的
击穿场强与温度的关系

物油的击穿场强几乎与温度无关；而在含水量较高时，开始出现了较低的击穿场强值，随着温度的上升，击穿场强增加。击穿场强不仅与温度，而且也与含水量有关，这可通过油的相对湿度 W_{rel}（油中实际存在的水量与在相应试验温度下饱和浓度之比）与击穿场强的关系绘制曲线，如图 2-10 所示。可以看出：相对湿度增加，击穿场强下降，当相对湿度等于或大于 100% 后，击穿场强下降到某一极限值，这时 E_b 与含水量无关。

在干燥过的液体中（含水量 $W < 5/10^6$ ），击穿场强与温度无关，而在受潮绝缘液体中测得的击穿场强的"温度相关性"只是表面的。因为在有确定的含水量的液体介质中，当液体被加热时，相对湿度将下降，而击穿场强将按图 2-9 所示规律上升，这时绝对含水量却没有变化。

在气体呈溶解状态的范围内，绝缘油的击穿场强与溶解的

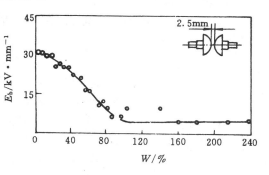

图 2-10 变压器油的击穿场强与
相对湿度 W_{rel} 的关系

气体量无关。如果绝缘油中有超过溶解状态的小气泡存在，则只由气泡中局部放电导致击穿的场强值将会显著地下降。

3. 杂质的影响

油中最主要的杂质是水分,以上已讨论了含水量的影响。

当油中还含有其它固体杂质时,击穿电压的下降程度因杂质的种类和数量而异。图 2-11 示出了这种关系,其电极由一对球极构成,为稍不均匀电场。

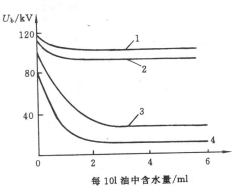

图 2-11　水分杂质对变压器油击穿电压峰值的综合影响
（球极直径 12.7mm,球距 3.8mm）
1—纯油;2—含 1.76mg 碳;3—含 0.21mg 纤维;4—含 1.12mg 纤维

纤维的含量即使很少,但对击穿电压有很大的影响,这是因为纤维是极性介质并且易吸潮,很易沿电场方向极化定向而排列成"小桥"。然而,从油中分解出来的碳粒却对油的击穿电压影响不大。

4. 油量的影响

图 2-12 表示含水量 $21/10^6$ 的变压器油的工频击穿电压(峰值)与极间距

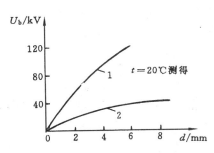

图 2-12　含水量 $21/10^6$ 的变压器油的
击穿电压与极间距离的关系
1—半球电极;2—尖-尖电极

离的关系,曲线 1 电极为半球电极(稍不均匀电场);曲线 2 电极为棒-棒电极(极不均匀电场)。由图 2-12 可见:随着极间距离的增加,油的击穿电压增大,但非直线关系,但油的击穿场强呈明显下降。进一步的研究表明:油的击穿强度随浸没电极的油量的增加而明显下降,这是因为油隙中缺陷(即杂质)出现的概率随油量的增加而增大的缘故。图 2-13 所示的实验结果清楚地表明了这一客观事实。因此必须注意,不能将实验室中对小体积油的

测试结果,直接用于高压电气设备绝缘的设计中。同样地,在固体介质的结构设计中也是必须引起注意的。

三、减少杂质影响的办法

由于油中杂质对油隙的工频击穿电压有很大的影响,所以从工程角度考虑,一方面要采取措施提高油的品质;另一方面在绝缘设计中则应采取措施减小杂质的影响。

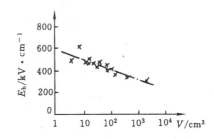

图 2-13　均匀电场中变压器油($t=90℃$)的冲击击穿场强与油体积的关系

1. 提高油的品质的方法有:

过滤:在油中先加入白土、硅胶等吸附剂后用滤油机滤纸阻隔油中纤维等固态杂物,吸收部分水分等液态杂质;防潮:绝缘及夹件、绕组等浸油前必烘干,必要时采用真空干燥法去除水分,在油箱呼吸器的空气入口放干燥剂,以防潮气进入;祛气:对较高电压等级的设备常采取真空注油法。除去水分和气体。

2. 采用"油-屏障"式绝缘

覆盖层:用电缆纸、黄蜡布或漆膜等材料覆盖小曲率半径电极,其主要作用是限制泄漏电流,阻止纤维"小桥"的发展,因而能显著地提高工频击穿电压;绝缘层:当覆盖的厚度增大到能分担一定电压时,即成为绝缘层。其作用表现在不仅能像覆盖那样减小油中杂质的有害影响,而且能降低电极表面附近的 E_{max},大大提高整个油隙的工频击穿电压和冲击击穿电压;隔板(屏障):它既能阻止纤维"小桥"形成,又能如气体间隙中的屏障那样改善间隙中的电场均匀度。在充油设备中广泛采用油-屏障绝缘结构。

第三节　固体介质的击穿

固体介质的固有击穿强度比液体和气体介质高,其击穿的特点是击穿场强与电压作用的时间有很大的关系(见图 2-14),并且随电压作用时间的不同,固体介质的击穿有:电击穿、热击穿、电化学击穿三种不同的形式。

实验研究表明:固体介质击穿场强与电压作用时间有关外,主要由介质本身的微观结构,几何形状,电场均匀化程度,外加电压波形以及环境温度共同确定。因此,它并不具有度量绝缘材料的材料常数的意义,而只具有比较参考的意义,所以往往要用多种理论来说明其击穿过程。虽然以上三种击穿过程不同,但击穿的后果都是使固体介质发生永久性破坏,因而固体介质属非自恢复绝缘。

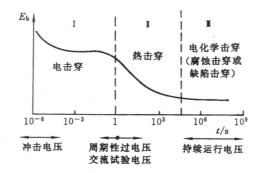

图 2-14   固体介质的击穿场强与电压作用时间的关系

一、固体介质的击穿理论

（一）电击穿理论

从不同角度描述电击穿可归结为如下三种理论：

1．纯电击穿理论

从绝缘材料内有自由移动的电子这一前提出发，可以认为，在直流电压作用下，来自固体介质阴极区的自由电子得到加速，在其向阳极行进的途中发生多次碰撞，同时产生一些新的自由电子，这些二次电子又参入随后的电离过程，引起电子崩；而由碰撞电离产生的正离子，在到达阴极前形成正的空间电荷，它使至阴极区段的场强明显地提高，碰撞电离越来越强，必将加速击穿过程。

2．集体电子击穿理论

从绝缘材料自身电子的活化出发，固体介质中存在少量处于导带能级的电子(传导电子)，在供给它的电能增加也就是场强增加时，载流子(电子)从浅施主层开始活化，使电导率大增，最后出现所谓集体电子击穿。

3．空间电荷理论

在某些绝缘材料内发生击穿是空间电荷的作用增强的结果。而形成空间电荷的前提是：一些导电性很弱的诸如高聚合物绝缘材料具有使载流子(电子)长期贮存于其内的能力。

在固体介质的电导很小、又有良好的散热条件以及介质内部不存在局部放电的情况下，固体介质的击穿通常为电击穿，其击穿场强一般可达 $10^5 \sim 10^6 kV/m$，比热击穿时的场强($10^3 \sim 10^4 kV/m$)高得多，而电压作用时间却短得多(见图 2-14)。

电击穿的主要特征为：击穿电压几乎与周围环境温度无关；除时间很短的

情况外,击穿电压与电压作用时间的关系不大;介质发热不显著;而电场的均匀程度对击穿电压有显著影响。

(二)热击穿理论

热击穿是由于固体介质内热不稳定过程造成的。当固体介质较长期地承受电压的作用时,会因电导电流和介质极化引起介质损耗,使介质发热。介质电导率随温度的升高而急剧增大,因此介质的发热因温度的升高而增加。如果介质中产生的热量超过其发热的热量时,介质的温度升高。若发热总是大于散热,则温度不断上升,造成材料的热破坏而导致击穿。图 2-15 为介质的发热和散热与温度的关系曲线,图中曲线 1,2 分别表示外施电压为 U_1、U_2 ($U_2 > U_1$)时的发热曲线,曲线 α_{11},α_{12},α_2($\alpha_2 > \alpha_{11}$,$\alpha_2 > \alpha_{12}$)为散热曲线。由图 2-15 可见,发热曲线 1 与散热曲线 α_{11} 有两个交点 A_1,B_1,曲线 2 与 α_2 也有两个交点对应为 A_2,B_2,这两个交点即两个平衡态,称 $A_1(A_2)$ 为稳定平衡态,$B_1(B_2)$ 为不稳定平衡态。当固体介质工作于 $A_1(A_2)$ 时,设某一偶然因素,使介质温度超过 $T_{A1}(T_{A2})$,此时由于散热大于发热,介质温度会下降,稳定于 $T_{A1}(T_{A2})$,反之也成立。而在交点 $B_1(B_2)$ 以上,由于发热大于散热,介质温度继续上升进入热击穿区。

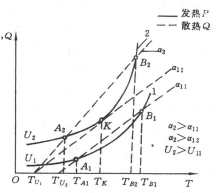

图 2-15 介质的发热和散热与温度的关系
(曲线 1,2 分别为加上 U_1,U_2 得到)

由图 2-15 还可以看出:当发热曲线 2 与散热曲线 α_{12} 配合时,它们只有一个交点 K,很显然 K 点是热的不平衡态,为使介质的发热和散热有正确的配合关系,其途径是:

● 在不改变发热的前提下,改善散热条件,使散热曲线的斜率增大,即 $\alpha > \alpha_{12}$;

● 在不改变散热的前提下,降低发热,减小施加在介质上的电压,即 $U < U_2$,使发热线低于曲线 2,最终使发热线与散热线的配合有两个交点,并且两交点对应的温度差至少要大于某一"特定"的温升。这一"特定"是指在实际使用中,固体介质可能遇到冲击电压作用而引起温度升高时都不会进入热击穿区。

由于热击穿是一个热不平衡的过程,击穿所需时间较长,常常需要几个小时,即使在很大程度上提高试验电压时也常需要好几分钟,因此绝缘试验中常用的工频耐压试验(1 分钟)是不能考核某些固体介质的热击穿特性的。唯有固体介质 1 分钟击穿电压与更长时间(几分钟→数百小时)的击穿电压相差不大时,用工频耐压试验(1 分钟)考核固体介质长期工频热稳定性是有效的。

应该指出:尽管交流电压和直流电压下热击穿的理论没什么区别,但未受潮的良好绝缘在直流电压作用下很少发生热击穿的。这是因为直流电压下介质中没有极化损耗,而只有很小的电导损耗,所以介质工作于直流电压下的发热远比工作于交流电压下的要小。当交流电压的频率提高时,介质损耗迅速增大,因此热击穿的可能性比工频时大很多,有时要采取专门的冷却措施,以充分利用介质的电气绝缘强度。比如用于中频感应加热设备的电容器,一般需在夹层中注入冷却水加以冷却。

(三) 电化学击穿理论

试验研究表明:对绝缘施加电压很长时间(几个月乃至几年)后,击穿场强仍在下降,这显然是由于长期施加电压引起介质劣化的结果。

这类击穿可能是绝缘材料内部的层间、裂纹处、空穴或杂质上的局部放电所引起的。若电场强度超过缺陷区内绝缘材料的击穿场强,就会在介质的局部区域出现不可逆破坏(局部放电、电树枝)——所谓非完全击穿——而形成树枝状通道,树枝将随时间推移而生长到整个电介质击穿为止。由于加压时间长,也称这种击穿为"局部放电","腐蚀击穿"或"电老化"。图 2-16 为低密度聚乙烯中的局部放电通道,可以看到图 2-16(a)类灌木树和图 2-16(b)似真树的电树枝放电景观。图 2-17 为加电压 20kV 运行多年的聚乙烯电缆中的水树枝,由于电缆运行环境湿度大,它的排放树枝在长期供湿下不断生长,当电缆内部的含湿量增高并发展为能导电的地步,电缆芯与外皮间将发生击穿放电。这类水树枝不是由气泡的游离或某种形式的局部放电引起的,而是由液态的导电物质引起的。如果在两电极之间的绝缘层中(电极与绝缘的交界面处),存在某些液态的导电物质(水或绝缘制造过程中残留的某些电解质溶液),则当该处场强超过某值时,这些导电物质便会沿电场方向逐渐渗入绝缘层深处,形成近似树状的漏痕,称为水树枝。

水树枝与电树枝的特征比较:电树枝具有清晰的分支,树枝管道是连续的(图 2-16);水树枝则常呈现绒毛状一片或多片,有扇状、羽毛状、蝴蝶状等(图 2-17)。经验表明:产生和发展水树枝所需的场强,比产生和发展电树枝所需的场强低得多。

总之,局部放电一方面可能使空穴周围不断发生电损害(预放电通道),另

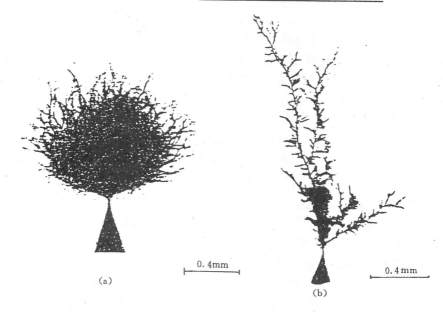

图 2-16　低密度聚乙烯中的局部放电通道
(a)类灌木树；　(b)似真树

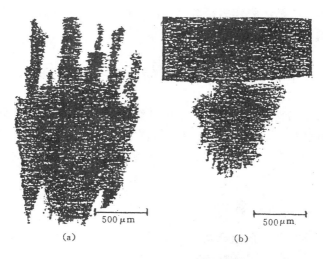

图 2-17　交联聚乙烯电缆中的水树枝放电
(a)在平滑导体表面的排放树枝；　(b)在平滑导体内的排放树枝

一方面局部放电时形成的裂解产物(臭氧、氢气、低分子碳氧化合物等等)将腐蚀绝缘材料。腐蚀击穿的一种特殊形式是在固体绝缘材料表面形成了泄漏电流。它主要发生在合成材料上,是由受潮的污秽层引起表面泄漏的,泄漏电流(表面放电)将引起绝缘材料的热破坏(炭化)。如果绝缘材料在发生局部放电,随着加压时间的增长其绝缘逐渐变坏,称此过程为"电老化",绝缘材料"电老化"发展下去或是以电击穿或是以热击穿而告终。电老化的危险性在于,它并未发生从测量角度可以发现的局部放电,然而,在交流电压下,固体介质确实发生了不可逆的变化。

各种材料耐受局部放电的性能是不同的。陶瓷、玻璃、云母等无机材料有较强的耐局部放电的性能,而塑料有机材料耐局部放电的性能较差,因此在设计时应力争使绝缘在工作电压下不发生局部放电。

提高绝缘局部放电电压的措施可分为两类,一是尽量消除气隙或设法减小气隙的尺寸,因为气隙的击穿场强随气隙厚度的减小而明显提高。例如:钢管油压电缆中用高油压来消除电缆绝缘层中可能出现的气隙。二是设法提高空穴的击穿场强,即用液体介质或高耐电强度的压缩气体填充空穴,在实际中有油纸绝缘用于电缆、电容器、互感器、电容式套管的例子。因为油的介电常数比空气大,当空穴填充油后,油的场强比原气隙的场强低,而油隙的击穿强度却高于气隙。这样多层介质经油浸渍后可有效地提高局部放电电压。近些年已有一些采用压缩的 SF_6 气体绝缘取代油浸渍剂绝缘,如:气体绝缘变压器中用 SF_6 气体与聚酯薄膜作为绝缘,气体绝缘的全膜电力电容器中用 SF_6 气体与聚丙烯薄膜作为绝缘等等。

第四节　组合绝缘的电气强度

高压电气设备的绝缘应有优异的电气性能、良好的热性能、机械性能及使用中所需的理化性能。一般来说,单一品种的电介质往往不能同时满足多种要求,因此实际应用中不是采用某种单一的绝缘材料,而是由多种电介质组合而成。

一、介质的组合原则

不同介电常数的介质组合在一起构成组合绝缘,组合绝缘的电气强度不仅取决于所用介质的电气特性,而且还与介质的互相配合有关。组合绝缘的常见形式多为层状绝缘(或层叠绝缘)。以层状结构为例,当各层绝缘所承受的电场强度与其电气强度成正比时,整个组合绝缘的电气强度最高,每层绝缘材料得到了最充分、合理地利用。这就是各层电压最理想的分配原则。

各层绝缘所承受的电压与作用电压类型和绝缘材料的特性有关。如在直

流电压下,绝缘等效为绝缘电阻,各层绝缘分担的电压与其绝缘电阻(电导)成
正比(反比),应该把电气强度高、电导率大的材料用在电场最强的地方。在交
流和冲击电压下,绝缘等效为电容,各层绝缘分担的电压与其电容成反比,应
该把电气强度高、介电常数大的材料用在电场最强的地方。

多种介质组合时还必须遵从的一个主要原则是:弄清其理化特性,使它们互为组合、互相补充。

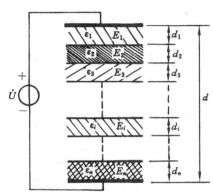

二、组合绝缘中的电场

合理设计和正确使用组合绝缘,必须对多介质系统中的电场进行分析。

1.介质界面与等位面重合的情况

图 2-18 为均匀场 n 层介质系统示意图,图中外加电压为 U,极间距离为 d,各层介质介电常数、厚度、电场强度分别为 ε_i、d_i、E_i ($i=1,2,\cdots,n$)。

图 2-18 均匀电场 n 层介质模型

在交流电压作用下,有

$$
\left.
\begin{aligned}
E_1 &= \frac{U}{\varepsilon_1\left(\dfrac{d_1}{\varepsilon_1}+\dfrac{d_2}{\varepsilon_2}+\dfrac{d_3}{\varepsilon_3}+\cdots+\dfrac{d_{n-1}}{\varepsilon_{n-1}}+\dfrac{d_n}{\varepsilon_n}\right)} \\
E_2 &= \frac{U}{\varepsilon_2\left(\dfrac{d_1}{\varepsilon_1}+\dfrac{d_2}{\varepsilon_2}+\dfrac{d_3}{\varepsilon_3}+\cdots+\dfrac{d_{n-1}}{\varepsilon_{n-1}}+\dfrac{d_n}{\varepsilon_n}\right)} \\
&\ \ \vdots \\
E_n &= \frac{U}{\varepsilon_n\left(\dfrac{d_1}{\varepsilon_1}+\dfrac{d_2}{\varepsilon_2}+\cdots+\dfrac{d_{n-1}}{\varepsilon_{n-1}}+\dfrac{d_n}{\varepsilon_n}\right)}
\end{aligned}
\right\}
\tag{2-3}
$$

式(2-3)表明:在外加电压 U 和极间距离不变的条件下,增大 ε_i 时有使 E_i 减小的趋势,但会使其余介质的 E 有不同程度增大的趋势。

(1)多层介质模型

如中压及高压电容器的典型结构为铝/聚丙烯膜/纸/聚丙烯膜/铝,其组合绝缘串联等值为:第一层双聚丙烯膜层,厚度 $d_1=26\mu m$,介电常数 $\varepsilon_1=2.2$;第二层纸层纤维素 $d_2=10.4\mu m$,$\varepsilon_2=6.1$;第三层纸层中的纯浸渍剂 $d_3=6.6\mu m$,$\varepsilon_3=6.0$。代入式(2-3)得到电场分布为:聚丙烯膜承受电场强度最大 $400\sim500kV/cm$,而纤维素却只有 $150\sim200kV/cm$。由于浸渍剂的介电常数几乎与纤

维素的相等,因而介质内这部分电场分布均匀;又由于浸渍剂的介电常数比矿物油的介电常数($\varepsilon = 2.2$)高,因此在电容器的设计容量不变的情况下,用浸渍剂的电容器的体积显然比用矿物油的电容器的要小。

(2)液体、固体双层介质模型

油浸渍纸介质在大多数情况下是由若干纸分层重叠而成的,故可近似地用代表纸和绝缘液体的双层介质模型表示,已知纯油电介质 $\varepsilon_1 = 2.2$,纯纸介质 $\varepsilon_2 = 6.1$,代入式(2-3)得到电场分布 $E_1/E_2 = 2.77$,由此可知油比纸承受的电场强度更高。事实上,浸渍纸的电气强度要比油大得多,可见这时的电场分配状况是不合理的,在使用中应该密切关注这些介质的性态。

(3)气体、固体双层介质模型

气体浸渍的电介质薄膜,设气体的介电常数为 ε_1,电场强度为 E_1,电介质薄膜的参数对应为 ε_2、E_2;若气体为空气 $\varepsilon_1 = 1$,对于介质薄膜有 $\varepsilon_2 > 1$。由式(2-3)可知 $E_1 > E_2$,即气隙的场强比合成薄膜的要高,当气隙场强超过所用气体的击穿场强时,则出现局部放电,采用电气强度高的 SF_6 气体可以得到较为妥善的解决。

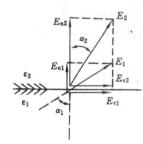

图 2-19　电力线在两层介质交界面的折射

2.介质界面与电极表面斜交的情况

这种情况下,电位移矢量与界面之间的角度不是 90°,因此会在第二种介质中发生折射,如图 2-19 所示,电力线入射角和折射角的关系为

$$\frac{\text{tg}\alpha_1}{\text{tg}\alpha_2} = \frac{E_{\tau 1}/E_{n1}}{E_{\tau 2}/E_{n2}} = \frac{E_{n2}}{E_{n1}} = \frac{\varepsilon_1}{\varepsilon_2} \tag{2-4}$$

图 2-20 表示平行板电极间两种介质的界面与电极表面斜交时电力线与等位面分布的情况。由图 2-20 可见,P 点处等位面受到压缩,使这点的场强大大增加。因此,在绝缘设计时对这一现象必须加以注意,或者利用式(2-4)调整电场。对介质界面与电极表面斜交的情况需用介质界面电力线的折射定律分析电场分布。这里不多述。

3.介质界面是电缆芯线的同心圆筒的情况

超高压交流电缆常为单相圆芯结构,由于其绝缘层较厚,一般采用分阶结构(介质界面为同轴圆筒),以减小电缆芯附近的最大电场强度。所谓分阶绝缘是指由介电常数不同的多层绝缘构成的组合绝缘,分阶原则是对越靠近电缆芯的内层绝缘选用介电常数越大的材料,以达到电场均匀化的目的。例如内层绝缘采用高密度的薄纸,其介电常数较大,击穿场强也较大,外层绝缘则采用密度较低的厚纸,其介电常数较小,击穿场强也较小。

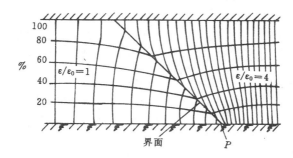

图 2-20　平板电极间两种不同介质界面与电极
表面斜交时电力线与等位面的分布

对单相圆芯均匀介质电缆而言,绝缘层中最大电场强度 E_{max} 位于芯线表面上,即

$$E_{max} = \frac{U}{r_0 \ln \dfrac{R}{r_0}} \qquad (2-5)$$

式中,U 为外施交流电压;r_0,R 分别为电缆芯线的半径和外电极(金属护套)的半径。

依据电缆中浸渍剂的不同特性,其芯线表面的工作场强取值不同,纸包铅皮电缆 30 ~ 40kV/cm,低压充油电缆 100 ~ 160kV/cm,互感器的工作场强通常为 50kV/cm 左右,而变压器由于与大气相通,其工作场强约 20kV/cm,取较低值是考虑可能从环境中吸湿使油的击穿场强降低的缘故。

而最小电场强度 E_{min} 位于绝缘层的外表面($r = R$)处。此时的平均电场强度 E_{av} 应为

$$E_{av} = \frac{U}{R - r_0} \qquad (2-6)$$

定义绝缘的利用系数为

$$\eta = \frac{E_{av}}{E_{max}} = \frac{r_0}{R - r_0} \ln \frac{R}{r_0} \qquad (2-7)$$

η 值越大,则电场分布越均匀,亦即绝缘材料利用得越充分,对超高压电缆而言,因绝缘层较厚,$(R - r_0)$ 值较大,为提高利用系数应采用分阶绝缘。即通常采用不同种类的绝缘纸来实现。图 2-21 为圆形单芯双层分阶绝缘电缆,U 为电缆芯与外皮之间的电位差,r_0,R 为电缆的内半径和外半径,r_2 为分阶半径,从 r_0 至 r_2 的绝缘介电常数为 ε_1,从 r_2 至 R 的介电常数为 ε_2。在 $r_0 < r < r_2$ 内,有

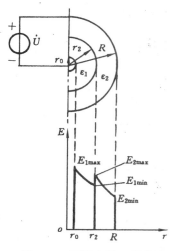

图 2-21 同轴电缆双层分阶
绝缘的电场分布

$$E_1 = \frac{U}{r\varepsilon_1\left[\dfrac{1}{\varepsilon_1}\ln\dfrac{r_2}{r_0} + \dfrac{1}{\varepsilon_2}\ln\dfrac{R}{r_2}\right]} \quad (2-8)$$

在 $r_2 < r < R$ 内

$$E_2 = \frac{U}{r\varepsilon_2\left[\dfrac{1}{\varepsilon_1}\ln\dfrac{r_2}{r_0} + \dfrac{1}{\varepsilon_2}\ln\dfrac{R}{r_2}\right]} \quad (2-9)$$

由式(2-8)、(2-9)可见,在 r_0 和 R 为定值的情况下,适当选择 ε_1、ε_2 以及分阶半径 r_2,就能使两层绝缘材料的利用率较高,电缆的整体电气强度就可大为提高。通常分阶为两层,但在电压等级较高的系统中,如:500kV 的电缆采用 3 至 5 层分阶,这样可减小绝缘层厚度和电缆直径。

以上均讨论的是交流电压下的电场分布。而在直流电压下,以均匀场双层介质模型为例讨论电场分布。电压在两层介质间将按电阻率正比(电导率反比)分配,将此模型应用于油纸绝缘,由于浸渍纸的电阻率要比油大得多,所以此时浸渍纸的场强比油大,即直流下的电场分配状况是合理和有利的。前面已分析,油纸绝缘在交流下的电场分配状况是不合理的。这也是同样的一根电缆的直流耐压远高于交流耐压(约为 3 倍)的主要原因之一。

应该指出:油纸绝缘是以固体介质为主体的组合绝缘,油-屏障式绝缘是以液体介质为主体的组合绝缘。关于油-屏障式绝缘已在本章第二节作了介绍,这里不多述。

第五节 绝缘的老化

电气设备的绝缘在运行过程中,由于受到各种因素的长期作用,会发生一系列不可逆的变化,从而导致其物理、化学、电和机械等性能的劣化,这种不可逆的变化通称为老化。

促使绝缘老化的因素很多,物理因素如电、热、光、机械力、高能辐射等;化学因素如氧气、臭氧、盐雾、酸、碱、潮湿等;生物因素如微生物、霉菌等。它们往往同时存在、彼此影响、相互加强,从而加速老化过程。其中最主要的是电老化、热老化、机械应力老化和综合性的环境老化。

一、电介质的电老化

电老化系指在外加高电压或强电场作用下发生的老化。介质电老化的主要原因是介质中出现局部放电。

局部放电引起固体介质腐蚀、老化损坏的原因有：

● 放电产生的带电粒子不断撞击绝缘，引起破坏，当这些带电粒子所具有的能量大于高分子的键能时，就可能破坏高分子结构，使其裂解；

● 放电能量中一部分转化为热能，当热量不易散发时，将使绝缘内部温度升高或引起热崩溃，或引起气隙体积膨胀而使材料开裂、分层；

● 在局部放电区，由于强烈的离子复合产生高能辐射线，引起材料分解，如使高分子材料的分子结构断裂或分子间产生交联；

● 气隙中如含有氧和氮，放电时产生臭氧和硝酸，因放电生成物是强氧化剂和腐蚀剂，能使纤维、树脂、浸渍剂等发生化学破坏。

各种绝缘材料耐局部放电的性能有很大的差别。云母、玻璃纤维等无机材料有很好的耐局部放电能力。如：在旋转电机中应采用云母等作为绝缘材料，同时其粘合剂和浸渍剂也应采用耐局部放电性能优良的树脂。

有机高分子聚合物等绝缘材料的耐局部放电的性能较差，它们的长时击穿场强要比短时击穿场强低很多，使用这类绝缘时应将其工作场强选得比局部放电起始场强低，以保证设备有足够的使用寿命。

绝缘油中发生局部放电引起油温升高而导致油的裂解，并伴有微量气体产生。此外，油中放电生成物可能为聚合蜡状物，它将附着在固体介质表面而影响散热，加速固体介质的热老化。

二、电介质的热老化

电介质在高温作用下，短时间内就会发生明显的劣化，即使温度比短时允许温度低，但作用时间较长，绝缘性能也会发生不可逆的变化，这就是介质的热老化，绝缘的温度越高、老化越快、寿命越短。

耐热性是绝缘材料的一个主要性能指标，为使绝缘材料能有一定的经济合理的工作寿命，IEC 将各种电工绝缘材料按其耐热性划分等级，并确定各等级绝缘的最高容许工作温度，如表 2-5 所示。

表 2-5　绝缘材料耐热等级

级别	最高容许工作温度/℃	材料名称
Y(0)	90	木材、棉纤维、天然丝、纸；聚乙烯、聚氯乙烯、天然橡胶
A	105	矿物油及浸入其中的 Y 级材料；油性树脂漆及其漆包线
E	120	酚醛树脂塑料；胶纸板、胶布板；聚酯薄膜；
B	130	沥青油漆制成的云母带、玻璃漆布、玻璃胶布板；聚酯漆
F	155	聚酯亚胺漆；改性硅有机漆及其云母、石棉、玻璃漆布
H	180	硅有机漆及其制品；硅橡胶及其玻璃布；聚酰胺亚胺漆及其漆包线
C	>180	聚酰亚胺漆及薄膜；云母；陶瓷、玻璃及其纤维；聚四氟乙烯

使用温度如超过表 2-5 中所规定的温度,绝缘材料就将迅速老化,寿命大大缩短。A 级绝缘温度每增加 8℃时,则寿命约缩短一半,这通常称为热老化的 8℃规则。"油-屏障"式绝缘和油纸绝缘均属 A 级。B 级绝缘(大型电机中的云母带等)和 H 级绝缘(干式变压器,有机合成绝缘子、有机合成氧化锌避雷器),则分别适用 10℃和 12℃规则。

液体介质的热老化主要表现为油的氧化,油温越高,则氧化速度越快。如变压器油,每增高 10℃,则氧化速度约增加一倍。油开始热裂解的温度称为油的临界温度(115°~120℃)。油的局部过热会分解出一些能溶于油的微量气体,这是变压器油老化的主要原因。

三、固体介质的机械应力老化

机械应力对绝缘老化的速度有很大的影响,机械应力过大会使固体介质内产生裂痕或气隙导致局部放电。运行经验证明:瓷绝缘子的老化常常是由于机械应力的影响造成的。电机绝缘在制造过程中可能多次受到机械力的作用,在运行过程中又长期受到电动力和机械振动的作用,它们将加速绝缘的老化。

四、固体介质的环境老化

环境老化,或称大气老化,包括光氧老化、臭氧老化、盐雾酸碱等污染性化学老化。其中最主要是光氧老化,如紫外光的照射会使包括变压器油在内的一些绝缘材料加速老化,有些绝缘材料不宜用于户外日晒雨淋及污秽尘埃的环境。用于湿热地区的绝缘材料还应注意其抗生物(昆虫、霉菌)作用的性能。

延缓绝缘老化的方法:

● 改进制造工艺,尽可能地清除介质中残留的杂质、气泡、水分等,使介质均匀致密化。

● 改进绝缘设计,采用合理的绝缘结构,使各部分绝缘的耐电强度与其所承担的场强有适当的配合;改善电极形状,尽可能使电场分布均匀,改善电极与绝缘体的接触条件,消除接触气隙,改进密封结构等。

● 改善运行条件,如注意防潮、防止污染和各种有害气体的侵蚀,加强散热冷却等。

习   题

2-1 已知多层电介质总厚度为 d,各分层厚度及介电常数分别为:$d_1, d_2, \cdots, d_k, \cdots, d_n$;$\varepsilon_1, \varepsilon_2, \cdots, \varepsilon_k, \cdots, \varepsilon_n$,在多层电介质上施加直流电压 U_0,试求合闸初瞬和到达稳态后各分层的电场强度 $E_1, E_2, \cdots, E_k, \cdots, E_n$?

2-2 什么是绝缘的吸收现象? 如何根据吸收现象判断电气绝缘的状况?

2-3 试比较电介质的电导和导体的电导有何不同?

2-4 为什么绝缘的介电特性通常用它的介电常数 ε 和介损正切 $tg\delta$ 来描述?

2-5 气体、液体、固体介质的击穿过程有何异同,试比较之。

2-6 对某电容式套管施加工频电压为 63.6kV(有效值),测其 $tg\delta = 0.37\%$,$I_C = 20mA$,求该套管绝缘用并联等值电路(或用串联)表示时电容值和电阻值各为多少?

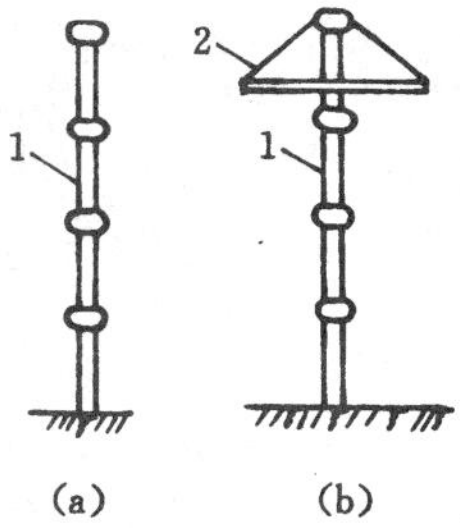

题图 2-1   绝缘子柱示意图
(a)无均压环; (b)有均压环
1—绝缘子柱;2—均压环

2-7 如题图 2-1 绝缘子柱电位沿高度是怎样分布的? 加均压环后,其电位分布为什么能得到改善?

2-8 说明固体电介质内部产生局部放电的原因和后果。在交流电压下和直流电压下的局部放电,哪一种的后果比较严重?

2-9 一充油的均匀场间隙距离为 30mm,极间施加工频电压 300kV,若在极间放置厚度为 3mm 的屏障,求此时油中的电场强度,若将屏障厚度增加为 10mm,油中电场强度又为多少?(已知油的 $\varepsilon_{r1} = 2$,屏障的 $\varepsilon_{r2} = 4$)

2-10 一根 $110/\sqrt{3}$ 单芯铅包电力电缆的芯线外半径 $r_1 = 8.5mm$,油纸绝缘层

厚度 $d = 11.5\text{mm}$,分阶成两层,分阶半径 $r_2 = 13.5\text{mm}$,内层的介电常数 $\varepsilon_1 = 4.5$,外层的 $\varepsilon_2 = 3.8$,试求在额定相电压的作用下,内、外层的最大工作场强和利用系数各是多少?

第二篇　电气设备绝缘试验技术

本篇介绍电气设备绝缘试验技术,以预防性试验为基础的预防性维修(定期维修),和以在线检测试验为基础的状态维修(预知维修),以及测试和诊断的基本原理与方法。

第三章　电气设备绝缘预防性试验

本章介绍绝缘预防性试验的部分项目,绝缘电阻、介质损耗角正切、局部放电、电压分布的常规测量方法,以及近年来发展起来的新的测试方法。

第一节　绝缘电阻的测量

绝缘电阻是一切电介质和绝缘结构的绝缘状态最基本的综合性特性参数。

由于电气设备中大多采用组合绝缘和层式结构,故在直流电压下均有明显的吸收现象,使外电路中有一个随时间而衰减的吸收电流。如果在电流衰减过程中的两个瞬间测得两个电流值或两个相应的绝缘电阻值,则利用其比值(称为吸收比或极化指数)可检验绝缘是否严重受潮或存在局部缺陷。

一、多层介质的吸收现象

一些电气设备的绝缘都是由多层介质组成。例如电缆和变压器等用油和纸作绝缘介质。就基本机理而言,多层介质的吸收特性可以粗略地用双层介质来分析,双层介质的等值电路如图 3-1 所示,图中 R_1、C_1 与 R_2、C_2 分别表示介质 1,2 的等值电容和绝缘电阻。当合上开关 S 将直流电压 U 加到双层介质上后,电流表Ⓐ的读数变化如图 3-2 中电流-时间特性曲线所示,开始电流很大,以后逐渐减小,最后等于一个常数 I_g。当试品电容量较大时,这种逐渐减小过程很慢,甚至达数分钟或更长。图中用斜线表示的面积为绝缘在充电过程中逐渐"吸收"的电荷 Q_a。这种逐渐"吸收"电荷的现象叫做吸收现象。

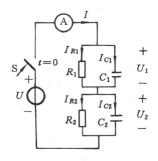

图 3-1　双层介质的
等值电路

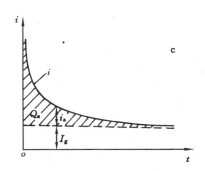

图 3-2　绝缘的吸收现象

在 S 刚合闸瞬间（$t = 0^+$ 时刻），双层介质上的电压按电容反比分配，此时

$$U_{10} = U \frac{C_2}{C_1 + C_2} \qquad (3-1)$$

$$U_{20} = U \frac{C_1}{C_1 + C_2} \qquad (3-2)$$

当达到稳态时（$t \to \infty$），双层介质上的电压改为按电阻正比分配

$$U_{1\infty} = U \frac{R_1}{R_1 + R_2} \qquad (3-3)$$

$$U_{2\infty} = U \frac{R_2}{R_1 + R_2} \qquad (3-4)$$

此时回路电流为电导电流

$$I_\infty = I_g = \frac{U}{R_1 + R_2} \qquad (3-5)$$

由于存在吸收现象 $U_{10} \ne U_{1\infty}$，$U_{20} \ne U_{2\infty}$，一般来说，从 S 合闸到稳态都有一个过渡过程，这个过渡过程的快慢取决于时间常数

$$\tau = (C_1 + C_2) \frac{R_1 R_2}{R_1 + R_2} \qquad (3-6)$$

流过电流表Ⓐ（双层介质的电流）的电流

$$i = i_{R_1} + i_{C_1} = i_{R_2} + i_{C_2}$$

$$= \frac{U}{R_1 + R_2} + \frac{U(R_2 C_2 - R_1 C_1)^2}{(C_1 + C_2)^2 (R_1 + R_2) R_1 \cdot R_2} e^{-\frac{t}{\tau}} \qquad (3-7)$$

$$= I_g + i_a$$

由式(3-7)可知：流过试品的电流由两个分量组成。第一个分量为传导电流 I_g；第二个分量为吸收电流 i_a。如果 $R_1 C_1 \approx R_2 C_2$，吸收电流很小，则吸收

现象不明显,如果 R_1C_1 与 R_2C_2 相差甚大,则吸收现象将十分明显。

在绝缘上施加一直流电压 U 时,这一电压与电流 i 之比即为绝缘电阻,但在吸收电流分量尚未衰减完毕时,呈现的电阻值是不断变化的,如式(3-8)所示

$$R(t) = \frac{U}{i} = \frac{U}{\dfrac{U}{R_1 + R_2} + \dfrac{U(R_2C_2 - R_1C_1)^2}{(C_1 + C_2)^2(R_1 + R_2)R_1R_2}e^{-\frac{t}{\tau}}}$$

$$= \frac{(C_1 + C_2)^2(R_1 + R_2)R_1R_2}{(C_1 + C_2)^2R_1R_2 + (R_2C_2 - R_1C_1)^2e^{-\frac{t}{\tau}}} \tag{3-8}$$

通常所说的绝缘电阻均指吸收电流 i_a 按指数规律衰减完毕后所测得的稳态电阻值。在式(3-8)中,如令 $t \to \infty$,可得 $R_\infty = R_1 + R_2$,即等于两层介质电阻的串联值。利用仪器测量稳态绝缘电阻值能有效地揭示绝缘或整体受潮,或局部严重受潮,或贯穿性缺陷等情况。因为在这些情况下,绝缘电阻值显著降低,I_g 将显著增大,而 i_a 迅速衰减。但这种方法也有其不足和局限性,如大型设备(大型发电机、变压器等)的吸收电流很大,吸收过程可达数分钟,甚至更长,这时要测得稳态阻值,要耗费较长的时间。有些设备(如电机),由 I_g 那部分所反映的绝缘电阻数值又往往有很大的范围,这与该设备的几何尺寸(或其容量)有密切关系,因而难以给出绝缘电阻数值作为判断标准,只能把本次测得的绝缘电阻值与过去所测值进行比较来发现问题。

正由于此,对于某些大型被试品,往往用测"吸收比"的方法来代替单一稳态绝缘电阻的测量。其原理如下:

如果令 t_1 和 t_2 瞬间的两个电流值 I_{t_1} 和 I_{t_2} 所对应的绝缘电阻分别为 R_{t_1},R_{t_2},则比值

$$K_1 = \frac{R_{t_2}}{R_{t_1}} = \frac{I_{t_1}}{I_{t_2}} \tag{3-9}$$

即为"吸收比"。由于吸收比是同一试品在两个不同时刻的绝缘电阻的比值,所以排除了绝缘结构体积尺寸的影响。一般取 $t_1 = 15s$,$t_2 = 60s$,恒有 $K_1 \geqslant 1$ 成立。

如果绝缘状态良好,吸收现象显著,K_1 值将远大于1。反之,当绝缘受潮严重或有大的缺陷时,I_g 显著增大,而 i_a 在 t_1 时已衰减得差不多了,因而 K_1 值变小,更接近于1了。不过一般以 $K_1 \geqslant 1.3$ 作为设备绝缘状态良好的标准亦不尽合适,例如油浸变压器有时会出现下述情况,有些变压器的 K_1 虽大于

1.3,但 R 值却很低;有些 $K_1 < 1.3$,但 R 值却很高,所以应将 R 值和 K_1 值结合起来考虑,才能做出比较准确的判断。

如高电压、大容量电力变压器之类设备的吸收现象往往需相当长时间,有时吸收比 K_1 尚不足以反映吸收现象的全过程,这时还可利用"极化指数"作为又一判断指标。按国际惯例,将 $t_2 = 10\text{min}$ 和 $t_1 = 1\text{min}$ 时的绝缘电阻比值定义为绝缘的极化指数 K_2,即

$$K_2 = \frac{R_{10\text{min}}}{R_{1\text{min}}} \tag{3-10}$$

在 K_1 不能很好地反映绝缘的真实状态时,建议以 K_2 来代替 K_1,例如对于 $K_1 < 1.3$ 但绝缘电阻值仍很大的变压器,应再测 K_2,然后再作判断。

还应指出:电气绝缘的某些集中性缺陷虽已发展得相当严重,以致在耐压试验时被击穿,但在此前测得的绝缘电阻、K_1 或 K_2 却并不低,这是因为这些缺陷还没有贯通整个绝缘的缘故。可见仅凭绝缘电阻和 K_1 或 K_2 的测量结果来判断绝缘状态仍是不够可靠的。

二、绝缘电阻和 K_1 或 K_2 测量

测量仪器由恒定直流电源和测量显示机构两部分组成。

1. 用手摇式兆欧表测量

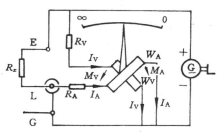

手摇式兆欧表的原理接线如图 3-3 所示,它由手摇发电机和磁电系测量机构组成,测量机构的固定部分包括永久磁铁、极掌和铁心(图中未画出),可动部分有 W_V、W_A 电压和电流线圈;R_V,R_A 分别为两线圈的串联电阻,R_x 为待测试品绝缘电阻。手摇发电机的电压加到 R_V—W_V 和 R_x—R_A—W_A 两条并联支路上,由于磁电系测量机构的磁场是不均匀磁场,因此两个可动线圈($W_V W_A$)所受的力与其自身在磁场中的位置有关。又由于这两个线圈的绕向相反,因此流过它们的电流受磁场作用时会产生不同方向的转动力矩。在力矩差的作用下,可动部分旋转,一直转到平衡时为止($M_V = M_A$),指针的偏转角与两条并联电路中的电流比值有关,$\alpha = f(\frac{I_V}{I_A})$,由

图 3-3　手摇式兆欧表的原理接线

于 $\dfrac{I_V}{I_A} = \dfrac{R_A + R_x}{R_V}$,

因此有： $$\alpha = f(\dfrac{I_V}{I_A}) = f(\dfrac{R_A + R_x}{R_V}) = f(R_x) \qquad (3\text{-}11)$$

可见指针偏转角 α 直接反映 R_x 的大小。

当"L"，"E"开路时，$R_x = \infty$，$I_2 = 0$，只有 W_V 中有电流 I_V，于是指针反时针偏转到最大位置指"∞"。

当"L"，"E"短路时，$R_x = 0$，I_A 最大，这时指针顺时针方向偏转最大位置指"0"。

当外接被测电阻 R_x 在"0"与"∞"之间时，指针停留的位置由 I_V 与 I_A 比值定。

在端钮"L"的外圈套有屏蔽环，它的作用是使"L"、"E"之间以及被试绝缘的表面泄漏电流不流过 W_A，从而防止测量误差。

2. 用数字式兆欧表测量

它不是用手摇发电机产生固定不变的直流电压，而是采用整流电源，用户可根据需要选择电压量程。当在试品绝缘上施加电压时，取试品电压、电流信号经 A/D 转换，简单数值计算，用液晶数显方式给出结果。

不论用手摇式兆欧表还是用智能化数字式兆欧表测量试品绝缘电阻和 K_1 或 K_2 时，都应记录环境温、湿度，因为它们对试品绝缘电阻有很大影响（见图3-4）。

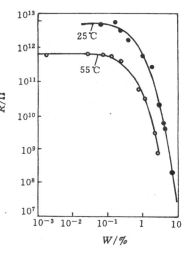

图 3-4　不同温度下浸渍纸绝缘
电阻与纸含湿量的关系
R—绝缘电阻；W—湿度

第二节　介质损耗角正切的测量

介质损耗角正切 tgδ 是绝缘品质的重要指标，测量 tgδ 是判断电气设备绝缘状态的一项灵敏有效的方法。例如套管和电流互感器的 tgδ 若超过了表3-1中的数值，就意味着或电介质严重发热，设备有发生爆炸的危险，或设备绝缘存在严重缺陷，应立即进行检修。

tgδ 能反映绝缘的整体性缺陷（例如全面老化）和小容量试品中的严重局部性缺陷，由 tgδ 随电压而变化的曲线可判断绝缘是否受潮，含有气泡及老化的程度。当大电容量的设备绝缘存在局部缺陷时,应尽可能将设备解体后分别测量进行分析。

表 3-1　套管和电流互感器在 20℃ 时的 $tg\delta/\%$ 最大容许值

电气设备	型　式	额　定　电　压/kV					
		20 ~ 35		63 ~ 220		330 ~ 500	
		大修后	运行中	大修后	运行中	大修后	运行中
套　管	充油式	3.0	4.0	2.0	3.0	–	–
	油纸电容式	–	–	1.0	1.5	0.8	1.0
	胶纸式	3.0	4.0	2.0	3.0	–	–
	充胶式	2.0	3.0	2.0	3.0	–	–
	胶纸充胶或充油式	2.5	4.0	1.5	2.5	1.0	1.5
电　流 互感器	充油式	3.0	6.0	2.0	3.0	–	–
	充胶式	2.0	4.0	2.0	3.0	–	–
	胶纸电容式	2.5	6.0	2.0	3.0	–	–
	油纸电容式	–	–	1.0	1.5	0.8	1.0

一、$tg\delta$ 的测量方法

$tg\delta$ 值的测量方法很多,首先介绍国内广泛应用的 QS_1 型西林电桥的测量原理和使用方法。

(一)西林电桥

1. 测量原理

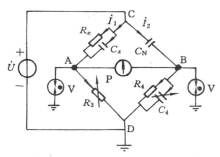

图 3-5　西林电桥原理接线图

电桥原理接线如图 3-5 所示,图中 C_x、R_x 为试品的电容和电阻,R_3 为可调无感电阻,C_N 为高压标准电容器,C_4 为可调电容器,R_4 为定值无感电阻,P 为交流检流计。

当电桥平衡时,通过检流计 P 的电流为零,于是有

$$\dot{I}_1 = \dot{I}_{R3}, \dot{I}_2 = \dot{I}_{R4} + \dot{I}_{C4} \quad (3\text{-}12)$$

试验中调节 R_3,C_4,使 P 中电流为零,此时有

$$Z_x \cdot Z_4 = Z_3 \cdot Z_N \quad (3\text{-}13)$$

将 Z_x,Z_4、Z_3、Z_N 分别用图中参数表示代入式(3-13),经复数运算整理即

可求得

$$\text{tg}\delta = \frac{1}{\omega R_x C_x} = \omega R_4 C_4 \qquad (3\text{-}14)$$

$$C_x = \frac{R_4 C_N}{R_3} \qquad (3\text{-}15)$$

下面用图 3-6 所示相量图分析电桥平衡的过程：

电桥的平衡是通过调节 R_3 和 C_4 分别改变桥臂电压大小和相位实现的。

由于 Z_x 和 Z_N 远大于 R_3 和 Z_4，故可得到 $I_1 \approx \frac{U_{CD}}{Z_x}$ 和 $I_2 \approx \frac{U_{CD}}{Z_N}$，调 R_3 的大小，

可认为是调 U_{AD} 的幅值，调 C_4 的大小，可认为是调 U_{BD} 的相位，最终 $\dot{U}_{AD} = \dot{U}_{BD}$，$\dot{U}_{CA} = \dot{U}_{CB}$。

图 3-6 所示为电桥平衡相量图，图 3-6(a)为试品侧相量图，图中

$$\dot{I}_{R_3} = \dot{I}_1 = \dot{I}_{Rx} + \dot{I}_{Cx}$$

有：
$$\text{tg}\delta_x = \frac{I_{Rx}}{I_{Cx}} = \frac{\dfrac{U_{CA}}{R_x}}{\omega \cdot U_{CA} \cdot C_x} = \frac{1}{\omega R_x C_x} \qquad (3\text{-}16)$$

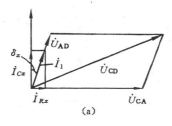 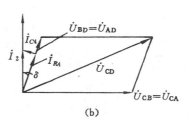

图 3-6　电桥平衡相量图

(a)试品侧相量图；　(b)标准电容侧相量图

图 3-6(b)为标准电容侧相量图，图中，$\dot{I}_2 = \dot{I}_{R_4} + \dot{I}_{C_4}$，

有
$$\text{tg}\delta = \frac{I_{C_4}}{I_{R_4}} = \frac{U_{BD} \cdot \omega C_4}{\dfrac{U_{BD}}{R_4}} = \omega R_4 C_4 \qquad (3\text{-}17)$$

电桥平衡时，有 $\delta_x = \delta$，所以 $\text{tg}\delta_x = \dfrac{1}{\omega R_x C_x} = \omega R_4 C_4$，将 R_4 固定为 $10^6/\omega$ 代

入上式，并取 C_4 单位为 μF，可以得到

$$\text{tg}\delta_x = C_4 \qquad (3\text{-}18)$$

上面介绍的是西林电桥的正接线,被试品 Z_x 的两端均对地绝缘,D 点为接地点。实际中,被试品的一端往往是固定接地的,这时必须 C 点接地,改用图 3-7 所示的反接线。在反接线情况下,R_3、R_4、C_4,检流计 P 都处在高电位,必须保证足够的绝缘水平和采取可靠的保护措施,以确保测试人员和仪器的安全。

2. 外界电磁场对电桥的干扰

(1)外界电场的干扰

外界电场的干扰主要包括试验用高压电源和试验现场高压带电体引起的干扰。电场干扰电流路径是通过杂散电容流入桥体的。而杂散电容存在于高压源与桥体各元件及其连接线之间,所以桥臂有干扰电流流过就会引起测量误差。

(2)外界磁场的干扰

磁场干扰电流是邻近母线负载电流的磁场在桥路内感应出的一个干扰电势而产生的电流,显然这一干扰电流对电桥的平衡产生影响,也将导致测量误差。

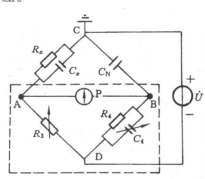

图 3-7　西林电桥反接线原理图

消除的办法是:电桥本体用金属网屏蔽,全部引线用屏蔽电缆线,在实际现场的被试物有一端固定接地时只能采用反接线时(图 3-7 所示),C 点接地,D 点与屏蔽网接高压电源,屏蔽对地(包括仪器金属外壳)应有足够的绝缘。由于传统的手动调节电桥平衡工作量大,弊端多,现已采用自动平衡测量仪器,它采用差值比较原理,用计算机控制和处理桥体平衡。与传统手动调节比,它测量速度快,稳定性高。但硬件复杂,工艺要求高,价格昂贵。应该看到手动和自动调节电桥平衡都属于比较法测被试品的 $\mathrm{tg}\delta$,即将已知臂的 $\mathrm{tg}\delta$ 与待测的 $\mathrm{tg}\delta_x$ 进行比较,使 $\delta_x = \delta$,从而得到结果。

以下将介绍如何获取试品两端所施电压 u 和流过试品绝缘的电流 i,从含有丰富信息的 u,i 中通过数值分析求得 $\mathrm{tg}\delta$。

(二)谐波波形分析法

利用同步采样系统,将试品上的电压、电流信号进行离散后进入数据处理系统,进行快速傅里叶变换(FFT),求出二信号基波分量的幅值(U_{vm},I_{xm})和相位(Φ_{U_V}, Φ_{I_x})(图 3-8 所示),然后利用公式得到试品的 $tg\delta$ 和 C_x。

$$\delta = \frac{\pi}{2} - (\varphi_{I_x} - \varphi_{U_V}) \tag{3-19}$$

$$C_x = (I_{xm}/\omega U_{Vm})\cos\delta \tag{3-20}$$

式中,U_{Vm},I_{xm} 分别为试品基准电压 U_V 和电流 I_x 的基波峰值,而 φ_{U_V} 和 φ_{I_x} 分别为经 FFT 算法分解出 U_V 和 I_x 的时域波形的基波初相角。

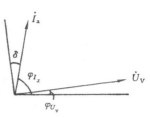

图 3-8　试品电压、电流信号基波相量间的关系

由于采用 FFT 算法具有抗谐波干扰、零漂、温漂等特点,是以软件代替硬件进行波形分析,不需要对波形进行前期加工处理,简化了电路结构,提高了系统的可靠性。但是采用这种方法应注意与信号频率相同的工频干扰,并设法有效地消除它。

(三)过零相位比较法

该法原理是从试品上取得电压和电流信号,分别经过滤波、限幅放大、过零比较电路变成方波信号,然后一起通过异或门变为相位脉冲,该相位脉冲经过与门后就填充了时标脉冲,最后送单片机计数。

该方法把 $tg\delta$ 的测量转化为时间的测量,而时间的测量现在已可达到很高的准确度,所以只要能解决实际中的高压测量的取样信号的特殊问题,它不失为一种好方法。该方法主要应克服因波形畸变而引起过零点偏移的问题。波形畸变一方面来自电源,高压电源往往会由于电网中各种非线性设备存在和试验变压器的非线性励磁特性等而引入较大的三次及其它高次谐波分量;另一方面来自采集信号不合理。

(四)异频电源法

它是测量 $tg\delta$ 一种新的抗现场工频干扰的方法,其原理为 $tg\delta$ 测量过程中将试验电源的频率偏离干扰电源频率(现场运行的工频相对于试验所用的某种频率的电源是一干扰源),通过频率识别或滤波技术排除干扰电源的叠加影响来保证测量的准确性。由于 $tg\delta$ 值与频率有关,若试验电源频率与干扰源频率之差愈小,因而 $tg\delta$ 值愈接近工频下的值。但二者频率差值过小,使得用软件和硬件辨识难度大,以致无法剔除现场工频的干扰影响。

在消除现场工频干扰后,再用上述比较法或定义法测 $tg\delta$ 都是可行的。因此,异频电源法可以不作为独立的方法提出来。

二、影响 $tg\delta$ 测量的因素

无论用上述哪种方法测量,在排除外界电磁场干扰、正确地测出 $tg\delta$ 值

后,还需对 tgδ 的测量结果进行正确的分析判断,为此,必须了解绝缘的 tgδ 值还与哪些因素有关。

1. 温度的影响

电气绝缘的 tgδ 与温度有关,这种关系因材料、结构的不同而异(见图 3-9),一般情况下 tgδ 随温度上升而增大。现场试验时,设备温度是变化的,而且其真实平均温度很难测定,所以将测得的 tgδ 统一换算至20℃下分析往往有很大误差。因此,尽可能在 10 ~ 30 ℃下测试。

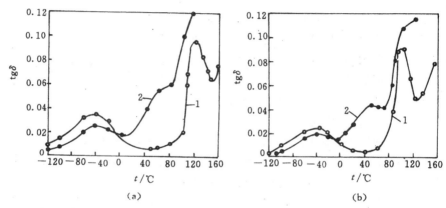

图 3-9 不同绝缘材料加与不加填料时其 tgδ 与温度的关系
(a)脂环族环氧树脂;   (b)双酚 A 环氧树脂
1—未加填料;   2—加填料

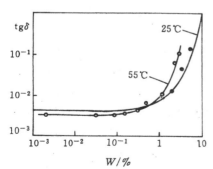

图 3-10 不同温度下浸渍纸 tgδ 与纸含湿量的关系

2. 湿度的影响

湿度对测量 tgδ 同样有直接影响,环境湿度大,不可避免地通过水蒸气的扩散,从周围环境中吸收湿气,介质受潮时损失增加(见图 3-10)。因此,尽可能选择干燥天气测试。

3. 试验电压的影响

一般来说,良好的绝缘在其额定电压范围内,其 tgδ 值几乎不变,如图 3-11 中曲线 1 所示。如果绝缘内部存在气泡、分层、脱壳,当所加试验电压尚不足以使气泡电离时,其 tgδ 值与电压的关系与良好绝缘无显著差别,当所加试验电压足以使绝缘中的气泡电离,或局部放电时,

tgδ 值将随试验电压的升高而迅速增大,电压回落时电离要比电压上升时更强一些,因而会出现闭环状曲线,如图 3-11 中的曲线 2 所示。如果绝缘受潮,则电压较低时的 tgδ 值就已相当大,电压升高时,tgδ 更将急剧增大;电压回落时,tgδ 也要比电压上升时更大一些,因而形成不闭合的分岔曲线,如图 3-11 中的曲线 3 所示,产生这一现象的主要原因是介质的温度因发热而提高了。

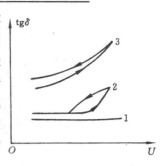

图 3-11　tgδ 与试验电压
的典型曲线
1—良好绝缘;
2—绝缘中存在气隙;
3—受潮绝缘

测量 tgδ 与电压的关系,有助于判断绝缘的状态和缺陷的类型。

4. 试品表面泄漏的影响

试品表面泄漏可能影响反映试品内部绝缘状况的 tgδ 值。在试品的 C_x 小时需特别注意。为消除表面泄漏,测试前应将试品表面擦干净,必要时可加屏蔽。

5. 试品电容量的影响

对电容量较小的设备(如套管、互感器等)测量 tgδ 能有效地发现局部集中性和整体分布性的缺陷,但对电容量较大的设备(如大中型变压器、电力电缆、电容器、发电机等)测 tgδ 只能发现整体分布性缺陷,因为局部集中性缺陷所引起损失的增加只占总损失的极小部分,这样用测 tgδ 的方法判断设备的绝缘状态就很不灵敏了。对于可以分解为几个彼此绝缘部分的被试品,应分别测量其各部分的 tgδ,这样能更有效地发现缺陷。

第三节　局部放电的测量

绝缘中的局部放电是引起介质老化的重要原因之一。高电压设备绝缘内部不可避免地存在某些缺陷(如固体绝缘中的气隙或液体绝缘中的气泡)和电场分布的不均匀。这些气隙、气泡的场强达到一定值以上时,就会发生局部放电,但长期的局部放电使绝缘的劣化损伤逐渐扩大,达到一定程度后,就会导致绝缘的击穿和损坏。测定电气设备在不同电压下的局部放电强度和变化趋势,就能判断绝缘内是否存在局部缺陷以及介质老化的速度和目前的状态。因而局部放电检测已成为确定产品质量和进行绝缘预防性试验的重要项目之一。

一、局部放电基本知识

以固体介质为例,说明局部放电的发展过程。当固体介质内部含有气隙时,气隙及与其串联的固体介质中的场强与它们的介电常数成反比,因而气隙中的场强要比固体介质中的场强高得多,而气隙的电气强度通常又比固体介质的低,所以当外加电压远低于固体介质的击穿电压时,就可能在气隙内开始放电。

固体介质内部有一个小气隙时的等值电路示于图 3-12,图中 C_g 为气隙的电容,C_b 是与气隙串联的固体介质的电容,C_a 是介质其余完好部分的电容。若气隙很小,则 $C_b \ll C_g$,且 $C_b \ll C_a$,电极间加上瞬时值为 u 的交流电压,则 C_g 上的电压 u_g 为

$$u_g = \frac{C_b}{C_b + C_g} \cdot u$$

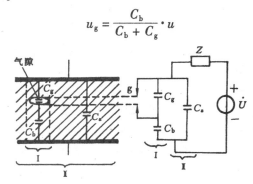

图 3-12   介质中气隙局部放电的示意图和等值电路

当 u_g 随 u 增大到气隙的放电电压 U_s 时,气隙即放电。放电产生的空间电荷建立电场,使 C_g 上的电压急剧下降到剩余电压 U_r 时,火花熄灭,完成一次局部放电(图 3-13(a))。在此期间出现一个对应的局部放电电流脉冲〔图 3-13(b)〕。这一放电过程的时间很短,可认为瞬时完成。气隙每放电一次,其电压瞬时下降一个 $\Delta U_g = U_s - U_r$,随着外加电压的继续上升,C_g 重新获得充电,直到 u_g 又达到 U_s 值时,气隙发生第二次放电……如图 3-13 所示。

C_g 放电时,每次的放电电荷量为

$$q_r = \left(C_g + \frac{C_a C_b}{C_a + C_b} \right)(U_s - U_r)$$

$$\approx (C_g + C_b)(U_s - U_r) \tag{3-21}$$

式中,q_r 为真实放电量,但因 C_c、C_b,U_s、U_r 等都无法测得,因此 q_r 也无法确

定。

　　由于气隙放电引起的电压变动(U_s $- U_r$)将按电容反比分配在 C_b、C_a 上 (从气隙两端看 C_b、C_a 是相串联的)设在 C_a 上的电压变动为 ΔU_a,则有

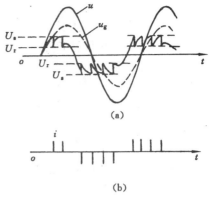

$$\Delta U_a = \frac{C_b}{C_a + C_b}(U_s - U_r)$$
$$(3-22)$$

这表明:当气隙放电时,试品两端电压会突然下降 ΔU_a,相当于试品放掉电荷

$$q = (C_a + C_b)\Delta U_a = C_b(U_s - U_r)$$
$$(3-23)$$

图 3-13　局部放电时的电压、电流波形

　　这里称 q 为视在放电量。q 虽然可以由电源加以补充,但必须通过电源侧的阻抗。因此 ΔU_a 及 q 值是可以测量到的,通常将 q 作为度量局部放电强度的参数,比较式(3-21)、式(3-23),可得

$$q = \frac{C_b}{C_g + C_b}q_r \quad (C_g \gg C_b)$$
$$(3-24)$$

可见视在放电量 q 通常比真实放电量 q_r 小得多。

　　在交流电压作用下,当外加电压较高时,在半周期内放电可以重复多次发生。而在直流电压作用下,情况就不一样。由于电压的大小和方向不变,一旦气隙被击穿,空间电荷建立反电场,放电就熄灭。直到空间电荷通过介质内部电导而中和,使反电场减弱到一定程度后,才开始第二次放电。在其它条件相同时,直流电压下单位时间内的放电次数一般要比交流下低很多,可以认为在直流下局部放电产生的破坏作用也远比交流下小。这也是绝缘在直流下的工作电场强度可以大于交流工作电场强度的原因之一。

　　此外,表征局部放电的重要参数还有

1. 放电重复率(N)

　　它是在选定的时间间隔内测得的每秒发生脉冲的平均次数,它表示局部放电的出现频度。放电重复率与外加电压的大小有关,外加电压增大时,放电次数将增多。

2. 放电能量(W)、

　　通常指一次局部放电所消耗的能量,放电能量为

$$W = \int u_g i dt = - C'_g \int_{U_s}^{U_r} u_g du_g = \frac{1}{2}C'_g(U_s^2 - U_r^2)$$
$$(3-25)$$

式中　$i = -(C_g + \dfrac{C_a C_b}{C_a + C_b}) \cdot \dfrac{du_g}{dt} = -C'_g \dfrac{du_g}{dt}$

由式(3-24)、式(3-21)可知

$$q_r = C'_g(U_s - U_r) = \frac{C_g + C_b}{C_b} q \qquad (3-26)$$

将式(3-26)代入式(3-25)有

$$W = \frac{1}{2} q_r (U_s + U_r) = \frac{1}{2} q \frac{C_g + C_b}{C_b}(U_s + U_r) \qquad (3-27)$$

令气隙中开始出现局部放电($u_g = U_s$)时的外加电压值为 U_i,则

$$U_s = \frac{C_b}{C_g + C_b} U_i$$

代入式(3-27)得

$$W = \frac{1}{2} q(U_s + U_r) \cdot \frac{U_i}{U_s}$$

令 $U_r = 0$,则

$$W = \frac{1}{2} q U_i \qquad (3-28)$$

式(3-28)中视在放电量 q 和出现局部放电时的外加电压值 U_i 均可以测得,由此可计算 W。

　　W 的大小对电介质的老化速度有显著影响,因此放电能量 W、视在放电量 q、放电重复率 N 是表征局部放电的三个基本参数。此外还有放电功率、局部放电起始电压 U_i 和熄灭电压等等,不一一列举。

二、局部放电检测方法

　　局部放电时会伴有多种现象出现,诸如电流脉冲、介质损耗和电磁辐射等电气方面的现象,以及诸如光、热、噪声、气压变化、化学变化等非电方面的现象。因此,对这些现象的检测也分为电气检测和非电检测两大类。目前应用得比较广泛和成功的是电气检测法。特别是测量绝缘内部气隙发生局部放电时的电脉冲,它不仅可以灵敏地检出是否存在局部放电,还可判定放电强弱程度。

(一)几种电气检测法

1. 脉冲电流法

　　国际上推荐用脉冲电流法测量局部放电的回路如图3-14所示。

　　这三种回路都是使在一定电压作用下的试品 C_x 中产生的局部放电电流

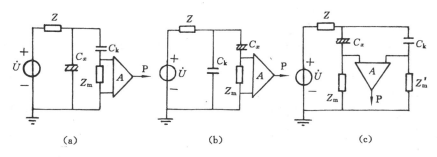

图 3-14　局部放电的基本测试回路

(a)并联测试；　　(b)串联测试；　　(c)桥式测试

C_x—试品电容；C_k—耦合电容；Z—低通滤波器；$\dot{U}$—电压源

脉冲流过检测阻抗 Z_m，然后把 Z_m 上的电压(图 3-14(a)、(b))或 Z_m 及 Z'_m 上的电压差(图 3-14(c))加以放大后送至仪器 P 进行测量。

对回路的耦合电容 C_k 的要求：

● 为被试品 C_x 与检测阻抗 Z_m 之间提供一条低阻抗通路，当 C_x 发生局部放电时，脉冲信号立即顺利耦合到 Z_m 上去；

● 残余电感应足够小，而且在试验电压下内部不能有局部放电现象；

● 对电源的工频电压起隔离作用。

对阻塞阻抗 Z 的要求是阻止高压电源中的高频分量对测试回路产生干扰，防止局部放电脉冲分流到电源中去，但应使工频高电压作用到试品上去。在一般情况下，希望 C_k 不小于 C_x 以增大检测阻抗上的信号。同时 Z 应比 Z_m 大，使得 C_x 中发生局部放电时，C_x 与 C_k 之间能较快地转换电荷，而从电源重新补充电荷的过程减慢，以提高测量的准确度。

图 3-14(a)为并联测试回路适用于被试品一端接地的情况。它的优点是流过 C_x 的工频电流不流过 Z_m，在 C_x 较大的场合，这一优点就充分显示出来。图 3-14(b)为串联测试回路适用于被试品两端均对地绝缘的情况。如果试验变压器的入口电容和高压引线的杂散电容足够大，采用这种回路时还可省去电容 C_k。图 3-14 中(a)、(b)均属直测法。图 3-14(c)为桥式测试回路，属平衡法，此时试品 C_x 和耦合电容 C_k 的低压端均对地绝缘。与直测法比，平衡法抗干扰性能好，因为外部干扰源在 Z_m 和 Z'_m 上产生的干扰信号基本上相互抵消；而在 C_x 发生局部放电时，放电脉冲在 Z_m 和 Z'_m 上产生的信号却是互相叠加的。可根据具体条件选择测试回路类型。

检测时一般采取的抗干扰措施有：建立屏蔽室，选用无局部放电的试验变压器和耦合电容,屏蔽室内一切带电导体都应可靠接地等。

2. 无线电干扰测量法

该法是用干扰仪来测量由于局部放电而产生的无线电信号,已列入 IEC 标准中,其灵敏度也很高。

3. 介质损耗法

它是测量试品的 tgδ 值随外施电压的变化。由局部放电损耗变化来分析试品状况,测量 tgδ 的方法在前节已详细叙述。总之,其灵敏度比脉冲电流法低得多。

(二)非电检测法

1. 超声波法

这种方法虽灵敏度不高,但抗干扰性能好,使用方便,可以在运行中或耐压试验时检测局部放电,适合预防性试验的要求。它的工作原理是:当电气设备绝缘内部发生局部放电时,在放电处产生的超声波直达电气设备的表面。若在设备外壁,贴装压电元件,在超声波的作用下,压电元件的两端面上会出现交变的束缚电荷。从而引起端部金属电极上电荷的变化,或在外回路中引起交变电流,由此指示设备内部是否发生了局部放电。近几年,使用超声波探测仪的情况越来越多,有的引入模式识别法对设备绝缘局部放电超声定位已获得成功。可以认为设备的局部放电源即超声源,因此在设备表面设多个超声传感器,建立超声定位的数学模型,利用超声源传至各超声传感器传播的时间差,再运用模式识别原理去逼近放电点的位置。

2. 光学分析法

光学法较直观,但灵敏度不高。为提高灵敏度在黑暗环境里采用夜视仪(微光放大器)等,然而结构内部的放电是难以发现的,一种利用光纤将局部放电所发出的光量经光电传感器从设备内部引出来的整套仪器正在研究开发之中。实践证明:光检测法用于有沿面放电和电晕放电的测量,效果尤佳。

3. 化学分析法

对绝缘油中溶解的气体进行气相色谱分析。利用油中析出的气体识别含油电气设备内部绝缘缺陷和故障信号征兆。绝缘材料因裂解出现故障时,会释放出一些能全部或部分溶解于油的气体。溶解气体的种类及含量,以及它们随时间的变化是判断绝缘缺陷类型及强度的度量标志,因为这些气体的组分反映了缺陷的特征,基本上与油的类型无关。因此,抓住这些特征与绝缘故障的关系对于判断绝缘状态是有价值的。

研究表明,绝缘材料在油中的局部放电及弱电流放电主要生成物是 H_2 及 CH_4,强电流放电主要生成物是 C_2H_2 及 H_2,使油局部过热的'热斑'将引起

H_2、CH_4、C_2H_4 与 C_3H_4 的增加。以纤维素为主的绝缘材料发生热裂解时会释放出 CO 及 CO_2 等气体。现有在线取得油样进行离线分析的做法，即用气相色谱仪分析；也有用气敏半导体传感器在线分析油中含气成分的作法，即所谓简易色谱法。在分析气体成分、故障现象和故障原因并获得大量资料的基础上，用第五章将要介绍的神经网络分析方法进行绝缘诊断已是日趋成熟的技术。

第四节　电压分布的测量

在工作电压作用下沿着绝缘结构的表面有一定的电压分布。通常当表面比较清洁时，其电压分布由绝缘本身电容和杂散电容决定。而当其表面因污染受潮时，则电压分布由表面电导决定。如果绝缘中某一部分因损坏而使绝缘电阻急剧下降时，则其表面电压分布会有明显的改变。因此，测量绝缘表面的电压分布可以发现某些绝缘的缺陷。

电力系统中有大量绝缘子在运行。如线路绝缘子串、支柱绝缘子、高压套管等等，它们都可视为由多个元件串联而成的，定期测量电压的分布状况，是发现绝缘子运行状况是否良好的有效手段，测量绝缘子电压分布已被列入绝缘预防性试验项目的内容。

要测量绝缘子的电压分布，首先要正确分析绝缘子的电压分布与哪些因素有关。例如表面比较洁净的悬式绝缘子，它的电压分布不仅取决于绝缘子本身的电容，而且也受到安装处电磁环境的影响，比如一些高电位物体(高压导线)和地电位物体(架空地线、铁塔、大地等)影响的存在。显然，绝缘子串不能孤立地表示为一组串联电容元件，其等值电路如图 3-15(a)所示，图中：C 为每片绝缘子的本体电容，约 30～50pF，C_E 为各片对地电容，约 4～5pF，C_L 为各片与高压导线之间的电容，约 0.5～1pF。由于 C_E 和 C_L 的影响，因此沿串的电压分布不均匀，并且串中绝缘子数越多，电压分布越不均匀。C_E 的影响会造成一定的分流使最靠近高压导线的 1 号绝缘子流过的电流最大，因而其承受的电压也最大，其余各片的电压则依次减小；而 C_L 的影响则反之，它使最靠近接地端的第 n 号绝缘子流过的电流最大，因而电压也最高，其余各片的电压依次减小。由于 C_E 的影响比 C_L 大，因此整串电压分布如图 3-15(b)所示，由图可见：绝缘子串中靠近导线的 1 号绝缘子的电压最大。离导线越远绝缘子所承受的电压越小，而接近横担的最后几片绝缘子上的电压略有回升。绝缘子串越长，电压分布越不均匀。图 3-15(b)给出了一条 500kV

线路绝缘子串的电压分布,第 1 片绝缘子的电压为总电压的 10%（29kV）。

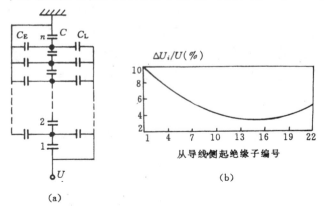

图 3-15 线路绝缘子串电压分布
(a)等值电路; (b)电压分布

为使绝缘子串的电压分布得到改善,可以增大 C,但这种增加受到绝缘子结构的限制,常常无法再增大,在导线处装均压环（均压金具）可使 C_L 增大,以补偿 C_E 的影响。例如 330kV 的线路绝缘子串由 19 片绝缘子组成。与导线相联的第一片绝缘子的电压为总电压的 11.5%,装了翘椭圆的均压环后降为 7.1%,可见均压环的效果是十分明显的。

测量绝缘子串的电压分布,用其正常分布曲线与实测结果分析对比,来判断绝缘子所处的性态,例如测得某片绝缘子的电压比标准值的一半还要低,即可认为该片为劣质绝缘子,常称低值或零值绝缘子。如图 3-16 中曲线 2 的第 3 片为低值绝缘子。

检测绝缘子串电压分布的工具和方法很多,早期采用短路叉、火花间隙测杆或小型静电电压表等办法。后来多采用电阻杆或电容杆分压的办法,现有采用光电测杆,即将绝缘子两端的电位差转变为光信号,然后由绝缘杆内的光纤传

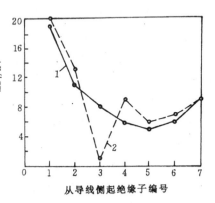

图 3-16 绝缘子串电压分布
1—正常分布;
2—含有劣值绝缘子的电压分布

输到地面,再转换成电信号。还有将测得的电位差经分压、A/D 采样、识别、计算、然后将结果语音输出。这些工具和测试方法同样可用于电流互感器、电压

互感器、耦合电容、避雷器等高压瓷套表面、发电机线棒表面等的电压分布的测量。

当被试品所处的位置很高时(如绝缘子串悬挂具有相当高度而片数又很多),用上述方法检测时必须登杆,因此测电压分布用以检出劣化绝缘子的方法受到了限制。目前检测悬挂较高的绝缘子串,采用红外热像法、超声波法、激光法等非电检测法是对电压分布检测的有力补充。一种利用流过杆塔接地线的电流信号来检测塔上零值绝缘子的新方法将可能应用于现场。这种方法的实现同样可用来检测现场电气设备的高压瓷套是否劣化。

以上仅介绍绝缘预防性试验的部分项目,电气设备绝缘的交流耐压和直流耐压也是预防性试验项目,但就后果而言,这两个耐压试验属破坏性试验的范畴,将放在下一章高电压试验中再作介绍。

习　　题

3-1　测量绝缘电阻、吸收比、泄漏电流能发现哪些绝缘缺陷?

3-2　有哪些测量绝缘介损正切 $tg\delta$ 值的方法? 并分述这些方法的测量原理、误差来源以及测试中注意事项。

3-3　试给出局部放电检测原理接线。

3-4　总结本章介绍的绝缘预防性试验项目,它们各能检出绝缘的哪些缺陷? 如何根据试验结果对绝缘进行综合评估?

第四章　绝缘的高电压试验

本章介绍产生交流、直流、冲击等各种高电压的试验设备及测试方法。

第一节　工频高电压试验

工频高电压试验是用来检验绝缘在工频交流工作电压下的性能,在许多场合也用来等效地检验绝缘对操作过电压和雷电过电压的耐受能力,以解决进行操作冲击和雷电冲击高压试验所遇到的设备仪器的短缺和试验技术上的困难。

图 4-1 表示用单级试验变压器组成的工频高电压试验的基本线路。调压

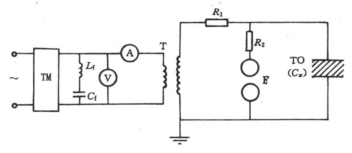

图 4-1　工频高电压试验的基本线路

TM—调压器;V—低压侧电压表;T—试验变压器;

R_1—变压器保护电阻;TO——被试品;F—球隙测压器;

R_2—球隙保护电阻;L_f-C_f—谐波滤波器

器用来调节工频试验电压的大小和升降速度;试验变压器用来升高电压供给被试品所需的高电压;球隙测压器用来测量高电压,R_1 用来限制被试品放电时试验变压器的短路电流不超过允许值和高压绕组的电压梯度不超过危险值,R_2 用来限制球隙放电时的电流不致灼伤铜球表面。

这里,首先介绍产生工频高电压的设备,然后介绍其测量方法及有关问题。

一、高压试验变压器

1. 高压试验变压器的特点

与电力变压器比,工频试验变压器由于使用中的特殊要求,因而在结构和性能上有下列特点:

(1)电压高

由于工频高压试验通常用于代替雷电过电压或系统内部过电压来考核电气产品绝缘性能,而这些电压要比它们正常额定工作电压高得多,例如对110kV 等级的电力变压器,工频试验电压则要求 200kV。此外,进行绝缘的击穿试验,电气产品的击穿电压一般比试验电压要高 20% ~ 60%,而且由于电力系统的发展,电压等级不断提高,因而也就要求试验变压器有更高的电压。

(2)容量小

当试验电压满足要求后,试验变压器的容量主要由工作时间以及负载电流决定。在大部分高压试验时,试验变压器的连续工作时间都不长。被试品放电或击穿前,只需为被试品提供电容电流;如果被试品被击穿,开关立即切断电源,不会出现长时间的短路电流。可见试验变压器高压侧电流 I 和额定容量 P 都主要取决于被试品的电容,即

$$I = \omega CU \times 10^{-9} \mathrm{A} \tag{4-1}$$

$$P = \omega CU^2 \times 10^{-9} \mathrm{kVA} \tag{4-2}$$

式中,C 为被试品电容(pF);U 为试验电压(kV);ω 为电源角频率(Hz)。

一般电气设备的电容值范围如表 4-1 所示。

表 4-1 某些试品的电容值范围

被试品名称	电容值/pF
线路绝缘子	< 50
套 管	50 ~ 800
电压互感器及电流互感器	100 ~ 1000
电力变压器及某些电压互感器	1000 ~ 10000

由于被试品的电容量一般均较小,流过被试品的电流是不大的。对250kV 及以上试验变压器的高压侧额定电流取为 1A,已满足大多数被试品的试验需要;对人工污秽试验等少数特殊情况,要求试验设备应能供给 5 ~ 15A (有效值)的短路电流,这是试验中要在试品绝缘子表面建立电弧放电过程的需要。

(3)体积小

由于试验变压器的容量小,因而它的油箱本体不大;又由于电压高,因而,高压套管大又长,这是高压套管的特点。高压套管可分为

①全绝缘单套管式,试验变压器的高压绕组的一端接地,另一端输出额定全电压 U。高压绕组和套管对铁心、油箱的绝缘均应按耐受全电压 U 的要求设计。

②半绝缘双套管式,试验变压器的高压绕组的中点与铁心、油箱相连,两端各经一只套管引出,也是一端接地,另一端输出全电压 U,但应该注意的是由于绕组的中点电位为 $U/2$,因此与它相连的铁心、油箱必须按 $U/2$ 对地绝缘起来。可见:前种方式可省却一支套管但绝缘处理要求高,后种方式虽需双套管,但变压器整体的制造难度和造价将大大降低。

(4)绝缘裕度小

因为试验变压器是在试验条件下工作的,它不受雷电过电压及电力系统操作过电压的威胁,只要在试验中操作上加以注意,不会产生很高的过电压,所以试验变压器的绝缘裕度不需要取得太大。例如 500 ~ 750kV 试验变压器的绝缘 5 分钟试验电压仅比其额定电压高 10% ~ 15%。

(5)连续运行时间短

运行时间短,发热较轻,因而不需要复杂的冷却系统。但由于其绝缘裕度小,散热条件又较差,所以一般在 U_N 或 P_N 下只能作短时运行。如 500kV 试验变压器在额定电压下只能连续工作半小时,只有在额定电压的 2/3 及以下才能长期运行。

(6)漏抗较大

与电力变压器比,试验变压器的漏抗较大,短路电流较小,因而短路电动力较小,可降低对绕组机械强度设计要求,节省成本。

2. 串级试验变压器

当单个试验变压器电压超过 500kV 时,变压器重量、体积均要随电压的上升而迅速加大,这在机械、绝缘结构设计上都有困难,此外运输与安装亦有困难,所以一般 500kV 以上的变压器都用串接式。目前广泛采用累接式串接变压器,图 4-2 是这种串接方式的原理接线图,它的特点是在前一级变压器里增加第三个绕组称为累接绕组,它向后一级变压器供电。累接绕组的电压与低压绕组的电压相同,累接绕组的低端与高压绕组的高端相连,因此累接绕组处在高电位,这在绝缘结构上并没有什么困难,因为它是套在高压绕组的外侧,对低压绕组铁心及铁壳都有足够的绝缘距离。实际上累接绕组和低压绕组在此起了绝缘变压器的作用,也就是把绝缘变压器和试验变压器结合成一个整体。

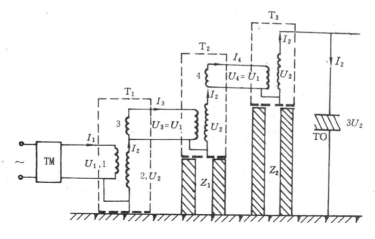

图 4-2　累接式串接试验变压器的原理接线

T_1,T_2,T_3 三级试验变压器;1—低压绕组;2—高压绕组;

3,4——累接绕组;Z_1,Z_2—绝缘支柱;TM—调压器;TO—被试品

　　在累接式串联装置中,各台变压器高压绕组的容量通常是相同的,但各低压绕组和累接绕组的容量并不相等,如略去各变压器的励磁电流,则三级串接时各绕组的电压电流关系如图 4-2 所示,T_3 的容量为 $P_3 = U_4 I_4 = U_2 I_2$;T_2 的容量为 $P_2 = U_3 I_3 = U_2 I_2 + U_4 I_4 = 2 U_2 I_2 = 2 P_3$;$T_1$ 容量为:$P_1 = U_1 I_1 = U_2 I_2 + U_3 I_3 = U_2 I_2 + 2 U_2 I_2 = 3 U_2 I_2 = 3 P_3$,即第一、二、三级变压器的容量分别为 $3P_3$,$2P_3$ 和 P_3,而输出容量为 $3P_3$。而整套串接试验变压器的总容量为 $6P_3$,这套装置利用系数 $\eta = \dfrac{W_{出}}{W_{(T_1 + T_2 + T_3)}} = \dfrac{3P_3}{6P_3} = 50\%$,不难求出 n 级装置的容量利用率为

$$\eta = \frac{2}{n + 1}$$

式中,n 为串级装置的级数。

　　可见,随串接级数增多,则利用率减低,实际中,串级试验变压器的串接级数一般不大于 3。图 4-3 中绘出了由采用带累接绕组的双套管试验变压器组装而成的 2250kV(3×750)串级装置,图中已注明各级变压器的油箱、输出端和绝缘支柱各段的对地电压。现已有 3000(3×1000)kV 的串级高压装置,装置的容量利用率只有一半(即 $\eta = 50\%$)。这里顺便介绍调压设备:它虽不属高压设备,但调压的质量对高压试验变压器具有举足轻重的作用。

　　在选择调压设备时应考虑它应能从零值平滑地改变电压,最大输出电压

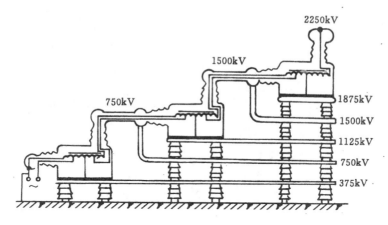

图 4-3　带累接绕组三级串接
2250kV(750×3)双套管试验变压器示意图

(容量)应等于或稍大于试验变压器初级额定电压(额定容量),输出波形应尽可能接近正弦形,漏抗应尽可能小,使调压输出电压波形畸变小。常用的调压供电装置有

● 自耦调压器:漏抗小、波形畸变小。由于滑动触头调压易发热,所以容量小,一般适用于 10kVA 以下的试验变压器的调压;

● 移圈式调压器:一般有三个线圈套在闭合 E 字铁心上,其中两个为匝数相等、绕向相反互相串联的固定线圈,另一个为套在这两线圈之外的短路线圈,移动短路线圈改变它与两固定线圈间的相互位置,便可达到调压的目的。由于调压不存在滑动触头,故容量大;但由于两固定线圈各自形成的主磁通不能完全通过铁心形成闭合磁路,所以漏抗较大,且随短路线圈的位置而异,从而使输出波形产生不同程度的畸变。对于容量要求较大的场合多用这种调压器;

● 电动发电机组:能得到很好的正弦波形并能实现均匀的电压调节,但这种调压设备价格昂贵,启动耗费大,保养维修费用高,在试验要求很高或有特殊要求的试验室才启用。

● 感应调压器:结构与线绕式异步电动机相似,但它的转子是处于制动状态,其作用原理与变压器相似。输出电压可平滑无级调节,容量大,但电压波形有较大的畸变。一般使用不够广泛,不多述。

二、工频高电压的测量

按 IEC 和我国国家标准规定,工频高压的测量无论测峰值还是有效值,都要求误差不大于 ±3%,目前最常用的测量设备和方法有

1. 球隙测压器

球隙测压器是由一对直径相同的金属球形电极构成,它是直接测量各种高压的基本设备,是惟一能直接测量高达数兆伏的各类高电压峰值的测量装置。当电压加于球隙形成稍不均匀场,如保持各种外界条件不变,则其击穿电压决定于球隙距离。利用这个特性进行电压的测量。IEC 和国标严格规定了在标准大气条件下测量所用球隙的结构、布置和连接。用不同大小的已知电压和规定的放电次数及加压间隔时间对球隙进行放电试验,求得放电电压和球隙距离的关系,将试验结果绘成标准球隙放电电压表(见附录一),这就为使用提供了方便。因此使用时,应根据所用球的直径和被测电压的类型正确查找相应的放电电压表,再进行实测。测量工频电压时,应取连续三次放电电压的平均值,相邻两次放电的时间间隔一般不应小于 1 分钟,以便在每次放电后让气隙充分地去电离,各次击穿电压与平均值之间的偏差不应大于 3%;此后还要依据气候环境条件进行分析、校正,这样可保证工频高压峰值的准确度在要求的范限内。

2. 静电电压表

静电电压表是利用静电力的效应制成的,具体来说,当施加稳态电压于一对平行平板电极(其中一个为固定板、另一个为可动板)时,由于两电极带有异极性电荷,则在静电力作用下可动的带电平板发生运动,用某种方式加外力于可动的带电平板,使之与静电力平衡,由平衡力反映外加电压的大小。

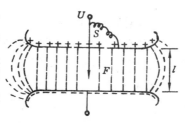

图 4-4 平板电极间的电场力

如图 4-4 所示一对平行平板电极,其面积为 S,距离为 l,加在两电极间的电压为 U,忽略边缘效应,电极间为均匀电场,两极板间的能量为

$$W = \frac{1}{2} CU^2 = \frac{\epsilon}{2} \cdot \frac{S}{l} U^2 \qquad (4-3)$$

如此时电极间的吸力为 F,则极板由于吸力而移动 dl 时,所做的功为 $F \cdot dl$,它在数值上等于极板间电能的增加 dW。若外加电压 U 不变,有

$$dW = \frac{\varepsilon S}{2} U^2 \left(\frac{1}{l - dl} - \frac{1}{l} \right) \tag{4-4}$$

在 dl 甚小时,有

$$dW \approx \frac{\varepsilon S}{2} U^2 \left[\frac{1}{l}\left(1 + \frac{dl}{l}\right) - \frac{1}{l} \right] = \frac{\varepsilon S}{2} U^2 \cdot \frac{dl}{l^2}$$

由于

$$F \cdot dl = dW = \frac{\varepsilon S}{2} U^2 \cdot \frac{dl}{l^2}$$

故

$$F = \frac{\varepsilon S}{2} \cdot \frac{U^2}{l^2} \alpha U^2 \tag{4-5}$$

此 F 在数值上和外施的平衡力相等,如果测定了平衡力即可求出电压为

$$U = l \sqrt{2F/\varepsilon S} = K' \sqrt{F} \tag{4-6}$$

由式(4-6)可见,电压与电场作用力的均方根成正比,因此静电电压表的表面刻度是不均匀的,所测得的工频电压为有效值。它还可用来测直流电压(后面将叙述)。

静电电压表优点在于内阻大,极板间电容约为 5 ~ 50pF,测量时几乎不会改变被试品上的电压,几乎不消耗什么能量,对于电压等级不太高的试验,使用它能很方便地直接测出电压。用于大气条件下的高压静电电压表的量程上限为 50 ~ 250kV,电极处于压缩 SF_6 气体中的高压静电电压表量程可提高到 500 ~ 600kV。若测更高的电压可将它配合分压器使用也很方便,因为它的接入不会改变分压比。

3. 峰值电压表

(1)利用测量整流电容电流得到电压峰值

它是把通过高压电容的交流电流流经两个相互并联的整流管 V_1,V_2,一个通过正半波,另一个通过负半波,用磁电式直流电流表 P 测量半波电流的平均值 I_{av},如图 4-5 所示,再由 I_{av} 算出电压的峰值 U_m,有

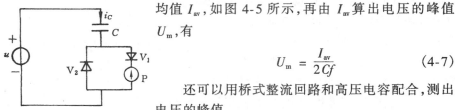

$$U_m = \frac{I_{av}}{2Cf} \tag{4-7}$$

还可以用桥式整流回路和高压电容配合,测出电压的峰值

图 4-5　测量整流电容电流的平均值

$$U_m = \frac{I_{av}}{4Cf} \tag{4-8}$$

式中,C 为高压电容器电容量(F);f 为被测电压的频率(Hz)。

（2）利用测量整流后电容器的充电电压得到电压峰值

为了测量电压的峰值，将被测电压经整流元件 V 施加到电容上，如图 4-6 所示，电容 C 充电到 $+U_m$，或用静电电压表 PV，或用微安表 PA 串联高阻值电阻 R 测得电压 U_{av}（在后面直流高压测量一节将要讲述如何测量 U_{av}），则电压峰值

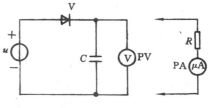

图 4-6　测量整流后电容器的
充电电压

$$U_m = \frac{U_{av}}{1 - \dfrac{T}{2RC}} \qquad (4\text{-}9)$$

式中，T 为交流电压的周期（s）；C 为电容器的电容量（F）；R 为串联电阻的阻值（Ω）。

当 $RC \geqslant 20T$ 时，式（4-9）的误差 $\leqslant 2.5\%$。

现有测交流电压专用的峰值电压表，也有测交流和冲击电压多用的峰值电压表。

4．分压器配低压表计测量

当被测电压很高时，直接用指示仪表测量高压比较困难，采用分压器分出小部分电压，然后用静电电压表、峰值电压表等仪表或示波器测量，将所测量的值乘以分压比得到交流高压。

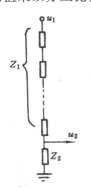

分压器的原理如图 4-7 所示，其中 Z_1、Z_2 分别为分压器高、低压臂的阻抗，大部分被测电压降落在 Z_1 上，这样用低量程电压表等测得 Z_2 上电压 u_2，乘上一个常数 N，即可得被测电压

$$u_1 = Nu_2$$

这里　　　　$$N = \frac{u_1}{u_2} = \frac{Z_1 + Z_2}{Z_2} \qquad (4\text{-}10)$$

称为分压比。

分压器是个中间环节，为要能准确测量，分压器的接入应基本上不影响被测电压的幅值和波形。应满足

● 幅值误差要小；

● 波形畸变要小。

图 4-7　交流分压器
接线图

从原理上来说，图 4-7 中 Z_1 及 Z_2 可由电容元件或电阻元件，甚至是阻容元件构成。但通常采用电容式分压器，只有在工频电压不很高（$\leqslant 100\text{kV}$）时可用电阻分压器。

对纯电容分压器 $\qquad N = \dfrac{u_1}{u_2} = \dfrac{C_1 + C_2}{C_1}$ $\qquad\qquad$ (4-11)

对纯电阻分压器 $\qquad N = \dfrac{u_1}{u_2} = \dfrac{R_1 + R_2}{R_2}$ $\qquad\qquad$ (4-12)

在电容分压器中高压臂 C_1 的电容量很小，但承受的电压很高，因此 C_1 往往成为分压器中的主要元件。实际的电容分压器高压臂有两种形式：一种是由多个电容器元件串联组装而成（分布式），各个电容元件应尽可能为纯电容，介质损耗和电感量小。另一种是采用高压标准电容器（集中式），其介质常采用 SF_6、N_2、CO_2 及其混合气体。设计时应考虑电容分压器的高压臂对地杂散电容引起分压比的变化。选用分布式高压臂结构，为减小对地杂散电容的影响，通常取 C_1 在 300pF 左右；选用集中式结构，由于良好的屏蔽而不会引起高压臂等值电容的明显变化。电容分压器低压臂 C_2 的电容量大，承受电压低，应由高稳定度、低损耗、低电感量的电容器做成。因此，通常采用云母、空气或聚苯乙烯介质的电容器，使用时从低压臂取信号通过屏蔽电缆引至仪表室测量。

在电阻分压器中，高压臂 R_1 常用康铜、锰铜或镍铬电阻丝无感绕制而成，其高度应能耐受最大被测电压的作用而不会发生沿面闪络。用电阻分压器测交流高压的范围进行限制是因为被测电压越高，所需分压器上臂 R_1 电阻值越大，对地杂散电容越大，引起幅值和相位误差越大的缘故。

三、试验中应注意的问题

进行工频高压试验时，试品一般均属容性的，试验变压器在电容性负载下，由于电容电流在变压器漏抗上的压降，作用到试品上的电压超过按变比换算到高压侧对应输出的电压值，这种现象为电容效应所导致的工频电压升高。因此测量系统应直接接在被试品两端指示电压大小。

试验过程中，试品或保护球隙可能击穿或放电，防止这种现象的办法是接入保护电阻 R_1，其阻值可在每伏 0.1 ~ 1Ω 的范围选择。接入的保护电阻 R_2，可取较大值，使球极表面不致烧坏。保护电阻一般都采用水阻，它应有足够的功率和足够的长度，以免被试品击穿或保护球隙放电时，产生沿电阻表面闪络。

在被试品发生局部绝缘击穿的情况下，也可能产生过电压。因为局部绝缘击穿相当其中一个电容或几个电容被短接放电，其结果使被试品电压低于电源电压。于是，电源对被试品充电，使其电压再上升，这时试验变压器的漏感和被试品电容构成振荡回路。当保护电阻不足以阻尼这种振荡时,被试品的端电压将超过高压绕组的电势。限制这种过电压的方法是在被试品两端并联保护球隙。

在进行工频高压试验时要求输出波形为正弦形。造成试验变压器输出波形畸变的最主要原因是由于试验变压器或调压装置的铁心饱和而导致励磁电流呈非正弦波的缘故。为了减小波形畸变,常在试验变压器低压绕组并联电感-电容(串联谐振)支路。若要减弱某次谐波,例如三次谐波,则 L_f-C_f 支路可按 $3\omega L = \dfrac{1}{3\omega C}$ 来选择参数,ω 为基波角频率。这就使励磁电流中的三次谐波分量有了通路,以保证输出电压基本上为正弦波。滤波电容一般可取 $6\sim10\mu F$。

四、解决试验设备容量不足的办法

1. 补偿超前无功功率的高压试验

当被试品具有较大的电容量时,试验变压器和调压设备应供给较大的超前无功功率。在一定条件下,电容性负载会使试验回路发生显著的"容升现象"或谐振。当试验变压器输出的电压波形含有高次谐波分量时,电容负载还会使电压波形更加畸变,因此当电容性负载较大时,例如被试品为电缆、电容器,应采取措施补偿超前的无功功率。

补偿超前无功功率的方法有两种:串联电感和并联电感,这两种方法都是利用感性无功功率补偿容性无功功率。

当试验变压器对被试品能提供足够的电容电流,但输出电压不够时,采用串联电感,利用串联谐振产生高电压,这种补偿即电压补偿,如图 4-8 所示。试品所需容性功率靠串联电感补偿,而试验变压器只需供给串联电阻很小的功率了。

当试验变压器对被试品能提供足够的电压,但输出电流不够时,采用并联电感,利用并联谐振提供电流,这种补偿即电流补偿,如图 4-9 所示,试验变压器输出电流 $i = i_C - i_L$ 就能满足试验要求。

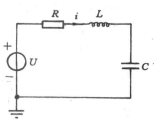

图 4-8　串联谐振法工频试验示意图

2. 超低频交流高压试验

对大容量的试品进行工频高压试验,往往需要大容量的试验变压器和相应容量的调压设备,当试验设备容量不足时,可针对具体情况,采用串联或并联电感补偿超前的无功功率来满足试验条件。

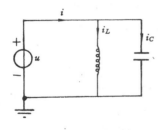

图 4-9 并联谐振法工频
试验示意图

在被试品试验时,由于强烈游离,会加速绝缘老化,对被试绝缘造成不可逆的损伤。现介绍一种代替工频高压试验的新方法——超低频高压试验。研究表明,试验电压的频率可选择为 0.1Hz,原因是在 0.1Hz 交流电压下,绝缘内部的电压是按电容分布的,接近于 50Hz 工频下电压的分布,符合实际运行情况。另外,它与工频 50Hz 比较,试验变压器的容量只需 1/500,一般称 0.1Hz 交流高压试验为超低频高压试验。

超低频高压试验回路如图 4-10 所示。图中 TM 是自耦调压器,T 是试验变压器,V_1,V_2 是方向相反的两个整流器,S 是转换开

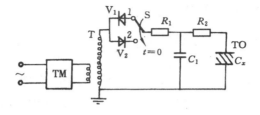

图 4-10 超低频高压试验接线
$R_1 = 1 \sim 5M\Omega$; $R_2 = 2k\Omega$; $C_1 = 0.5\mu F$

关,C_x 是被试品电容。试验变压器高压侧经 V_1、V_2 分别接在端子 1、2 上,产生了正和负的脉动电压,然后通过转换开关 S 不断在端子 1 和 2 上切换,产生超低频高压作用于被试品 C_x 上,其波形如图 4-11 所示。当 S 与端子 1 接通时,所加电压从 0 变化到 $-U_m$,达到 $-U_m$ 后转换开关 S 立刻切换到端子 2 上,使所加电压再变化到 $+U_m$,加在被试品 C_x 上的电压波形由 R_1、R_2、C_1、C_x 和整流器的正向电阻等决定,超低频高电压的频率与转换开关 S 的切换周期相对应。

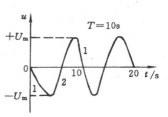

图 4-11 超低频高压
试验波形

超低频高压试验的缺点是:由于介质损耗与频率有关,频率高,介质损耗大,频率低,介质损耗小,所以完全根据超低频高压试验来判断设备的好坏是不够的或不全面的。

尽管如此,超低频高压试验优点还是主要的,特别是在一定程度上,能代

替工频高压对大容量的试品进行试验,而且对绝缘缺陷的检出能力与工频高压试验大致相同,所以欧美很多国家都在研究使用这种试验方法。

在我国,有的单位对这种试验方法做了一些工作,取得了一定成功的经验。

第二节　直流高电压试验

电力设备常需进行直流电压下的绝缘试验,例如测量泄漏电流。一些大容量的交流设备(如长电缆段、电力电容器等)用工频高电压进行绝缘试验时会出现很大的电容电流,这就要求工频高电压试验装置具有很大的容量,但这往往是很难做到的,这时常用直流高电压试验来代替工频高电压试验。至于直流高电压输电所用的电力设备更需进行直流高压试验。除此,直流高压在其它科学技术领域中已有着广泛的应用,例如高能物理、电子光学、X 射线、快中子加速以及喷漆、织绒、处理种子等多种静电应用。

一、产生直流高电压的方法

产生直流高电压的方法通常是将工频高电压经整流而变换成直流高电压的方法,而利用倍压整流原理制成的直流高压串级装置能产生出更高的直流试验电压。

1. 半波整流回路

将交流高压通过半波整流设备来产生直流高压,常用的整流设备如图 4-12 所示半波整流回路。它与电子线路中低压半波整流回路基本相同,只是回路中多一个限流电阻,它的作用是限制起始充电电流或故障电流不超过整流元件或变压器高压侧的电流允许值。

衡量直流高压试验设备的基本性能参数有三个:输出的额定直流电压(算术平均值) $U_{av} \approx \dfrac{U_{max} + U_{min}}{2}$。相应的额定电流(平均值) $I_{av} = \dfrac{U_{av}}{R_L}$ 以及电压脉动系数 S,$S = \dfrac{\delta U}{U_{av}}$,式中 $\delta U = \dfrac{U_{max} - U_{min}}{2}$。

根据 IEC 和我国国家标准规定,直流高压试验设备在额定电压和额定电流下的电压脉动系数 $S \not> 5\%$。

对于图 4-12 半波整流回路,电容器 C 因放掉电荷 Q 而产生的电压脉动为

$$2\delta U = \frac{Q}{C} = \frac{I_{av}}{Cf} = \frac{U_{av}}{R_L Cf} \qquad (4\text{-}13)$$

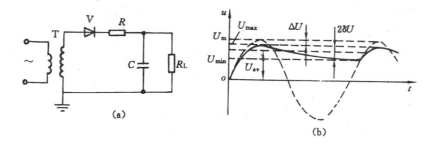

图 4-12　半波整流回路及输出电压波形

(a)半波整流回路；　(b)输出电压波形

T—试验变压器；V—高压硅堆；R—保护电阻；

R_L—负载电阻；C—滤波电容器

电压脉动系数为

$$S = \frac{\delta U}{U_{av}} = \frac{1}{2R_L Cf} \qquad (4\text{-}14)$$

保护电阻 R 的选择,可按下式确定

$$R = \frac{\sqrt{2}\,U_T}{I_{sm}} \qquad (4\text{-}15)$$

式中,f 为电源频率;U_T 为工频试验变压器输出电压(有效值);I_{sm} 为根据高压硅堆的过载-时间特性曲线($I_{sm}\text{-}t$)确定的值。

如果选定的硅堆额定整流电流为 I_f,过载时间为 0.5s,则通常取 $I_{sm} = 10I_f$;若过载时间更长时,则 I_{sm} 应取更小值(R 的值更大)。

2. 倍压整流回路

为了得到更高的直流电压,可采用倍压回路,如图 4-13 所示,可以看出图 4-13(a)这种倍压电路实质上是两个半波整流回路叠加,它已广泛地作为绝缘心式变压器直流高压装置的基本单元。这种回路对变压器次级绕组绝缘有特殊要求,变压器次级绕组对地是绝缘的,1 点对地绝缘为 $2U_m$,而 2 点为 U_m,输出直流高电压为 $2U_m$。图 4-13(b)中变压器一端接地,另一端为 1 点,在负半波期间充电电源经 V_1 向 C_1 充电达 U_m;在正半波期间充电电源与 C_1 串联起来经 V_2 向 C_2 充电达 $2U_m$,输出电压为 $2U_m$,这种电路的优点是便于得到更高的直流电压。它同样已成为直流高压串级发生器的基本单元。

以上所说都是空载的情况,当接上负载电阻后,输出电压也会如图 4-12 出现电压降落(ΔU)和电压脉动(δU)的现象。

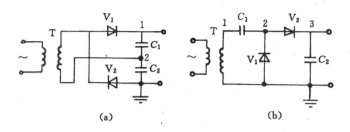

图 4-13　倍压整流回路

(a)变压器两端不接地；　(b)变压器一端接地

3. 串级直流发生器

如上所述图 4-13(b)倍压电路空载时可获得 $2U_m$ 直流电压,以此为单级倍压回路串联成 n 级,如图 4-14 所示,用串级直流发生器代替整流电源部分,

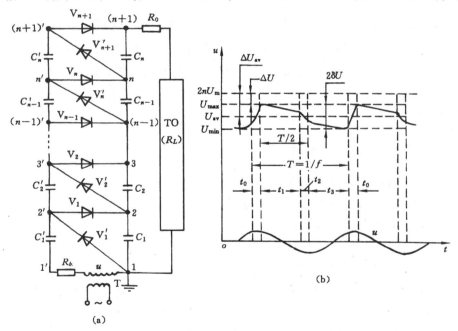

图 4-14　串级直流高压发生器和它的输出电压波形

(a)原理接线；　(b)接有负载时输出电压波形

空载时可获得 $2nU_m$ 直流高电压。

经分析可推得串级直流高压发生器在接上负载时的电压脉动为

$$\delta U \approx \frac{(n^2 + n) I_{av}}{4fC} \tag{4-16}$$

最大输出电压平均值为

$$U_{av} = 2nU_m - \frac{I_{av}}{6fC}(4n^3 + 3n^2 + 2n) \tag{4-17}$$

式中,$\Delta U_{av} = \frac{I_{av}}{6fC}(4n^3 + 3n^2 + 2n)$称平均电压降落。

脉动系数

$$S = \delta U / U_{av} = (n^2 + n) I_{av} / 4fCU_{av} \tag{4-18}$$

采用这种电路需注意两点:

● 串接级数 n 增加时,电压脉动、脉动系数以及电压降落增大愈烈;提高每级电容工作电压以减小级数,提高电源频率,增大电容量可有效地减小电压脉动。

● 当试品击穿时,除右边电容柱($C_1 \sim C_n$)串联经 R_0 对已击穿的被试品放电外,左边电容柱($C'_1 \sim C'_{n-1}$ 串联)也将经 $V_1 \cdots V'_n$、R_0 对已击穿的被试品放电。这就要求保护电阻 R_0 的值应有足够大,R_0 值可按下式确定:

$$R_0 = (0.001 \sim 0.01) U_{av} / I_{av}$$

以保证流过 $V_1 \cdots V_n$ 的放电电流对 $V'_1 \cdots V'_n$ 无损。

二、直流高电压的测量

IEC 和我国国家标准对直流高压测量误差规定为:

● 直流电压测量误差不大于 3% ;

● 脉动幅值的测量误差不大于 10% 。

常用的测量方法主要有以下几种。

1. 用棒-棒间隙测压器测量直流高压的最大值

过去多用球隙测压器测量直流高电压、交流和冲击高电压,实践表明用球隙测量直流高电压比测交流和冲击高压误差大,这种误差常由空气中的灰尘或纤维引起的。如果加压时间长,就可能得到较低的放电电压。由于达不到误差规定要求,因此 *IEC* 和我国国家标准近期推荐用棒-棒间隙测量直流高压能满足对直流高电压测量误差的规定。

2. 用静电电压表测量直流高压的平均值

用静电电压表测量有脉动的直流高压,根据 IEC 规定,当直流电压的脉动系数不大于 2% 时,静电电压表所测得的近似等于整流电压的平均值 U_{av},其

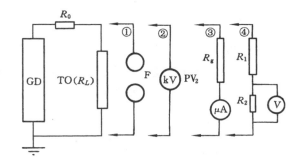

图 4- 15　测量直流高压的常见方法

GD—直流高压发生器；TO—被试品

测量误差则比球隙为小，一般在 1% ～ 2.5% 以内。当静电电压表量程不够时，可改用以下方法测量。

3. 用高值电阻串接微安表或高值电阻分压器配低压仪表测量

高值电阻 R_g 串接微安表是一种常用而又比较方便的方法。被测电压为

$$U_1 = IR_g$$

测直流高电压，只能用高值电阻分压器，再配低压仪表，低压表测得电压为 U_2，则

$$U_1 = U_2 \frac{R_1 + R_2}{R_2}$$

使用分压器时，应选用内阻极高的电压表，如静电电压表，高输入阻抗的电子管电压表或数字电压表。所测值属峰值还是平均值视低压仪表定。

由分析可知：电阻 R_1 应是一个能够承受高电压且数值稳定的高值电阻，通常用多个金属膜电阻串联组成。由于高压直流电源的容量一般较小，为使 R_1 的接入不致影响其输出电压，并且 R_1 本身不致过热，因此流过 R_1 的电流不应太大。另一方面，为避免由于电晕放电和绝缘支架的漏电造成测量误差，因此流过 R_1 的电流也不太小，故 IEC 规定不低于 0.5mA，一般按照流过 0.5 ～2mA 来选择 R_1 值。将多个电阻元件串联的整体温度系数小的 R_1 放在绝缘筒中，R_1 的高压端装上金属屏蔽罩，使整个结构电场均匀化，并注入绝缘油，可以抑制或消除电晕放电和漏电，并降低温升，也可充以 SF_6 气体介质，从而可以提高 R_1 阻值的稳定性。

测量直流高压脉动幅值的方法主要有以下几种：

● 用电容电流法来测量直流电压脉动幅值，其接线原理与交流峰值电压表原理(图 4-5)相同，即

$$\delta U = \frac{I_{av}}{2Cf} \tag{4-19}$$

式中，f 为交流电源的频率。

● 用电容分压器（C_1、C_2 分别为高低压臂）经低压臂 C_2 送出电压 δU_2 可配以示波器（或峰值电压表）记录 δU_2，经换算可得到直流高压脉动幅值

$$\delta U = \delta U_2 \cdot \frac{C_1 + C_2}{C_1} \tag{4-20}$$

也可用电阻电容并联的混合式分压器测量 δU。

三、直流高压试验和泄漏电流试验

直流高压试验和泄漏电流试验的基本接线是相似的，项目所需的设备仪器和测量方法基本可用于泄漏电流试验。（不多述）

与交流耐压试验比，直流耐压试验具有下列特点：

● 试验中只有微安级泄漏电流，试验设备不需要供给被试品的电容电流，因而试验设备容量较小，重量轻，便于运送至现场试验；

● 试验时可同时测量泄漏电流，并由所得"U-I"曲线能有效地显示绝缘内部的集中性缺陷或受潮，提供有关绝缘状态信息；

● 用于旋转电机时，能使其定子绕组的端部绝缘也受到较高电压作用，有利于发现端部绝缘缺陷；

● 在直流高压下，局部放电较弱，不会加快有机绝缘材料的分解或老化变质，在某种程度上带有非破坏性试验的性质。

对于绝大多数组合绝缘来说，它们在直流电压下的电气强度远高于交流电压下的电气强度。交流电气设备的直流耐压试验用提高试验电压来做，是具有等效性的。所以最常见的直流耐压试验被列为某些交流电气设备（油纸绝缘高压电缆、电力电容器、旋转电机等）的绝缘预防性试验项目之一。

对直流高压试验来说，试验装置应能在试验电压下提供试验所需的试验电流，一般情况下，这一值是很小的。应该估计到：某些试品在击穿前瞬时临界泄漏电流是相当大的，例如：极不均匀电场长气隙击穿或沿面闪络，特别是湿污状态下的沿面闪络，击穿前瞬时的临界漏电流将达安培级。如此大的电流将使设备内部产生很大压降而使测量不正确。所以直流高压试验要根据不同试品，不同的试验要求选择合适的电源容量。

第三节　冲击高电压试验

冲击高电压试验就是用来研究各种高压电气设备在雷电过电压和操作过电压作用下的绝缘性能或保护性能,许多电气设备在型式试验,出厂试验或大修后都必须进行冲击高电压试验。由于冲击高电压试验对试验设备和测试仪器的要求高、投资大,测试技术也比较复杂,冲击后被试品上有累积效应等原因,所以通常这项试验未被列入绝缘预防性试验的内容。

冲击电压试验通常由五部分组成,其方框图如图 4-16 所示。

这里主要介绍冲击电压发生器及冲击电压的测量。

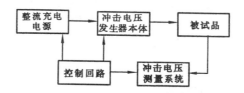

图 4-16　冲击电压试验设备框图

一、冲击电压发生器

冲击电压发生器往往被认为是高压试验室的标志,目前,世界上最大的冲击电压发生器的标准电压已高达 7200kV,甚至更高。为要弄清如何产生冲击波,首先介绍最基本的单级冲击电压发生器。

1. 单级冲击电压发生器

前面曾经介绍,一般的非周期性冲击电压波可用双指数函数表示

$$u(t) = A(e^{-t/\tau_1} - e^{-t/\tau_2}) \tag{4-21}$$

式中,τ_1 为波长时间常数;τ_2 为波前时间常数,通常 $\tau_1 \gg \tau_2$。

在波前时间范围内 $e^{-t/\tau_1} \approx 1$,式(4-21)可近似写成

$$u(t) \approx A(1 - e^{-t/\tau_2}) \tag{4-22}$$

其波形图如图 4-17(a)所示,这个波形与图 4-17(b)所示的直流电源 U_0 经电阻 R_1 向电容器 C_2 充电时 C_2 上电压波形完全一样。可见,利用图 4-17(b)回路可得到所需冲击电压波的波前,波前时间

$$T_1 \approx 3R_1C_2 \tag{4-23}$$

类似地,在波长时间范围内,$e^{-t/\tau_2} \approx 0$。式(4-21)可近似写成

$$u(t) \approx Ae^{-t/\tau_1} \tag{4-24}$$

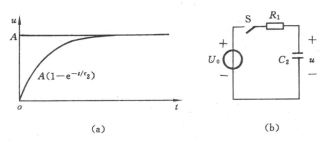

图 4-17　冲击电压波前波形和可获得这一波形的回路

(a)冲击电压波前波形；　(b)可获得图(a)波形的回路

这个波形由图 4-18 所示已被充电的电容器 C_1 经电阻 R_2 放电得到。

$$u(t) \approx U_0 e^{-t/\tau_1} \tag{4-25}$$

利用图 4-18 可得到所需冲击电压波的波长。波长时间决定于 R_2 和 C_1，当 $t = T_2$ 时，电阻 R_2 两端的电压下降到幅值的一半，即

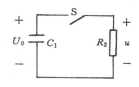

图 4-18　可获得冲击电压波长波形的回路

$$u(t) = A e^{-T_2/\tau_1} = \frac{1}{2} U_0 = U_0 e^{-T_2/\tau_1} \tag{4-26}$$

化简后得：$T_2 = \tau_1 \ln 2 \approx 0.7 R_2 C_1 \tag{4-27}$

图 4-17(b)和图 4-18 两种电路的合成回路（见图 4-19），就可以得到雷电冲击电压波的完整波形。

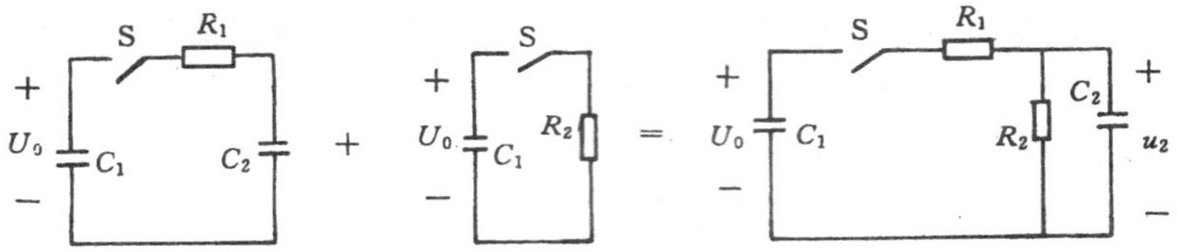

图 4-19　可获得冲击电压波形的合成回路

图中 $R_2 \gg R_1$，$C_1 \gg C_2$，开关 S 合上后，电容 C_1 经电阻 R_1 向电容 C_2 充电，形成波前，同时 C_1、C_2 向电阻 R_2 放电，形成波长；R_1 和 C_2 影响波前时间，分别称为波前电阻和波前电容；R_2 和 C_1 影响波长时间，分别称为波长电阻和主电容。

式(4-23)、式(4-27)可初略依据所要求波形选择回路元件，真正符合要求的波形还有待于实际测试和调整参数后得到。

在图 4-20 中，C_2 能充到的最大电压 U_{2m} 等于 C_1 上的电压。开关合闸以

前,电容 C_1 原有的电荷量为 $C_1 U_0$;开关合闸以后,如果忽略 C_1 经 R_2 放掉的电荷,则 C_1 分给 C_2 一部分电荷后,C_1 和 C_2 上的电压最大可达

$$U_{2m} \approx \frac{C_1}{C_1 + C_2} U_0$$

而在图 4-19 中,由于 R_1 的存在,R_2 上的电压幅值 U_{2m} 必再按 $\frac{R_2}{R_1 + R_2}$ 减小,所以最后能得到的冲击电压幅值为

$$U_{2m} \approx \frac{C_1}{C_1 + C_2} \cdot \frac{R_2}{R_1 + R_2} U_0$$

称 $U_{2m} / U_0 = \eta$ 为放电回路的电压利用系数,可以看出,图 4-20 的利用系数比图 4-19 的要高一些,称为高效率回路,η 可达 0.9 以上;图 4-19 称为低效率回路,$\eta = 0.7 \sim 0.8$(η 是在令 $R_2 \approx 10 R_1$,$C_1 \approx 10 C_2$ 得到的)。为了满足结

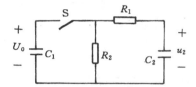

图 4-20　高效率回路

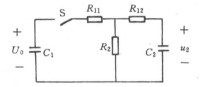

图 4-21　冲击电压发生器常用回路

构布局等方面的要求,实际冲击发生器通常采用图 4-21 所示的回路,这里 R_1 被拆为 R_{11}、R_{12} 两部分,其中 R_{11} 为阻尼电阻,主要用于阻尼回路中的寄生振荡,R_{12} 用来调节波前时间 T_1,称之为波前电阻。这种回路的效率为

$$\eta \approx \frac{C_1}{C_1 + C_2} \times \frac{R_2}{R_{11} + R_2}$$

在实际的冲击电压发生器中,C_1 的电压是由高压整流电源充电得到的,由于受硅堆和电容器额定电压的限制,单级冲击发生器能产生的最高电压一般不超过 $200 \sim 300 kV$。

2. 多级冲击电压发生器

利用多级冲击电压发生器可以产生高达数兆伏的冲击电压,以满足一些冲击高压试验所需要的幅值要求。

多级冲击电压发生器的工作原理可以简单地概括为"并联充电,串联放电",图 4-22 为多级冲击电压发生器的电路原理图。

首先调整各级球隙的距离,使 F_1 的放电电压略大于 U_C,F_2、F_3 距离都略大于 F_1 的距离,然后升高充电电压到 U_C,对各级电容器充电。

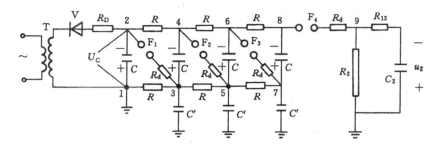

图 4-22　多级冲击电压发生器的原理接线

　　如果忽略各级电容器 C 的泄漏电流,并且充电时间足够长,各级电容器 C 皆充电到 U_C 电压,并联充电的等值电路如图 4-23 所示。这时给 F_1 球隙送去一脉冲电压点火,F_1 首先放电,然后导致 F_2、F_3 依次放电,各级电容器串联起来,经 F_4 对 R_d、R_{12} 和 C_2 放电(串联放电等值回路如图 4-24 所示),在输出端即可获得幅值较高的冲击电压波。

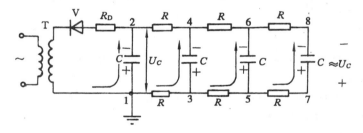

图 4-23　充电过程等值电路

　　电阻 R 在充电过程中没什么作用,从充电过程看可取为零,但从放电过程看,只有 R 足够大,在短暂放电过程中,才能将其视为开路(如数万欧姆)。在各级电容 C 串联起来对 R_2、C_2 放电的同时,也在图 4-22 中所有三角形闭合小回路内(例如 1—C—2—F_1—3—R—1)进行附加的放电,其结果是使 C 上电压降低,由于 R 阻值足够大,可减小附加放电的不利影响。

　　阻尼电阻 R_{11} 分散到各级中去(R_d),既能使元件安装结构合理,又能阻尼各种杂散参数的附加回路(1—C—2—F_1—R_d—3—C'—地—1)中的寄生振荡。

　　在多级冲击发生器中,球隙起着将各级电容器从并联充电自动转换成串联放电的作用。自动转换的条件是:各级球隙电位之差是否达到其放电电压。

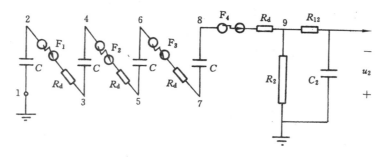

图 4-24　放电过程等值电路

在充电过程结束时,2、4、6、8 各点对地电位皆为 $-U_C$,1、3、5、7 各点皆为零电位。

当各级电容器 C 充电到 U_C 电压时,第一级球隙 F_1 经点火首先击穿,点 3 的电位立即变成 $-U_C$,点 4 的电位相应地变到 $-2U_C$,当 F_2 未击穿时,点 5 仍保持对地零电位,它的电位改变取决于其对地杂散电容 C',通过 F_1、R_d 和点 3 与点 5 之间的充电电阻 R 由第一级电容 C(点 1 与点 2 间的电容)来充电。由于 R 很大,对点 3 和点 5 起了隔离作用,使得点 5 上的 C' 充电较慢,暂时仍保持原来的零电位。这就使得此时作用在 F_2 上的电位差达到 $2U_C$,F_2 将很快击穿;可以推知,若为 n 对球隙 $F_1 \cdots F_n$ 将依次在 $U_C \cdots nU_C$ 电压作用下击穿,将全部电容器串联起来,冲击电压发生器串联放电时的简化等值回路如图 4-21 所示。各参数之间存在如下关系:

$$\left.\begin{array}{l} C_1 = \dfrac{C}{n} \\[2mm] R_{11} = nR_d \\[2mm] U_{2m} \approx nU_C \end{array}\right\} \tag{4-27}$$

除了上述雷电冲击全波外,国家标准规定带绕组的变压器类设备还要用标准冲击截波进行耐压试验,以模拟运行条件下因气隙或绝缘子在雷电过电压下发生击穿或闪络时出现的雷电截波对绕组绝缘的作用。

在实验室内产生雷电冲击截波的原理十分简单,只要在被试品上并联一个适当的截断间隙,让它在雷电冲击全波的作用下击穿,作用在被试品上的就是一个截波(图 4-25(a)为雷电冲击截波)。为了满足对截断时间 T_c 的要求($T_c = 2 \sim 5\mu s$),必须使截断间隙放电分散性小和能准确控制截断时间。图 4-25(b)表示采用三电极针孔球隙和延时回路的截断装置原理图,球隙主间隙 F 的自放电电压应略高于发生器送出的全波电压。在全波电压加到截断间隙的同时,从分压器取得起动电压脉冲,经延时单元 Y 送到下球的辅助触发间隙 f,f 击穿后将立即引发主间隙 F 击穿形成截波。延时单元可采用延时电缆段,调节电缆的长度即可改变主间隙的击穿时刻和冲击全波的截断时间。

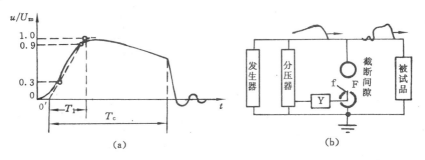

图 4-25 雷电冲击截波和带延时的截断装置

T_1—波前时间;T_c—截断时间

三、操作冲击高压波的产生

随着输电线路电压等级的提高,用操作波电压试验线路和电气设备绝缘越来越显得重要。我国国家标准规定,额定电压大于 220kV 的超高压电气设备在出厂试验、型式试验中,不能像 220kV 及以下的高压电气设备那样,以工频耐压试验来等效取代操作冲击耐压试验。

产生操作冲击电压波的方法有多种,大致可概括为利用冲击电压发生器的方法和利用变压器的方法。

1. 利用冲击电压发生器产生操作冲击电压波

在做气隙的操作波试验时,使用最多的是用冲击电压发生器产生操作冲击波。原理上,它与产生雷电冲击波完全相同。调节波前波长电阻值,就可以得到所规定的操作波。但是由于操作波波前时间和波长时间很长,在选择电路形式和估计参数时一是要将波前电阻、波长电阻分散到各级,要考虑充电电阻对波前时间、波长时间和利用系数的影响,二是不能用近似估算形成准雷电波的回路参数的方法计算操作波的相应参数,否则将带来很大的误差。

2. 利用变压器产生操作冲击电压波

在现场对电力变压器进行操作波耐压试验时,可利用被试变压器本身产生操作冲击电压波,这种方法简单,便于现场使用。在高压试验室也还可以利用工频试验变压器产生操作冲击电压波。

利用变压器产生操作冲击电压波的方法可采用图 4-26 中 IEC 所推荐的

一种操作波发生装置,即利用冲击电压发生器对变压器低压绕组放电,在变压器高压绕组感应出幅值很高的操作冲击电压波,其原理接线如图 4-26 所示。

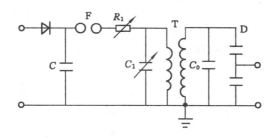

图 4-26 IEC 推荐的一种操作波发生装置接线
C—主电容;R_1、C_1—调波电阻和电容;
C_0—试品电容;T—变压器;D—分压器

具体波形通过调节 R_1 和 C_1,并根据所需试验电压提高充电电压 U_0 获得高压操作波。

无论产生哪种冲击电压波形,冲击电压发生器的起动方式分为:自起动方式和触发起动方式两种。前种方式必须将点火球隙 F 的极间距离调节到使其击穿电压等于所需的充电电压 U_c,一旦 F 上的电压上升到 U_c 时,F 即自行击穿,起动整套装置。后种方式是使发生器的各级电容充电到略低于点火球隙 F 的击穿电压,再采用点火装置产生点火脉冲,送至点火球隙 F 的辅助间隙上使之击穿并引发主间隙击穿,以起动整套装置。冲击发生器一旦起动,全部球隙均能随点火球隙的点火陆续击穿。

四、绝缘的冲击高压试验方法

电气设备内绝缘的雷电冲击耐压试验采用三次冲击法,即对被试品施加三次正极性和三次负极性雷电冲击试验电压($1.2/50\mu s$)。对变压器和电抗器类设备的内绝缘,还要再进行雷电冲击截波($1.2/2 \sim 5\mu s$)耐压试验,它对绕组绝缘(特别是其纵绝缘)的考验往往比雷电冲击全波试验更加严格。

在进行内绝缘冲击全波耐压试验时,应在被试品两端并联一球隙,将球隙的放电电压整定得比试验电压高 15% ~ 20%(变压器和电抗器类被试品)或 5% ~ 10%(其它被试品)。因为在冲击电压发生器调波过程中,有时会无意地出现过高的冲击电压,造成被试品的不必要损伤,这时并联球隙就能发挥作用。

由于进行内绝缘冲击高压试验电压作用时间很短,若绝缘内遗留下非贯通性局部损伤,用常规的测试方法是不易发现的。例如电力变压器绕组匝间和线饼间绝缘(纵绝缘)发生故障后,往往没有明显的异样。为此,目前的监测方法是拍摄变压器中性点处的电流示波图,与完好无损的同型号变压器的典型示波图以及人为制造故障所摄的示波图作比较,这样做不仅能判断损伤或故障,而且能大致确定故障部位,这就大大简化了离线检测变压器故障的工作。

电力系统外绝缘的冲击高压试验通常采用 15 次冲击法,即对被试品施加正、负极性冲击全波试验电压各 15 次,相邻两次冲击的时间间隔应不小于 1min。在每组 15 次冲击的试验中,如果击穿或闪络的次数不超过 2 次,即可认为该外绝缘试验合格。

内、外绝缘的操作冲击高压试验的方法与雷电冲击全波试验类同。

五、冲击电压的测量

高压电气设备的绝缘试验中常用冲击电压,无论是雷电冲击或是操作冲击,冲击波的作用时间很短,变化很快,在很多试验中,不仅要测幅值,还要求记录波形,因此和稳态电压测量比,测量冲击电压的仪器和测量系统要有更好的瞬变响应特性。我国有关标准规定,对于符合规定的冲击电压波,其幅值测量误差不超过 3% ,在 $0.5 \sim 2\mu s$ 范围内截断的电压波幅值测量误差不大于 5% 。冲击波形的时间参数测量误差应不大于 10% 。

常用的测量装置有球隙测压器和分压器测量系统,球隙测压器可测量冲击电压的幅值,分压器测量系统所配低压仪表常为示波器和峰值电压表,或二者同时使用。

(一)用球隙测压器测量冲击电压的幅值

如前所述,球隙测量是惟一能直接测量高达数兆伏的各类高电压峰值的测量装置,它由一对直径相同的金属球构成,测量误差约 2% ~3% 。

用球隙测量冲击电压,除了要遵守球隙有关结构、布置、连结和使用等技术规定外,还要根据球隙冲击放电特性和冲击电压本身的特点定出相应的要求。由于许多偶然因素的影响,球隙的放电具有一定的分散性,用球隙测量冲击电压前,应参看标准球隙放电电压表中的 50% 冲击击穿电压 $U_{50\%}$ 值。同工频高压峰值测量一样测量时,选择合适的球径、极间距离、然后将测得结果换算至标准状况下对应电压值。

确定 50% 击穿电压的方法有以下两种:

1. 多级法

　　根据试验需要或球隙距离一定,逐级调整冲击电压发生器的输出电压;或电压一定,逐级调整球隙距离。通常取距离级差或电压级差为预估值的2%。以改变电压级差为例,对被试品每级施加电压6~10次,加(4~5)级电压,求出每级电压下的击穿概率(P),即可得到 $P = f(U)$ 曲线,在此曲线上对应于 $P = 50\%$ 时的电压值即为 $U_{50\%}$。

　　注意到在击穿概率为50%时,负极性标准雷电冲击作用下的击穿电压与交流击穿电压的峰值相同(共用一个标准球隙放电电压表)。正极性雷电冲击的50%击穿电压比负极性的略高,则另列一表。

2. 升降法

　　估计50%击穿电压的预期值 $U'_{50\%}$,取 $U'_{50\%}$ 的2%~3%作级差 ΔU,以 $U'_{50\%}$ 作为初试电压加在气隙上。若未引起击穿,则下次施加电压应增加 ΔU;若 $U'_{50\%}$ 已引起击穿,则下次施加电压应减少 ΔU,以后加压都按这一规律进行。如此反复加压,分别记录各级电压 U_i 的加压次数 n_i,按下式求出50%冲击击穿电压

$$U_{50\%} = \frac{\sum U_i n_i}{\sum n_i} \tag{4-28}$$

　　记录加压总次数时注意,如果第一次加 $U'_{50\%}$ 未引起击穿,则从后来首先引起击穿的那次开始统计;如果第一次加 $U'_{50\%}$ 已引起击穿,则从后来首先未引起击穿的那次开始统计。

　　用球隙测量冲击电压时,还应注意:

　　● 减少放电分散性问题,对于直径12.5cm及以下的球隙或对于测量50kV及以下的电压,均应施行照射,以减小分散性。

　　● 正确选择球隙保护电阻,由于冲击电压变化快,通过球隙的电容电流大,因此,一般不希望串联这一电阻,但为避免球隙击穿时产生振荡而导致试品损伤,必须串联电阻,并要求电阻值一般不大于500Ω,电阻本身的电感不应大于30μH。

(二)用冲击分压器测量系统测量冲击电压

　　冲击高压最主要的测量系统是由分压器——示波器(或峰值电压表)组成,如图4-27所示。

　　分压器及其测量系统性能的好坏,通常用方波响应来估计。在测量系统输入端施加方波电压,在其输出端可得到输出电压示波图。为便于比较,令输出电压的稳定值为1,并称此波形为单位方波响应。它能反映该测量系统对方波电压的畸变程度。

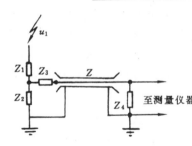

图 4-27 分压器测量系统

Z_1、Z_2—分压器高、低压臂，Z—同轴电缆；

Z_3、Z_4—匹配阻抗

由于测量系统本身以及外界影响因素的差别,这一方波响应大体上可分为指数型和振荡型两种类型,如图 4-28 所示。方波响应时间以幅值为 1 的方波和响应波形 $g(t)$ 之间包围的面积来度量,即

$$T = \int_0^\infty [1 - g(t)] \mathrm{d}t \qquad (4-29)$$

在图 4-28(a) 中 $T = T_1$,而在图 4-28(b) 中 T_2、T_4 取负值, $T = T_1 - T_2 + T_3 - T_4 + T_5 + \cdots$。方波响应时间 T 愈大,测量系统误差也愈大。对于振荡型还应考虑过冲 δ 限制在 20% 以内,否则应设法消除振荡。

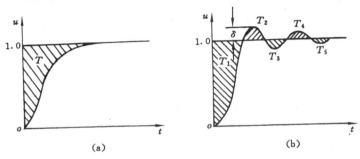

(a)   (b)

图 4-28 方波响应波形

(a)指数型; (b)振荡型

测量系统的冲击响应特性主要决定于分压器的特性,冲击分压器大体分为电阻和电容型两种,为改善分压器性能,又发展了阻容串联或并联混合分压器。以下仅分析两种最基本的电阻型和电容型分压器的有关特性。

1. 电阻分压器

将图 4-27 中 Z_1,Z_2,Z_3,Z_4 相应换成 R_1,R_2,0,R,图 4-27 就变为电阻分压器的测量回路,如图 4-29 所示。用来测量雷电冲击电压的电阻分压器的阻值比测量稳态电压的电阻分压器小得多,这是因为雷电冲击电压的变化很快,即 $\frac{\mathrm{d}u}{\mathrm{d}t}$ 很大,因而对地杂散电容的不利影响要比交流电压时更大得多,结果将引起较大的幅值误差和波形畸变。因而冲击电阻分压器的阻值往往只有 10 ~20kΩ,即使屏蔽措施完善者也只能增大到 40kΩ 左右。

对于电阻分压器,由于 $R_1 \gg R_2$,可令 $R = R_1 + R_2 \approx R_1$,并由分压器方波响应曲线求得其时间常数 T_R,它等于利用式(4-29)得到的方波响应时间 T,对图 4-28(a)、(b)而言,都有 $T \propto R$,$T \propto C_e$ 成立。C_e 为分压器总的对地杂散电容。减小对地杂散电容可获得较好的方波响应特性。

因此,欲减小对地杂散电容对分压器响应特性的影响,可以采取

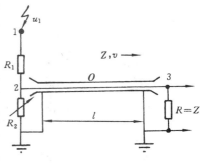

图 4-29 电阻分压器测量回路

● 在保证绝缘强度的前提下尽量缩小分压器的尺寸;

● 在不过分增加冲击电压发生器负荷的前提下,选用较低的分压器电阻值(几 kΩ 至 20kΩ);

● 在分压器的高压端采用屏蔽电极,增大分压器对高压电极的电容,以补偿对地杂散电容的影响。尽管采取这些措施,这种分压系统也只能测 1MV 以下的冲击电压。

在电阻分压器测量系统中,电缆两端外皮都接地,电缆末端的芯线与外皮间接一匹配电阻 R 等于电缆波阻抗,以避免冲击波在终端处的反射,如图 4-29 所示。测量时分压器低压臂电阻 R_2 与电缆波阻抗 Z 是并联关系,所以低压臂的等值电阻变成 R'_2,$R'_2 = \dfrac{R_2 Z}{R_2 + Z}$,在示波器上观测的电压为 $u_2 = u_1 \dfrac{R_2 Z}{Z(R_1 + R_2) + R_2 R_1}$,分压比 $N = \dfrac{u_1}{u_2} = \dfrac{Z(R_1 + R_2) + R_2 R_1}{R_2 Z}$。

2. 电容分压器

电容分压器的常用接线如图 4-30 所示。若将图 4-27 的 Z_1、Z_2 用电容分压器取代,便构成电容分压器。当电容分压器的高压臂 C_1 为分布式电容组成时,它的测量回路可有不同的方案。应该指出:它不能像电阻分压器那样在电缆终端跨接一个阻值等于电缆波阻抗 Z 的匹配电阻 R,这是因为电缆的波阻抗一般为数十欧姆,若将低值电阻 R 跨接在电缆终端,将使 C_2 很快放电,从而使测到的波形畸变,幅值变小。图 4-31 所示的解决方案为在电缆首端入口处串接一个阻值等于 z 的电阻 R,可见这时进入电缆并向终端传播的电压波 u_3 只有 C_2 上的电压 u_2 的一半(另一半降落在 R 上)。波到达电缆开路终端后将发生全反射(详见第六章线路和绕组中的波过程有关论述)正好等于

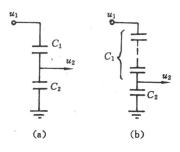

图 4-30　电容分压器

(a)C_1 为集中式;　(b)C_1 为分布式

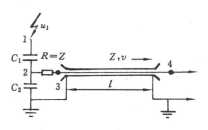

图 4-31　一种电容分压器测量回路

u_2。所以分压比

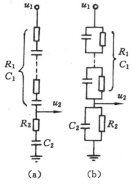

图 4-32　阻容分压器

(a)串联阻容分压器;

(b)并联阻容分压器

仍为 $N = \dfrac{u_1}{u_2} = \dfrac{C_1 + C_2}{C_1}$。

　　跟电阻分压器一样,电容分压器的各部分对地也有杂散电容,但由于分压器本体也是电容,对地电容的影响只会造成幅值误差,而不会使波形畸变,从这个角度看电容分压器比其它类型的分压器优越,因幅值误差是容易校正的。但是电容分压器各单元的寄生电感和各段引线的固有电感与电容 C_1、C_2 构成一系列高频振荡回路,这是影响电容分压器系统响应特性的主要因素,为了阻尼各处的振荡,必须接入阻尼电阻。

　　将阻尼电阻分散连接到分压器的各个电容元件上,就可以构成一种响应特性较好的串联阻容分压器和并联阻容分压器,如图 4-32 所示。前者的测量回路与电容分压器相同,而后者的测量回路与电阻分压器相同。

　　如果只需要测量电压幅值,可将峰值电压表接在分压器低压臂上进行测量。如果要求记录冲击波形,则用高压脉冲示波器配合分压器进行测量。

(三)高压脉冲示波器和冲击电压数字测量系统

　　冲击电压波具有一次性瞬变特征,一次瞬变的延续时间往往只有数十微秒,为要得到冲击波形的全貌,采用高压脉冲示波器与冲击分压器配合测量。

　　高压脉冲示波器与普通示波器原理及组成没多大差别,一般都由高压示波管、电源单元、射线控制单元、扫描单元、标定单元等五部分组成。高压脉冲示波器具有加速电压高,射线开放时间短的特点。各部分高度协同工作,扫描电压多样化等特点。

传统的高压脉冲示波器没有记忆贮存等功能,捕捉变化极快的被测现象需冲卷读图,这种方法已过时。

近些年来随着电子技术和计算机技术的迅速发展,新的数字测量系统已逐步取代传统高压脉冲示波器的模拟测量系统。高电压数字测量系统由硬件和软件两大部分组成:硬件系统包括高压分压器、数字示波器、计算机、打印机;软件系统包括操作、信号处理、存储、显示、打印等。其中核心部分为数字示波器,计算机和测量软件。这一数字系统能对雷电冲击全波、截波及操作冲击波的波形和有关参数进行全面的测定,整个测量过程按预先设置的指令自动执行,测量结果可显示于屏幕,并可存入机内或打印输出。这种传统的模拟测量更新为现代数字测量已成为高压测试技术发展的必然趋势。

(四)峰值电压表测量

峰值电压表的原理前面已作过介绍,测量冲击电压的峰值电压表与测量稳态电压的峰值电压表略有差异,由于冲击电压是瞬变的一次过程,所以用作整流充电的电容器 C 的电容量要大大减小,以便它能在很短的时间内一次充好电。在选用冲击峰值电压表时,要注意其响应时间是否适合于被测波形的要求,并应使其输入阻抗尽可能大一些,以免因峰值表的接入影响到分压器的分压比而引起测量误差。它与用球隙测峰值相比,可大大简化测量过程,但被测电压波形必须是平滑上升的,否则就会产生误差。

习　题

4-1　进行工频高压试验时,怎样选择试验变压器的额定电压和额定容量? 若有一被试品的电容量为 5000pF,试验电压有效值为 600kV,求进行工频耐压试验时流过试品的电流和试验变压器的输出功率。

4-2　测量工频高压、直流高压、冲击高压各有哪些方法,每种方法的基本原理是什么?

4-3　工频高压试验简化等值电路如题图 4-1 所示,其中,回路的总电阻 $R = 10\text{k}\Omega$,总电抗值 $X_L = 100\text{k}\Omega$,被试品电容量 $C_0 = 3000\text{pF}$,试验时高压侧输出电压有效值 $U_1 = 500\text{kV}$,求:试品 C_0 两端电压 $U_2 = ?$ 并将结果用相量图表示。

4-4　试设计一个标称电压为 1MV 能产生 1.2/50μs 标准波的多级冲击电压发生器。已知:C'_1 为 5 个 200kV、0.05μF 的电容器组成,负荷电容为 $C_2 =$

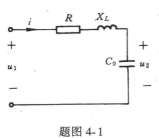

题图 4-1

500pF，每次放电的能量为 0.5×10^4 W·S。①画出该冲击发生器的主回路图及等值放电回路；②用近似估算法求每级的波前、波长电阻。

第五章 电气设备绝缘在线检测与诊断

本章介绍电容型设备绝缘、MOA 的在线检测方法以及神经网络理论、小波分析、专家系统在绝缘检测与诊断中的应用。

第一节 电气设备绝缘的状态维修

电气设备在运行过程中绝缘性能的好坏是决定其寿命的关键。从电气设备维修进步和发展看,众多国家已从停电预试转入状态维修,这是因为现行绝缘预防性试验已存在问题,状态维修有很大的优越性。

一、现行绝缘预防性试验的不足

多年来,高压电气设备不仅在出厂前,应按有关标准进行严格而又合理的型式试验及例行试验,而且在投运前要进行交接试验,在运行过程中也要定期离线进行预防性试验。目前,预防性试验已经发展得比较完善,主要有:测量绝缘电阻,直流泄漏电流,直流耐压试验;测量介质损耗角正切值 $tg\delta$,交流耐压试验,绝缘油试验等等,根据不同的电气设备绝缘选择相关的绝缘预防性试验项目进行考核。这样做,为确保电气设备的安全曾发挥过较大的作用,直至现在仍然起着作用。

但是,近年来已发现:传统的绝缘预防性试验方法并非绝对可靠,存在着一定问题。例如一台 220kV 的油纸绝缘电容式电流互感器,停电进行预防性试验,按规程加 10kV 电压,测得其 $tg\delta$ 为 1.4%,小于规程规定的指标 1.5%,但投运后就爆炸毁坏;一台 $OY110/\sqrt{3}$-0.0066 耦合电容器,停电试验完全合格,但运行不到三个月就发生了爆炸事故;又如运行的金属氧化物避雷器即 MOA (Metal Oxide Arrester),停电试验各项测量参数均未发现异常,此后运行三个月就发生了事故。类似这些情况很多,引起这些事故的原因也是多方面的,有的是由于试验参数选择不合理;还有的是由于工作条件与预防性试验的条件大不相同,绝大部分电气设备的运行相电压(即工作电压)远高于其预防性试验电压。因此,当这些设备存在缺陷时,若施加很低的电压进行测试是不能发现问题的;也有的是试验周期较长,不能及时发现设备的隐患及绝缘变化的趋势,而导致事故的发生。

由此可知,传统的绝缘预防性试验方法存在着明显的不足,在运行电压下对高压电气设备绝缘进行在线检测将成为预防性试验的重要组成部分,它可以在很多方面弥补停电进行预防性试验的不足,并逐渐替代传统的预防性试验。

二、电气设备绝缘的状态维修

运行实践表明:电力系统的事故,其中很大部分是由电气设备的绝缘事故引起的。因此,世界各国都十分重视开展电气设备绝缘的在线检测和诊断技术的开发和研究。

电气设备的维护大体经历了以下三种方式:故障维修;预防维修或定期检修;状态维修或预知维修。这是电气设备维修史上技术进步的标志。

研究如何根据电气设备的工作状态来确定维修工作的内容和时间,制定维修方案,这种维修方式称为状态维修或预知维修。目前,这种方式已在许多的电力部门获得了较高的设备利用率以及生产率,取得了较好的经济效益。

基于绝缘老化的状态维修是状态维修的主要内容,了解电气绝缘在各种应力及运行环境下的老化机理,找到能灵敏反映绝缘当前状况及其变化趋势的物理或逻辑参量,确定相应的测量方法,获得绝缘状态的重要信息。并从分析中拟定老化标准或判据。

很显然,不同设备绝缘系统的检测量是不同的,例如:对电容型套管主要检测介电特性(介质损耗角正切 $tg\delta$、电容量 C、泄漏电流 I);对 MOA 主要检测全电流 I_x,阻性、容性电流(I_R,I_C)和功耗 P 等;对油浸电力变压器主要检测油中的特征气体 H_2、CO、CH_4、C_2H_2、C_2H_4、C_2H_6 的含量并识别故障类型;对有些绝缘主要检测局部放电并进行定位,分析放电对绝缘危害程度等等。

绝缘的状态维修的基础是电气绝缘的在线检测和诊断技术。既通过各种在线测量方法来正确诊断被试设备绝缘的目前状况,又根据其设备绝缘本身的特点及变化趋势等来确定能否继续运行或制定检修计划。实现绝缘在线检测与诊断技术有以下优点:

● 可以在电气设备的运行过程中及时发现绝缘缺陷和发展中的事故隐患,防患于未然;

● 逐步替代传统的停电预防性试验,减少电气设备的停电时间,节省试验费用;

● 对老旧设备或已知有缺陷、有怀疑的设备,采用在线检测可以随时检测其运行情况,一旦发现问题,能够及时退出运行,最大限度的利用这些设备的剩余寿命。事实上电气设备的寿命不决定于它运行的年数,而应由其绝缘实际状况决定能否继续使用,因而提出了"绝缘年龄"的概念。若绝缘寿命已尽,设备即退出运行。可以预料,状态维修的目标和发展趋势就是对设备绝缘寿命预测。

现代电气设备绝缘的在线检测和诊断技术的研究内容涉及绝缘故障机理、传感器与测量技术、数据采集、信号处理、数据库、专家系统、计算机、通讯等技术领域。

必须指明的是：各传感器所采集的信号，既可能是电气参数，也可能是温度、压力、振动、噪声等非电参数。一些测量方法正在互相渗透，如：色谱分析以前主要广泛应用于环境检测等方面，但引用来检测油浸电力设备潜伏性故障后，发现它对检测局部过热、电弧放电的灵敏度远高于已采用的电气方法。还有将机械、化学、物理等方法综合用于电气绝缘的在线检测（见表5-1），并利用现代智能诊断理论全面分析。

表5-1　常用的电气绝缘的在线检测方法

设备名称	电气法	机械法	化学法	物理法	综合方法
发电机、电动机	局部放电（电荷量、地线电流法）	自振荡频率	红外光谱、色谱分析	微粒离子化法、电磁波法	局部放电及微粒离子化法
变压器、电抗器	局部放电（电荷量、地线电流法）	超声波、振动加速度	色谱分析（单成分或多成分）		地线电流法及超声波法
金属氧化物避雷器（MOA）	阻性电流（基波、谐波）、功耗			湿度	湿度及阻性电流
GIS（SF_6及支撑绝缘子）	局部放电（电荷量、地线电流法）	超声波、振动加速度	气体色谱分析、变色法	电磁场、光测法、测气压	局部放电及测气压
交链聚乙烯电力电缆	直流泄漏、直流成分、局部放电量、$tg\delta$法	超声波		温度	直流成分法及$tg\delta$法

毫无疑义，在检测中必须解决好检测项目和检测实现技术，这将是故障诊断的基础。在诊断方面，将神经网络理论、小波分析、专家系统用于其中可对传统的按规程阈值越限判断以有力补充。

第二节　电容型设备绝缘在线检测

电容型电气设备是指全部或部分绝缘采用电容式绝缘结构的设备，它包括：电容式电流互感器、电容式电压互感器、高压电容式套管及耦合电容器等。其数量约占发电厂、变电站设备台数的40%～50%，是容易发生事故且停电预防性试验工作量大的设备。

对电容型设备进行绝缘在线检测，其绝缘检测参数的选择是非常重要的，从国内外的经验来看，介质损耗角正切值$tg\delta$、电容值C和泄漏电流I是对设备绝缘缺陷反映较灵敏的测量参数。其中 $tg\delta$ 是反映电容型设备绝缘状况的典型参数,因此,电容型设备的在线检测方法主要是指 $tg\delta$ 的在线检测方法。

一、$tg\delta$ 的测量原理分析

前面已对停电预试中的介质损耗角正切的测量方法和影响因素作了详细分析,由于电气设备的 $tg\delta$ 值一般很小,对测量的准确度要求很高,而 $tg\delta$ 的在线检测比停电测的难度要大,从测量原理上多采用谐波分析法和过零相位比较法。

用谐波分析原理对 110kV 变电站电容式套管进行在线检测和停电后加 10kV 电压测量并将结果列于表 5-2。

表 5-2　电容式套管测量实例

设备名称型　　号	相位	运行时测量		停电时加 10kV 测量	
		C_x/pF	$tg\delta_x$/%	C_x/pF	$tg\delta_x$/%
变压器	U	234.4	0.542	233	0.40
	V	236.4	0.551	234	0.40
(SFZ$_7$ – 31500/110)	W	326.6	1.629	237	0.80
电流互感器	U	778.6	0.541	771	0.48
	V	750.2	0.502	748	0.47
(LCWB$_6$ – 110)	W	741.0	0.483	737	0.43

可以看出:除变压器 W 相数据外,对于绝缘良好的套管,运行高压下在线检测所得 C_x 与 $tg\delta_x$ 与停电试验(加 10kV)测得值比较接近。表中变压器 W 相套管的缺陷是在较高电压下被检测出来的,经查明:该套管在末屏向上一小段(向上第 6 屏)有放电痕迹,这充分表明在线检测更能发现绝缘缺陷,它比停电后加低压预试更为有效和及时。

从表 5-2 及一些试运行的情况看,只要是良好的电容式套管,在线测得的电容量 C_x 与停电测量值间的相对误差不超过 ±2%,测得 $tg\delta$ 值与停电测值在绝对值上的相差不超过 ±0.5%,也有的 $tg\delta$ 测值的误差已不超过 ±0.3%。

二、影响 $tg\delta$ 检测的主要因素

现场影响电容型设备 $tg\delta$ 测量的因素很多,也比较复杂,以下就从四个主要的方面进行讨论。

1. 运行中电压互感器(TV)角差变化的影响

在用 TV 提取标准电压信号的测量方法中,TV 低压侧和高压侧之间的相角差被认为是影响 $tg\delta$ 测量精度的一个主要因素。由于 TV 低压侧和高压侧之间存在一个固有的相角差,这一角差与 TV 的铁芯饱和程度有关,它是渐变

的,这可通过软件移动一个角度补偿。此外,TV 二次侧通常接有仪表,相当于 TV 的负载,它将在 TV 的二次侧和一次侧之间再叠加一个相角差,它随负载的变化而变化,是难以确定的。由于绝缘良好的设备 tgδ 在 0% ~ 1.0%,对 0.2 级 TV 来说,角差变化范围为 ± 10′,相当于介损 tgδ 值变化约 ± 0.29%,由此造成的测量误差几乎掩盖了设备绝缘的真实变化趋势,甚至使数据出现负值。工程测量 tgδ 值精度到 ± 0.1%,这就要求 TV 的角差变化范围在 3′ 以内。试验表明:只有 TV 的二次负载稳定的情况下能较正确地反映设备绝缘的变化。为解决这个问题,国内外也提出了修正方法或另辟新径的电压取样方法,如或用光电式 TV,或用标准电容分压器组成更精确测试回路等方法,都取得了良好的效果。

2. 现场综合电磁场的干扰

变电站电气设备会受到邻相设备、母线、铁架等的电磁场干扰,负荷电流变化时会产生干扰磁场,负荷电流三相不平衡或阻抗不对称时会产生零序分量的干扰,这些干扰统称为综合电磁场干扰。尤其是相间电场干扰对测量的影响最大。

3. 电力系统中谐波分量的影响

如:110kV 系统中电压总的谐波畸变率为 2.0%,奇次谐波电压含量为 1.6%,偶次谐波电压含量为 0.8%。实际系统中,影响 tgδ 测量的主要是三次谐波,如果采用低通滤波器能将三次谐波的含量限制在 1.0% 以内,则很容易将五次、七次谐波分别限制在 0.3% 和 0.1% 以内,此时谐波的影响就可以完全忽略不计。

4. 传感器角差的影响

不论采用何种测量方法,都需要用传感器将电容型设备的电流信号转换为电压信号。而任何传感器的输入和输出都是存在一定的相角差,并且这个相角差往往不是恒定的。因此,选择传感器时,必须根据实际的测量电流大小,最好使传感器工作于线性区域,这样其相角差就是恒定的,可以在软件处理中予以消除。

第三节　金属氧化物避雷器在线检测

金属氧化物避雷器 MOA 以其优异的非线性特性和大的通流能力而著称,它已作为过电压限制器广泛应用于电力系统。

在运行电压的作用下,MOA 中长期有工作电流通过,即通常所称的总的泄漏电流。一般认为,总泄漏电流包括阻性泄漏电流和容性泄漏电流,其中阻性泄漏电流是引起 MOA 劣化的主要原因。正常情况下,其大小仅占总泄漏电流的 10% ~ 20% 左右,加之 MOA 的非线性,现场测量的干扰等因素,使准确地在线检测阻性电流带来了一定的困难。比较有代表性的方法有:全电流(总泄漏电流)法、补偿法、谐波分析法。

一、全电流法

在电网电压不变的条件下,MOA 的容性泄漏电流基本不变,全电流的增加只能是阻性电流增加造成的,检测全电流的变化,亦即检测阻性电流的变化。这种方法简单、易行,无须进行任何处理。但是正常状况下,MOA 的容性电流远大于阻性电流,且两者基波又成 90°相位差,即使阻性电流增加一倍,测出的全电流有效值或平均值也无大的变化。因此,这种方法检测的灵敏度很低,只有在严重受潮,老化或绝缘显著恶化的情况下才能表现出明显变化。

二、补偿法检测阻性电流

电容电流补偿法是将施加在 MOA 两端的电压信号进行微分,得到一个与全电流中容性电流波形相同的补偿信号。将 MOA 的全电流信号经由电流传感器、放大器环节后,再与补偿电流信号分别送到差动放大器的同相和反相输入端,使全电流中的容性电流被抵消掉。补偿的过程就是将与 MOA 容性电流波形相同的补偿信号,经增益可调放大器自动反馈控制,得到与 MOA 的容性电流幅值相等的补偿电流信号的过程。经容性电流全补偿即全抵消处理就可得到阻性电流。

日本计测器制造所生产的 LCD-4 型泄漏电流检测仪就是基于这种原理设计的,其原理电路如图 5-1 所示。

由图 5-1 可见,差动放大器(DFA)的两个输入端分别输入全电流 i_x 信号以及补偿电流信号 $G_0 e_{sp}$,G_0 是放大器的增益,从被测相电压互感器 TV 的二次侧取样经光电隔离器 P 得到的信号 e_s,经过微分电路(DF),得到与容性电流波形相同的信号 e_{sp},再经自动增益电路(GCA)放大得到 $G_0 e_{sp}$,即 $G_0 \dfrac{\mathrm{d}u}{\mathrm{d}t}$,依靠自动调节电路达到

$$\int_0^{2\pi} e_{sp}(i_x - G_0 e_{sp})\mathrm{d}\omega t = 0 \tag{5-1}$$

的平衡条件时,即可得到阻性电流。

一般认为 LCD-4 仪器原理严谨,能对容性电流各次谐波分量进行补偿,可以得到阻性电流波形和峰值,并可以得到各次谐波电压产生的总功率。在实

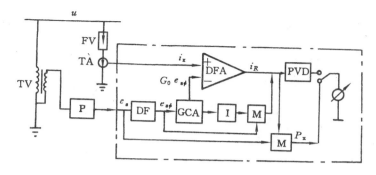

图 5-1　LCD-4 型泄漏电流检测仪原理接线

FV—MOA；TV—电压互感器；P—光电隔离器；DF—差分移相电路；

GCA—增益控制放大器；I—积分器；M—乘法器；

TA—钳形电流互感器；DFA—差动放大器；PVD—峰值测量电路

际应用中,由于实际情况比较复杂,还有一些因素是应充分考虑的:

● 现场相间耦合电容电流的干扰;

● MOA 中非线性电阻元件的交流伏安特性的滞迴现象;

● 系统中高次谐波影响的完全消除;

● TV 原副边发生较大相移的情况。

国内也利用补偿法研制有相应的仪器,并不同程度地考虑以上因素,从硬件、软件入手,使仪器不断完善,并用于电力系统中。

三、谐波分析法

基波法、三次谐波法以及各次谐波分析法统称以谐波分析为基础的方法检测 MOA 的阻性电流。

1. 基波法

这种分析法的主要依据是:在正弦电压作用下,MOA 的阻性电流中只有基波电流产生功耗,另外认为,无论谐波电压如何,阻性电流基波分量都是一个定值。因此,将全电流进行数字谐波分析,从中提取基波再分解为阻性电流和容性电流,由此得到阻性电流基波分量。根据阻性电流基波所占比例及其变化来判断 MOA 的工作状态。

测量原理如图 5-2 所示。电压信号经光电隔离进入电压跟随放大器 A_2,从 TA 取电流信号直接进入放大器 A_1,然后经 A/D 转换,将模拟信号转换为数字信号进入微型计算机分析处理,由显示窗显示或打印输出结果。

基波法可以检测阻性电流基波分量的变化,但实际运行经验和实验结果

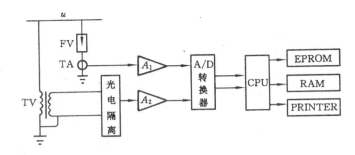

图 5-2 基波法检测阻性电流原理接线

表明,阻性电流高次谐波分量在一些情况下能灵敏地反映 MOA 的状态。而阻性电流高次谐波分量是受电网电压谐波影响的,因此必须研究在电网电压谐波影响下的阻性电流及高次谐波分量的变化,从这一角度看基波法也是存在缺陷的,也正在进一步改进和完善之中。

2. 三次谐波法

三次谐波法的原理是将 MOA 的全电流通过一个带通滤波器,滤出三次谐波分量,再经过放大器检出三次谐波分量的峰值。

在基波电压作用下,流过 MOA 中的电流也含有阻性电流三次谐波分量,测量 MOA 全电流中三次谐波电流的变化,也就是测量阻性电流三次谐波的变化,从而可以根据阻性电流三次谐波分量与阻性电流各次谐波分量之间的关系,达到检测 MOA 阻性电流变化的目的。

按这种方法制作的检测仪器主要由传感器、滤波电路组成,结构简单、现场测量简单易行,并免除测量对 TV 的依赖。但这种方法尚存在的问题是:

● 不同的 MOA, $i_R = f(i_{R_3})$ 的关系是不一样的;

● 阻性电流三次谐波分量无法反映 MOA 的受潮及污秽状况,而潮气和污秽都是造成 MOA 故障的主要因素;

● 电网电压有谐波成分时,三次谐波电压的存在将使 MOA 产生阻性电流三次谐波分量,如果不将它从检测结果中去掉,就会造成很大误差。

现已有对三次谐波法作改进的检测仪器,就是将检测的全电流三次谐波分量进行分解得到阻性电流三次谐波分量。

3. 各次谐波分析法

谐波法的具体原理为:设系统运行电压为

$$u = \sum_{k=1}^{2n+1} U_k \sin(k\omega t + \phi_k) \tag{5-2}$$

流过 MOA 的全电流为

$$i_X = \sum_{k=1}^{2n+1} I_{Xk}\sin(k\omega t + \theta_k) \tag{5-3}$$

$$i_X = i_C + i_R$$

并设

$$i_C = \sum_{k=1}^{2n+1} I_{Ck}\sin(k\omega t + \alpha_k) \tag{5-4}$$

由于

$$i_R = \sum_{k=1}^{2n+1} I_{Rk}\sin(k\omega t + \beta_k) \tag{5-5}$$

$$i_C = C\frac{\mathrm{d}u}{\mathrm{d}t} + u\frac{\mathrm{d}C}{\mathrm{d}t} \tag{5-6}$$

一般认为,在运行电压下,MOA 的电容变化很小,因此有 $\dfrac{\mathrm{d}C}{\mathrm{d}t}=0$,即有

$$i_C = C\frac{\mathrm{d}u}{\mathrm{d}t} = \sum_{k=1}^{2n+1} k\omega CU_k\cos(k\omega t + \phi_k) \tag{5-7}$$

若按如前所述补偿原理,其具体作法是将系统电压反相并前移 $\dfrac{\pi}{2}$,再乘以某一系数,作为补偿电流后与全电流相量相加,就得到了阻性电流,因此补偿电流为

$$i_m = m \cdot \sum_{k=1}^{2n+1} U_k\cos(k\omega t + \phi_k) \tag{5-8}$$

由式(5-7)可知,当 $m = k\omega C$ 时,得到阻性电流,因此补偿误差 Δi_C 为:

$$\Delta i_C = i_C - i_m = \sum_{k=3}^{2n+1} (k-1)\omega CU_k\cos(k\omega t + \phi_k) \tag{5-9}$$

从上式可知:当系统电压中的高次谐波含量较大时,会给补偿法带来较大测量误差,为尽量减小因测量原理造成的误差,方法是:采用快速傅氏变换(FFT)得到各次谐波,并认为 i_R 和 i_C 的同次谐波的相角差为 $\dfrac{\pi}{2}$,因此当 $k=1$ 时可以得到

$$\dot{I}_{R1} = I_{X1}\cos(\theta_1 - \phi_1)\angle\phi_1 \tag{5-10}$$

$$\dot{I}_{C1} = I_{X1}\sin(\theta_1 - \phi_1)\angle\left(\phi_1 + \frac{\pi}{2}\right) \tag{5-11}$$

同理也可得到阻性电流和容性电流的各次谐波分量。可见这种方法是基波法和三次谐波法的综合。已有一些单位用谐波法制作仪器,但当电力系统中谐波分量较大时,常会遇到困难。例如某 500kV 的 MOA,实际的 I_{R3} 为全电流的 4% ,如该系统中三次谐波电压达 3% ,则 I_{C3} 可能有 9% ,这时测到全电流

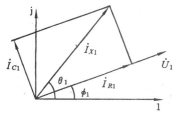

图 5-3　基波电流相量分析

的三次谐波可能占全电流的 9% 以上,从而难以做出正确的判断了。

谐波分析法仍建立在同次谐波电压与阻性电流是同相位的基础上的,即仍未考虑 MOA 中非线性电阻元件的滞迴特性,而将全电流减去容性电流各次谐波分量得到阻性电流,这才是合理的。

关于相间干扰的排除,限于篇幅,不多述。

第四节　神经网络理论在绝缘诊断中的应用

绝缘故障诊断实质上是一种模式分类和识别,在传统的模式识别技术中,模式分类的基本方法是利用判别函数来划分每一个类别。而采用神经网络进行诊断时,不必事先给出故障隶属函数,它借助网络本身所特有的自适应,自学习能力,能自动形成故障与征兆之间的函数关系,提高诊断的精度,为实现绝缘诊断的规范化和智能化,并与专家系统的结合提供了一定的基础。

一、神经网络诊断步骤

图 5-4 给出了神经网络诊断程序流程。

由图 5-4 可见,神经网络诊断方法的主要特点是基于对样本的学习训练。首先是对诊断参量进行选择,使其能够有效地对故障进行诊断,然后选择一个比较合理的网络结构组成神经网络。在网络结构的组建中,可以根据网络的训练精度来改变中间层数及节点数以建立最合理的网络。

神经网络进行诊断的实质就是将专家的知识和运行经验建立在网络结构中,从而使网络具有诊断能力。因此,只要样本数据较全面而且合理,其诊断结果都是可靠的。诊断网络训练的灵活性还在于一旦有新的样本,也可以将其作为样本重新训练神经网络,使其具有诊断新出现的故障的能力。

二、神经网络模型

有关神经网络的研究已成为智能科学与非线性科学领域的重要研究内容,并且有多种神经网络的模型,应用这些模型,对某些特定的问题进行求解,取得了一定成果。多层前馈神经网络是其中较为成熟的模型之一,其采用的 BP(Back-propagation)算法已经用于具体的诊断领域。

BP 神经网络有输入层、输出层和隐层,根据对实际问题的描述,各层可以

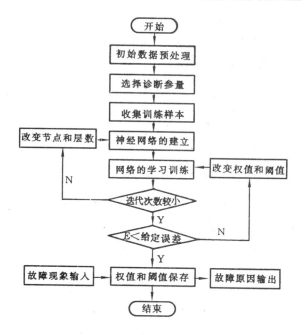

图 5-4　神经网络诊断程序流程

有多个神经元或节点。最基本的 BP 神经网络是一个三层前馈网络(见图
5-5),BP 算法的学习过程由正向传播过程和反向传播过程组成。在正向传播
过程中,输入信息从输入层经隐层单元逐层处理,并传向输出层。每一层神经
元的状况只影响下一层神经元的状况。如果输出层不能得到期望输出值,则
转入反向传播,将误差信号沿原来的连接通路返回,通过修改各层神经元的阈
值和节点间的权值,最终使误差函数达到给定的数值。

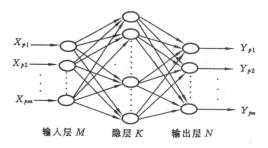

图 5-5　基本 BP 网络结构

对于某一样本 p，网络 $M—K—N$ 的前向计算过程为

● 输入层节点 i 的输出 O_{pi} 等于其输入 x_{pi}；

● 隐层节点 k 的输入

$$\mathrm{net}_{pk} = \sum_{i=1}^{M} W_{ki}O_{pi} + b_k \tag{5-12}$$

输出
$$O_{pk} = f(\mathrm{net}_{pk}) = 1/[1 + \exp(-\mathrm{net}_{pk})] \tag{5-13}$$

● 输出层节点 j 的输入

$$\mathrm{net}_{pj} = \sum_{k=1}^{K} W_{jk}O_{pk} + b_j \tag{5-14}$$

输出
$$O_{pj} = f(\mathrm{net}_{pj}) = 1/[1 + \exp(-\mathrm{net}_{pj})] \tag{5-15}$$

式中，W_{ki}、W_{jk} 分别为隐层节点 k 与输入节点 i，输出层节点 j 与隐层节点 k 之间的连接权；b_k 和 b_j 分别为相应节点的阈值。

误差的反向传播过程为：

● 对于输出层与隐层节点间的连接权 W_{jk} 和阈值 b_j 有

$$\left.\begin{array}{r} \Delta_p W_{jk} = \eta\delta_{pj}O_{pk} \\ \Delta_p b_j = \eta\delta_{pj} \end{array}\right\} \tag{5-16}$$

式中
$$\delta_{pj} = (d_{pj} - y_{pj})y_{pj}(1 - y_{pj})$$

● 对于隐层与输入层节点间的连接权 W_{ki} 和阈值 b_k 有

$$\left.\begin{array}{r} \Delta_p W_{ki} = \eta\delta_{pk}O_{pi} \\ \Delta_p b_k = \eta\delta_{pk} \end{array}\right\} \tag{5-17}$$

式中
$$\delta_{pk} = O_{pk}(1 - O_{pk})\sum_{j=1}^{N} W_{jk}\delta_{pj} \tag{5-18}$$

η 为学习率。

BP 网络学习过程的实质是通过不断地调整权值及阈值使误差函数 E 达到给定的精度。误差函数 E 定义为期望输出与实际输出之差的平方和

$$E = \frac{1}{2}\sum_{i=1}^{P}\sum_{j=1}^{N}(y_{ji} - d_{ji})^2 \tag{5-19}$$

式中，N 是输出层神经元的数目；p 是训练样本的数目；y_{ji} 是网络的实际输出；d_{ji} 是网络的期望输出。

三、神经网络诊断实例

以变压器故障现象和故障原因之间的关系矩阵为分析对象，如表 5-3 所示，由变压器油中含气色谱分析将故障现象分为 6 种，故障原因共有 5 种。在

故障现象集和故障原因集中,"1"表示故障现象或原因存在,"0"表示不存在。将表中的样本集输入 BP 网络进行学习训练,训练结束后,就可以进行诊断。

这里选用三层 BP 网络进行训练,其网络的拓扑结构为 6—10—5,输入层节点数为 6 个对应故障现象,输出层的节点数为 5 个对应故障原因,网络的误差函数 $E \leq 0.01$,6 个故障现象分别为

甲烷和烯烃类占氢类和烃类总含量 50% 以上,而 CO 和 CO_2 的含量分别与正常值相当;

甲烷和烯烃类浓度较高,CO 和 CO_2 的含量高于正常值;

乙炔、总烃含量较高;

甲烷、乙烯和总烃含量特别高,乙炔含量高于正常值;

除 H_2 含量明显增加,其它成分不变;

各成分都有上升趋势,甲烷和氢较明显。

从表 5-3 可以看出,BP 网络用于故障诊断,其实质是建立故障现象与故障原因之间的一种非线性映射。这种非线性映射不是显式的,而是隐含在已训练好的网络的内部连接权值和阈值中。

表 5-3　变压器故障现象与故障原因训练样本集

训练样本集 故障原因	故障现象(输入) 1 2 3 4 5 6	故障原因(输出) 1 2 3 4 5
1. 裸金属过热、分接开关接触不良	1 1 1 0 0 0	1 0 0 0 0
2. 油中有铁锈或水分杂质、油中发生放电	1 0 0 0 1 1	0 1 0 0 0
3. 过负荷使固体绝缘大面积过热	0 1 0 0 0 0	0 0 1 0 0
4. 分接开关接触不良发生放电或防雨罩悬 　浮电位放电	0 0 1 0 0 1	0 0 0 1 0
5. 箱内有金属异物、导致铁芯多点接地	0 0 0 1 1 1	0 0 0 0 1

建立了神经网络诊断系统,就可以对实际的检测数据进行分析诊断。为了检验网络训练程度和诊断效果,又引入已知的二例:故障现象和故障原因都为已知,作为检验样本实例。将二例的故障现象输入,看诊断结果与已知的故障原因一致性程度。

例 1　根据变压器油色谱测定的数据,经分析确定故障现象为(110000);例 2 故障现象为(001100),为便于比较,将本节用神经网络对故障诊断结果与后面将要讲述的用专家系统对故障诊断结果同列于表 5-4。

表 5-4　变压器故障诊断结果

	故障原因	1	2	3	4	5	取整输出
例 1	神经网络诊断	0.910694	0.008729	0.004678	0.000955	0.000032	(10000)
	专家系统诊断	0.9	0.0	0.0	0.0	0.0	(10000)
例 2	神经网络诊断	0.000170	0.000004	0.002417	0.995994	0.107014	(00010)
	专家系统诊断	0.0	0.0	0.0	0.9	0.0	(00010)

从表 5-4 可以看出,神经网络与专家系统都具有较好的诊断效果,其诊断结果是可靠的(阈值取 0.9 近似为 1)。

第五节　小波分析在绝缘诊断中的应用

采用电气法对绝缘在线检测是在运行电压下测量其特征参量,通常选择作用于绝缘上的电压和流过绝缘的泄漏电流这两个较能全面反映绝缘性能变化及其特征的状态变量作为被测量,因此正确得到这两个信号对于合理分析绝缘状态具有决定作用。而运行现场存在电磁干扰,且信号通道往往由于一些模拟元件的热噪声等影响,也易于产生各种干扰,使被检测信号受到不同程度的污染。如白噪声污染等。

现多采用软件即以软代硬的抗干扰技术。前面已经提到 FFT 是抗高次谐波干扰的一种好方法。但是这种传统的频谱分析方法(FFT)在时域中没有任何分辨率,它不能满足混有白噪声干扰的一些快变信号(如局部放电辐射电磁信号)特征分析的要求。而小波变换具有信号特征分析所要求的时、频域同时局部分析的特点,可更有效地处理突变信号,非常灵活地对奇异特征提取与时变滤波等功能,从而为设备的绝缘状态分析提供强有力的信息。

下面将介绍小波变换理论,结合例子阐述小波分析在绝缘在线检测与诊断中的应用。

一、小波变换

1. 连续小波变换

若 $\psi(t)$ 为复变函数,经傅里叶变换有下式成立

$$C_\psi = \int_0^\infty | \hat{\psi}(w) |^2 \frac{\mathrm{d}w}{w} < \infty \tag{5-20}$$

则可称 $\psi(t)$ 为一个小波。

若将 $\psi(t)$ 通过平移伸缩成一族函数 $\psi_{a,b}(t)$,则它与 $\psi(t)$ 有下列关系成

立

$$\psi_{a,b}(t) = \frac{1}{\sqrt{a}}\psi\left(\frac{t-b}{a}\right) \tag{5-21}$$

式中，b 为平移因子，a 为伸缩因子；b，$a \in R$，且 $a \neq 0$。

由此称 $\psi(t)$ 为基小波（母小波），$\psi_{a,b}(t)$ 为子波（连续小波）。

信号 $f(t)$ 的小波变换记为 $W_f(a,b)$，也就是需进行如下式运算，有

$$W_f(a,b) = \int_{-\infty}^{+\infty} f(t)\,\overline{\psi_{a,b}(t)}\,\mathrm{d}t \tag{5-22}$$

式中，$\overline{\psi_{a,b}(t)}$ 是 $\psi_{a,b}(t)$ 的共轭，它在时域频域都同时具有局部化性质。

2. 二进小波变换

实际中是用计算机完成这项工作，需要将连续小波及其变换用二进制离散化，因此令上述、$b = na$，$a = 2^m$，m、n 为整数，信号 $f(t)$ 经离散二进小波变换为

$$C_{mn} = \frac{1}{2^{\frac{m}{2}}} \int_{-\infty}^{+\infty} f(t) \cdot \psi\left(\frac{t}{2^m} - n\right)\mathrm{d}t \tag{5-23}$$

由式（5-23）可见，二进小波变换实际上就是对信号 $f(t)$ 通过一个冲击响应为 $\psi\left(\frac{t}{2^m} - n\right)$ 的滤波器。当 m 增大时，$\psi\left(\frac{t}{2^m} - n\right)$ 较原来的 $\psi(t)$ 扩宽；当 m 减小时，$\psi\left(\frac{t}{2^m} - n\right)$ 则较 $\psi(t)$ 压缩，且位置也变化，步长 $n/2^{-m}$ 也变化。这样一来，具有窄时窗的小波段能得到高频瞬变信号，而宽时窗小波段则能反映信号的低频成分。

3. 二进小波的分解与重构

信号 $f(t)$ 的离散二进小波分解与重构过程如图 5-6 所示。图中，C_0 为原信号，$C_0 = \{f(t) \times \varphi(n)\}$，$\varphi$ 为尺度函数，H、G 分别为二进小波相应的低通和高通滤波器的脉冲响应函数；$C_{1,2,\cdots,j}$ 为不同尺度下的平滑分量，$D_{1,2,\cdots,j}$ 为不同尺度下的小波分量，它们间存在 $C_j = C_{j-1} \cdot H$，$D_j = D_{j-1} \cdot G$ 的关系。因此实际计算中是通过构造 φ 和 ψ 及平滑函数得到相应的滤波系数 $H(n)$、$G(n)$ 的。

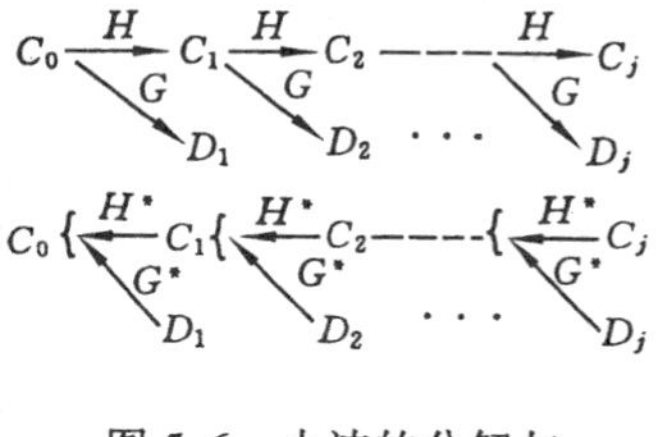

图 5-6　小波的分解与重构过程

二、局部放电信号的小波分析

局部放电在线检测是高压电器设备绝缘状况诊断的有效手段，应用小波

变换理论对局部放电产生的高频辐射电磁信号进行多分辨率分析,来判断局部放电的类型及绝缘老化程度。它有抗干扰强、能真实反映局放波形等优点,已成功地应用于 GIS、电机的绝缘检测中。

1. 局放信号的数学描述

研究表明:局放脉冲的上升沿为 ns 级,脉宽为几个到几十 ns,如图 5-7 所示。它可用高斯分布函数近似描述

$$i(t) = I_0 \exp[-(t - T_2)^2/(2T_1^2)] \tag{5-24}$$

式中,I_0 为脉冲峰值;T_1 为脉冲特征宽度;T_2 为波长,$T_2 = 2.36T_1$。

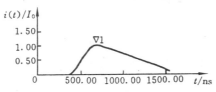

图 5-7　局放脉冲波形

2. 小波分析

根据小波变换的原理,对混有高斯白噪声的微弱局部放电的电磁信号进行多尺度分析。随着多分辨率近似分解级数的增加,C_j 保留了原始信号的低频成分,也就是原信号的大致轮廓,而 D_j 则反映了原信号中相应的高频成分。局部放电的小波变换如图 5-8 所示。由图可见,随着尺度的增加,局部放电的低频成分明显地呈现出来,高频成分减小,白噪声也逐渐减小,并且在不同尺度上反映了局放信号的不同频率组成和所占比例。

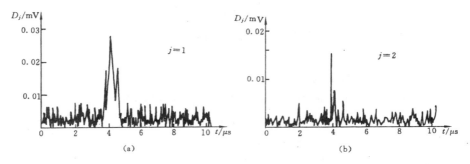

图 5-8　不同尺度的小波变换

此外,通过局放信号特征的小波变换发现:放电量小的信号谱分布(图 5-9(a))主要在高频区,随着放电量的增大,谱图分布区域由高频移向低频(图 5-9(b)),谱图的变化反映了局部放电量的变化。在信号的谱图中随着低频分量幅值增大,其持续时间也加长(图 5-10(a)、(b))。因此,积累检测数据,分析谱图的变化规律,将有助于推动局部放电检测与诊断技术的进展,进而揭示

绝缘劣化的过程。

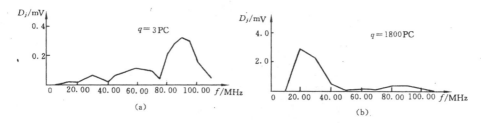

图 5-9　不同放电量的谱图

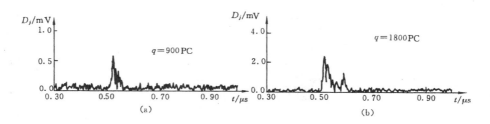

图 5-10　不同放电量谱图低频分量的持续时间

第六节　专家系统在绝缘诊断中的应用

绝缘在线检测所用的专家系统一般由数据采集及管理程序、数据库、推理机、知识库、机器学习程序等模块组成。由主模块统一调用。

一、专家系统的基本结构

图 5-11 为专家系统的基本结构。在专家系统的编制过程中,知识库的建立是很重要的一环。因为它不但在初次建库时要广泛搜集专家经验,而且在使用过程中还要便于进一步修改、补充与完善。只有这样,才能在运行中根据数据库的数据等做出正确的推理。

二、专家系统的编制

在编制整个变电所甚至整个电业部门各种变电设备的在线检测专家系统时,可以有不同的分类方法,现多按设备分类即数据管理是按设备进行管理的,分析判断时按电容型试品、色谱型试品及电阻型试品三大类来编制专家系统,如图 5-12 所示。

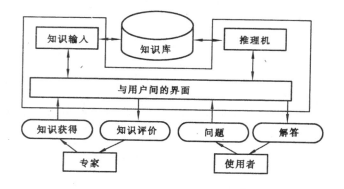

图 5-11   专家系统的基本结构

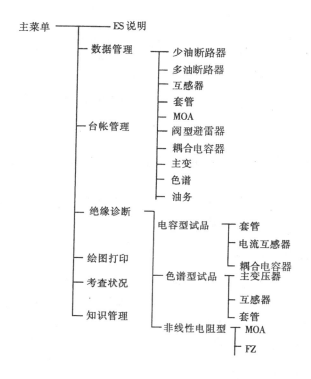

图 5-12   一种分类编制的主菜单

其推理过程仍然是:数据采集→计算或校正→分析诊断→匹配规则→正确评估→显示打印或报警等。

在编制专家系统时,不但要表达规程中的要求,而且要充分吸收成熟的运行经验,吸收有经验的专家的专长,不受约束地提供咨询、建议。当知识库里充分汇总了有关的专家知识后,再利用这些知识进行纵向、横向等比较。这样来评估电气绝缘状况才会更加符合实际。

三、专家系统应用实例

从国外已采用的专家系统的诊断结果分析看,其正确率是相当高的。表5-5为日本对945例情况所作的对比分析,反映了专家系统诊断的效果。

表5-5　日本对945例分析统计

分析判断的比较		用专家系统的分析得			总计
		异　常	注　意	正　常	
由有经验专家的判断得	异常	44	2	0	46
	注意	6	84	6	96
	正常	0	10	793	803
总计		50	96	799	945

以下以电力变压器状态检测与诊断为例说明国内外专家系统的应用状况。

● 表5-6为日本对33kV、10MVA及154kV、154MVA的两台变压器的分析判断及解体结果,由结果可见其一致性也相当高。

表5-6　日本用专家系统分析的实例

事例分析		分析判断的项目					未解体前综合进行分析判断	解体检查结果
		油含气量	气体图形	气体比率	绝缘油	固体绝缘		
33kV三相10MVA	靠专家分析	异常	C_2H_4主导	高温过热	正常	烧损可能性大	因裸导体接触不良引起过热	主要为分接开关接触不良而热烧损
	由专家系统分析	异常	C_2H_4主导	高温过热	正常	烧损可能性大	因接触或漏电流引起过热,且固体可能烧损	
154kV三相154MVA	靠专家分析	异常	C_2H_4主导	高温过热	—	烧损可能性小	绕组无异常而裸金属过热	因漏电流引起局部过热
	由专家系统分析	异常	C_2H_4主导	高温过热	—	烧损可能性小	因接触或漏电流而过热,裸金属过热	

● 美国麻省理工学院提出的基于模型的诊断方法(图5-13),计算出自适应的阈值,并于1997年用于220kV,185MVA的三相电力变压器(见图5-14)。

图 5-13   一种自适应确定
阈值的方案

图 5-14   变压器在线检测与诊断装置

● 比利时已将决策树分析方法用于油中气体分析诊断,按 H_2、CO、CH_4、C_2H_2、C_2H_4、C_2H_6 这几个参数含量将变压器的状况分为正常(A 类)、油纸轻度裂解(B 类)、重度(C 类)及很重度(D 类)4 类,可按图 5-15 来动态地考虑下次取样时间及是否采用在线检测等。

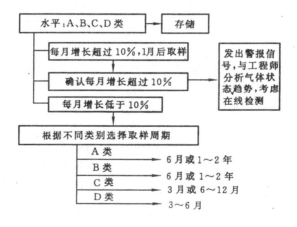

图 5-15   油中气体分析诊断的决策树

● 不少国家已有整套检测与专家诊断系统,如德国对 200MVA,350MVA 的变压器分别装了检测系统,每台变压器都装有 45 个以上的传感器用于测电压、电流、分接开关状态、温度、油中水分、气体、套管油压等。由调制解调器与分析中心相连。

● 我国已有对变压器进行分析诊断的专家系统,将测得的数据(色谱、泄漏电流、tgδ、油的电气性能及含水量)都存入数据库,由主模块调出相应数据与知识库里专家知识等进行对比分析,显示打印结果。

以上说明各国都纷纷研究推广新技术,总结经验,因地制宜取得较好的效益。

四、专家系统的局限性

应该看到这类专家系统的特点是,在症状和原因之间所建立的对应关系大多采用基于规则的知识表示方法。目前,它存在着两个方面的局限性:一是知识获取的瓶颈问题,即通常这种系统的知识获取主要依靠人工移植,要由知识工程师将领域的专家知识移植到计算机中,这一间接方式费时,效率低;另一个是由于推理方法简单,诊断策略不灵活,因而推理能力较弱,容易出现匹配冲突,当遇到一个没有相应规则与之对应的新故障时,系统就会完全不起作用。

五、基于神经网络的绝缘故障诊断专家系统

以非线性并行处理为主流的人工神经网络理论的发展,为人工智能和专家系统的研究开辟了新的途径,因此,可以利用神经网络的自适应、自学习、联想记忆和分布式信息处理等功能,解决专家系统中的知识获取和并行推理等问题,将专家系统和神经网络结合起来,建立起基于神经网络的故障诊断专家系统。

神经网络专家系统主要包括知识的获取、表示和知识的推理机制两个部分。

知识获取是专家系统中的瓶颈问题,而采用神经网络,可通过对样本进行训练学习来实现知识的获取。知识推理是知识利用的基础,神经网络专家系统的推理机制基本上是数值计算过程。

将神经网络专家系统用于 MOA 的故障诊断,常用的 MOA 的测试参数有:直流参考电压、工频参考电压、绝缘电阻、全电流、阻性电流、功率损耗、局部放电等。另外根据有关资料,MOA 发生故障的原因有:内部受潮,表面污秽,非线性电阻元件质量不良,机械负荷,选型不当,自然灾害等。

在建立模型时,应将 MOA 投运前的参数测试结果,作为测试的历史数据存入历史库,同时利用大量的 MOA 事故测试参数来训练神经网络,并将与MOA 有关的知识存入知识库(如 MOA 的结构及功能等),按这种思路建立的MOA 神经网络专家系统模型的结构框图如图 5-16 所示。

以上系统结构,能够充分挖掘专家系统的知识,能对推理行为进行解释,并可利用深层知识来诊断新故障等优点,又能够充分发挥神经网络从经验中学习的优点。因而,基于神经网络 MOA 故障诊断专家系统能够保证诊断的可靠性、高效性和完备性。

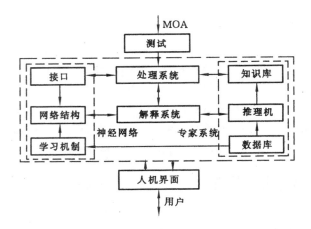

图 5-16 MOA 故障诊断神经网络专家系统结构

习 题

5-1 为什么电气绝缘在线检测具有停电预防性试验不可取代的优点？

5-2 简要总结"停电后非破坏性试验、耐压试验、在线检测"各种测试绝缘方法的作用和特点。

5-3 结合绝缘介损正切 $tg\delta$ 的在线检测分析现场干扰来源，应如何消除？

5-4 MOA 的在线检测有哪几种方法，评述这些方法测量阻性电流的准确程度？

5-5 神经网络、小波变换、专家系统在电气绝缘诊断中有哪些应用？

第三篇　电力系统过电压与绝缘配合

本篇以线路和绕组的波过程理论为基础,讨论雷电过电压和内部过电压的产生机理、发展过程、影响因素和防护措施,以及电力系统绝缘配合问题。

第六章　线路和绕组中的波过程

本章介绍用行波的概念分析线路波过程的物理图景,并从这种图案上得到波的折、反射传播规律;用驻波的概念分析绕组中的波过程。

第一节　单导线波过程

一、均匀无损长线

单根输电线路如图 6-1(a)所示,当有电流流过时,在它周围空间建立起磁场,导线链有磁通。当磁通变化时,导线上将产生自感压降 $u_L = L\dfrac{\mathrm{d}i}{\mathrm{d}t}$,所以可用参数 L 来表示这个效应,显然这个 L 是沿着导线分布在每一单元长度 $\mathrm{d}x$ 线段上的,用 $L_0\mathrm{d}x$ 表示。线路上有电流流过,即有电荷运动,所以在导线周围空间建立起电场,导线对地有电压存在。当电场变化时,导线对地就有电容电流流过,这一效应可用参数 C 来表示,$i_c = C\dfrac{\mathrm{d}u}{\mathrm{d}t}$,同时这个电容 C 也是沿线分布的,在每一单元长度 $\mathrm{d}x$ 上用 $C_0\mathrm{d}x$ 表示。此外,导线有一定的电阻 R,线路绝缘子对地有泄漏电流,发生电晕时,有电晕损失,即电磁波传播出现衰减及变形。后面两个效应可用电导 G 来表示,这些参数(R、G)也是沿线分布的。由于输电线路直径和对地距离变化不大,所以 R_0、L_0、C_0、G_0 可以认为是均匀的,如图 6-1(b)所示。又由于一般导线 $R \ll X_L$,G 也较小,所以可忽略 R、G,这样可使计算大为简化,物理本质更加清楚明了,这种仅由 L、C 组成的链形回路,称为均匀无损长线,如图 6-1(c)所示。

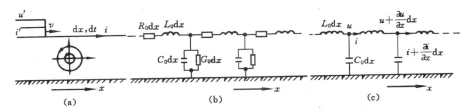

图 6-1　均匀无损长线

二、波过程的物理图景

参看图 6-1(a),设 dt 时间内,行波前进了 dx 距离,则长度为 dx 的线路被充电,使其电位为 u,在这段时间内,导线获得的电荷为

$$dq = u dC = u C_0 dx$$

充电电流

$$i = \frac{dq}{dt} = u \frac{dC}{dt} = u C_0 \frac{dx}{dt} \tag{6-1}$$

同理,也可把行波建立磁场的过程,用完全相似的式子表示,行波前进 dx 距离,磁通的增加量为

$$d\Phi = i dL = i L_0 dx$$

导线与地间电压:

$$u = \frac{d\Phi}{dt} = i \frac{dL}{dt} = i L_0 \frac{dx}{dt} \tag{6-2}$$

将(6-1)式乘(6-2)式,可得行波的传播速度

$$v = \frac{dx}{dt} = \pm \frac{1}{\sqrt{L_0 C_0}} \tag{6-3}$$

式中,正、负号分别表示行波传播的两个可能方向。

将(6-2)式除以(6-1)式,消去 $\frac{dx}{dt}$,可得到反映电压波和电流波关系的波阻抗

$$Z = \frac{u}{i} = \pm \sqrt{\frac{L_0}{C_0}} \tag{6-4}$$

式中,波阻前的正、负号在后面讨论电压波与电流波间的关系时给予说明。

波阻抗是表征分布参数电路特点的最重要参数,它是储能元件,表示导线周围介质获得电磁能的大小,具有阻抗的量纲,是一常量,其值决定于单位长度导线的电感和电容。如:架空导线的 $L_0 \approx 1.6 \times 10^{-6}$ H/m, $C_0 \approx 7 \times 10^{-12}$ F/m,

代入(6-4)式,可得架空线的波阻为 $Z = 470\Omega$。

将(6-4)式改写,可以得到

$$\frac{1}{2} L_0 i^2 = \frac{1}{2} C_0 u^2 \tag{6-5}$$

由此可以看出,导线单位长度所具有的磁场能量恒等于电场能量,这正是电磁波传播过程的基本规律,导线单位长度的总能量 W 为 $C_0 u^2$ 或 $L_0 i^2$。若设行波在导线上的传播速度为 v,它使导线获得磁场能 $\frac{1}{2} L_0 i^2 v$ 和电场能 $\frac{1}{2} C_0 u^2 v$,那么单位时间内导线获得总能量(功率)将为

$$W = \frac{1}{2} C_0 u^2 v + \frac{1}{2} L_0 i^2 v = 2 \times \frac{1}{2} L_0 i^2 v$$

$$= L_0 \frac{i^2}{\sqrt{L_0 C_0}} = Z i^2$$

这么多能量正是电压波和电流波伴随着沿导线传播时散布在周围介质中的功率。

三、波动方程及其解

为了求得均匀无损单导线线路行波的表达式,从图6-1(c)回路中任一环节的方程出发进行研究。取离首端为 x 的环节,注意到电压 u 和电流 i 都是 x 和 t 的函数,由图6-2可以建立以下一组偏微分方程,也就是均匀无损线方程

$$\left. \begin{array}{l} -\dfrac{\partial u}{\partial x} = L_0 \dfrac{\partial i}{\partial t} \\[2mm] -\dfrac{\partial i}{\partial x} = C_0 \dfrac{\partial u}{\partial t} \end{array} \right\} \tag{6-6}$$

式(6-6)表示电压沿 x 方向的变化是由于电流在 L_0 上的电感压降,电流沿 x 方向的变化是由于在 C_0 上分去了电容电流,负号表示在 x 的正方向上电压电流都将减少。

由式(6-6)分别对 u、i 联解,可得一组二阶偏微分方程,也就是波动方程

$$\left. \begin{array}{l} \dfrac{\partial^2 u}{\partial x^2} = L_0 C_0 \dfrac{\partial^2 u}{\partial t^2} \\[2mm] \dfrac{\partial^2 i}{\partial x^2} = L_0 C_0 \dfrac{\partial^2 i}{\partial t^2} \end{array} \right\} \tag{6-7}$$

应用拉氏变换和延迟定理,不难求得式(6-7)的解为

$$u = u_1(x - vt) + u_2(x + vt) = u' + u'' \tag{6-8}$$

$$i = i_1(x - vt) + i_2(x + vt) = i' + i'' \tag{6-9}$$

式(6-8)表明：$u_1(x - vt)$代表一个以速率 v 向 x 的正方向行进的波，叫前行电压波，记为 u'，$u_2(x + vt)$ 代表一个以速率 v 向 x 的负方向行进的波，叫反行电压波，记为 u''。同样，称式(6-9)中 $i_1(x - vt)$ 为前行电流波，$i_2(x + vt)$ 为反行电流波，分别记为 i' 和 i''。

图 6-2 绘出了电压波和电流波间的关系。

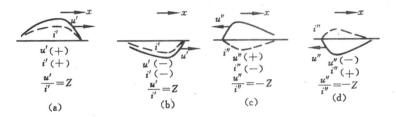

图 6-2　电压波和电流波间的关系

图中：电压波的符号只取决于导线对地电容上所充电荷的符号，而与电荷的运动方向无关，图 6-2(a)、(c)中电荷符号为 + ，因此它们的电压波为 + 号。图 6-2(b)、(d)中电荷符号与图 6-2(a)、(c)相反，因此它们的电压波为 - 号；而电流波的符号不仅与相应电荷符号有关，而且也与电荷运动方向有关，一般取正电荷沿着 x 正方向运动所形成的波为正电流波，因此图 6-2 中(a)的电流波为 + ，图 6-2(b)为负电荷沿 x 正方向运动则电流波为 - ，图 6-2(c)为正电荷逆着 x 正方向运动则电流波为 - ，图 6-2(d)为负电荷逆 x 正方向运动则电流波为 + 。由图分析可以得出：前行电压波除前行电流波，波阻前带正号，反行电压波除反行电流波，波阻前带负号，而前行与反行是由假定运动方向决定的。

因此有：
$$\frac{u'}{i'} = Z \tag{6-10}$$

$$\frac{u''}{i''} = - Z \tag{6-11}$$

利用式(6-8)、式(6-9)、式(6-10)、式(6-11)四个基本方程，加上边界条件和初始条件，就可计算出导线上任意点的电压和电流。

第二节　波的折射与反射

上节已经分析了波沿均匀无损长线的传播过程，导线上的电压波和电流波之间的关系是由线路波阻决定的。但是如果此无限长线路不是均匀的而是由两段波阻不同的导线组成时,如图6-3所示。导线1中电压波对电流波的比值与导线2中电压波对电流波的比值将不同。也就是说,前行电压波和电流波在两导线的连接点 A 处也必将发生变化,从而造成了波的折射。另一方面,由于在两导线的连接点上的电压和电流只能有一个值,因此波在连接点除了有折射外一定还有反射。可以运用波传播的基本规律和节点电压电流连续原理来计算折射波和反射波。

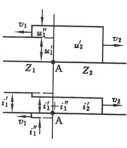

图 6-3　$Z_2 > Z_1$ 时波的折、反射

一、折射波和反射波的计算

以图6-3为例,设有幅值为 u'_1 和 i'_1 的电压和电流波沿导线1入射,在其未到达连接点 A 时,导线 1 上将只有前行电压波和电流波(u'_1, i'_1),当它们到达 A 点时将折射为沿导线 2 前行的电压和电流波(u'_2, i'_2),同时出现沿导线 1 反行的电压波和电流波(u''_1, i''_1)。由于在连接点 A 处只能有一个电压值和电流值,因此必然有

$$\left.\begin{array}{l} u'_1 + u''_1 = u'_2 \\ i'_1 + i''_1 = i'_2 \end{array}\right\} \tag{6-12}$$

式中

$$i'_1 = \frac{u'_1}{Z_1}$$

$$i''_1 = -\frac{u''_1}{Z_1}$$

$$i'_2 = \frac{u'_2}{Z_2}$$

代入得

$$\left.\begin{array}{l} u'_2 = \dfrac{2Z_2}{Z_1 + Z_2} u'_1 = \alpha u'_1 \\[2mm] u''_1 = \dfrac{Z_2 - Z_1}{Z_1 + Z_2} u'_1 = \beta u'_1 \end{array}\right\} \tag{6-13}$$

称 α 为电压折射系数,β 为电压反射系数。

根据 $u'_1 + u''_1 = u'_2$,可以得到 α、β 间存在如下关系:

$$1 + \beta = \alpha$$

下面就 Z_1、Z_2 数值的一些典型情况,来分析计算波的折、反射规律。

1. 线路末端开路

线路末端开路,$Z_2 = \infty$,有 $\alpha = 2$,$\beta = 1$,线路末端电压 $u_2 = u'_2 = 2u'_1$,电

压反射波 $u''_1 = u'_1$。末端电流 $i_2 = 0$,电流反射波 $i''_1 = -\dfrac{u''_1}{Z_1} = -\dfrac{u'_1}{Z_1} = -i'_1$,

分析结果如图 6-4 所示。由图可见,在线路末端由于电压波正的全反射,在反射波所到之处导线上的电压比电压入射波提高了一倍。

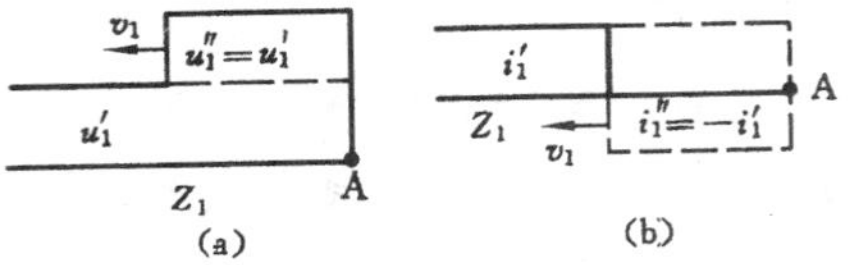

图 6-4　末端开路时波的折、反射
(a)电压波;　(b)电流波

　　线路开路末端处电压加倍、电流变零的现象可从能量的观点进行解释:开路末端处的电流总是为零,电流在此处发生负的全反射,使电流反射波所流过的线段上的总电流变为零,储存的磁场能量亦变为零,全部转为电场能量。在反射波已到达的一段线路上,单位长度所吸收的总能量 W 等于入射波能量的两倍,而入射波能量储存在单位长度线路周围空间的磁场能量恒等于电场能量,因而可得

$$W = 2\left[\frac{1}{2}C_0 u'^2_1 + \frac{1}{2}L_0 i'^2_1\right] = 2C_0 u'^2_1$$

设此时的线路电压升为 u_x,则储存的电场能量应为 $\dfrac{1}{2}C_0 u_x^2$。

令 $\dfrac{1}{2}C_0 u_x^2 = 2C_0 u'^2_1$,即可得 $u_x = 2u'_1$。可见电流入射波在开路末端作负的全反射后,全部磁场能量都转为电场能量储存起来,线路电压上升为两倍。

　　过电压波在开路末端的加倍升高对绝缘是很危险的,在考虑过电压防护措施时对此应给予充分的注意。

2. 线路末端接地

　　线路末端接地 $Z_2 = 0$,有 $\alpha = 0$,$\beta = -1$,线路末端电压 $u_2 = u'_2 = 0$,电压反射波 $u''_1 = -u'_1$,电流反射波 $i''_1 = -\dfrac{u''_1}{Z_1} = \dfrac{u'_1}{Z_1} = i'_1$,反射波到达范围内导线上的总电流 $i_1 = i'_1 + i''_1 = \dfrac{2u'_1}{Z_1} = 2i'_1$,分析结果如图 6-5 所示。

　　从能量角度看,线路末端短路接地时电流加倍,电压变零,这是由于全部能量都转化为磁能的原因。

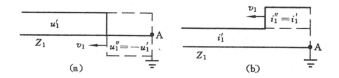

图 6-5　末端接地时波的折、反射

(a)电压波；　(b)电流波

3. 线路末端接有负载

线路末端接有负载 $R = Z_1$，有 $\alpha = 1$，$\beta = 0$，这种情况下既无电压反射波，$u''_1 = 0$，也无电流反射波 $i''_1 = 0$，如图 6-6 所示。

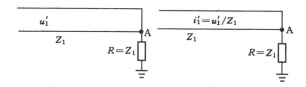

图 6-6　末端接有 $R = Z_1$ 时波的折、反射

因此，在高压测试中，常在电缆末端接匹配电阻以消除该处折、反射所引起的测量误差。

二、计算折射波的等值电路

前面已推导过

$$u'_2 = \alpha u'_1 = \frac{2Z_2}{Z_1 + Z_2} \cdot u'_1 = 2u'_1 \cdot \frac{Z_2}{Z_1 + Z_2}$$

从此式可以看出，要计算分布参数输电线路上节点 A 的电压 u'_2，可以首先构造如图 6-7(a)的集中参数等值电路：

● 把沿线路传来的电压波 u'_1 加倍作为等值电压源；

● 线路波阻抗 Z_1 用数值相等的电阻来代替作为等值电压源内阻；

● Z_2 为负载，负载可以是波阻抗(同 Z_1)，也可以是电阻、电感、电容等集中参数。

再求等值回路中 A 点的电压，即电压折射波 u'_2。这就是计算折射波 u'_2 的等值电路法则，亦称彼德逊法则。

利用这一法则，可以把分布参数电路中波过程的许多问题转化为集中参数电路的暂态计算问题。

　　这里所说是电压源等值电路,也可以用电流源等值电路来代替。如图 6-7(b)所示,实际计算中遇到已知电流源(如雷电流)的情况,采用电流源等值电路将更简单方便。

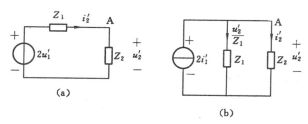

(a)　　　　　　　　　　　　　　　　(b)

图6-7　计算折射波的电压源等值电路和电流源等值电路

　　必须指出,计算折射波等值电路的使用条件是:

　　● 行波沿分布参数的线路传来,行波才加倍;

　　● 线路 Z_2 中没有反行波,或 Z_2 中的反行波尚未到达 A 点,即结点处仅一次折、反射。

　　下面先以求取变电所的母线电压为例,具体说明彼德逊法则的应用。

　〔**例 6-1**〕　某变电所的母线上有 n 条出线,其波阻抗均为 Z,如图 6-8 所示。当其中一条线路遭受雷击时,即有一过电压波 $u'(t)$ 沿该线进入变电所,求此时母线的电压 u_A。

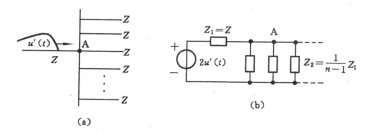

(a)　　　　　　　　　　　　　　　　(b)

图6-8　有 n 条出线的变电所母线电压计算

　　解：由图 6-8(a)接线示意图和图 6-8(b)等值电路图,可求得

$$u_A(t) = 2u'(t)\frac{\dfrac{Z}{n-1}}{Z+\dfrac{Z}{n-1}} = \frac{2}{n}u'(t)$$

由此可见：当 $n=1$，$u_A(t)=2u'(t)$说明只有一条出线的终端变电所母线上过电压最高，应采取措施；当 $n=2$，$u_A(t)=u'(t)$，相当于 $Z_2=Z_1$，没有反射的一条进线一条出线的中间变电所里发生的现象；当变电所母线上接的线路数越多，则母线上的过电压越低。因此，在变电所的过电压防护中应针对具体情况分别加以考虑。

以下再以行波穿过电感和旁过电容的情况来进一步说明彼得逊法则在波过程计算中的应用。

〔例 6-2〕 试分析波穿过电感和旁过电容的折、反射。

解： 在实际系统中，电磁波传播往往要穿过电感(如限制短路电流的电抗线圈、载波通讯的高频扼流线圈)或旁过电容(如载波通讯的耦合电容器)，在图 6-9 和图 6-10 中分别给出了这两种情况的示意图 6-10(a)和计算用等值电路图 6-10(b)。

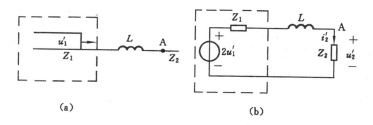

(a)   (b)

图 6-9   波穿过电感示意图和等值电路

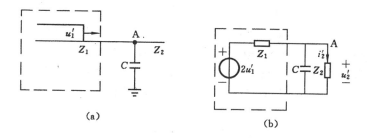

(a)   (b)

图 6-10   波旁过电容示意图和等值电路

为便于说明基本概念，仍用无限长直角波沿 Z_1 传来的情况进行分析。

在图 6-9 中，$i_L=i'_2$，因而可写出回路方程

$$2u'_1 = i'_2(Z_1+Z_2)+L\frac{\mathrm{d}i'_2}{\mathrm{d}t} \tag{6-14}$$

令 $\tau_L = \dfrac{L}{Z_1 + Z_2}$，于是可得到波穿过电感时 A 点的折射电压

$$u'_2 = u'_1 \frac{2Z_2}{Z_1 + Z_2}(1 - \mathrm{e}^{-\frac{t}{\tau_L}}) = \alpha u'_1(1 - \mathrm{e}^{-\frac{t}{\tau_L}}) \tag{6-15}$$

式中，$\alpha = \dfrac{2Z_2}{Z_1 + Z_2}$ 即没有电感时的电压折射系数。

在图 6-10(b)中，$u_C = u'_2$，因而可写出回路方程

$$2u'_1 = i'_2(Z_1 + Z_2) + CZ_1Z_2\frac{\mathrm{d}i'_2}{\mathrm{d}t} \tag{6-16}$$

令 $\tau_C = \dfrac{Z_1 Z_2}{Z_1 + Z_2} \cdot C$，于是可得到波旁过电容时 A 点的折射电压

$$u'_2 = u'_1 \cdot \frac{2Z_2}{Z_1 + Z_2}(1 - \mathrm{e}^{-\frac{t}{\tau_C}}) = \alpha u'_1(1 - \mathrm{e}^{-\frac{t}{\tau_C}}) \tag{6-17}$$

比较式(6-15)和(6-17)可知，如果令 $\tau_L = \tau_C$，即 $L = CZ_1 \cdot Z_2$，则两式将完全相同，即波穿过电感和旁过电容产生相同的折射电压。折射电压的初值为零，以后折射电压按指数规律增加，最后稳定于只由 Z_1 向 Z_2 折射所决定的电压值 $\alpha u'_1$。折射波的波前最大陡度发生在 $t = 0$ 瞬间。现分述如下：波穿过电感的最大陡度

$$a_{\max} = \frac{\mathrm{d}u'_2}{\mathrm{d}t}\bigg|_{\max} = \frac{\mathrm{d}u'_2}{\mathrm{d}t}\bigg|_{t=0} = \frac{2u'_1 Z_2}{L} \tag{6-18}$$

波旁过电容时则有

$$a_{\max} = \frac{\mathrm{d}u'_2}{\mathrm{d}t}\bigg|_{\max} = \frac{\mathrm{d}u'_2}{\mathrm{d}t}\bigg|_{t=0} = \frac{2u'_1}{Z_1 C} \tag{6-19}$$

由上二式可见：增加 L 或 C 的大小，能把折射波的陡度限制到所要求的范围。

电感使得折射波波头陡度降低可以理解为：由于电感的电流不能突变，所以当波作用到电感的初瞬，电感相当于开路。它将波完全反射回去，即此时 $i'_2 = 0$，因而 $u'_2 = 0$，以后 u'_2 再随着 i'_2 的增大而增大。电压波穿过电感时的折、反射如图6-11(a)所示。

电容使得折射波波头陡度降低也是不难理解的，只是电容的电压不能突变，波旁过电容初瞬，电容相当于短路。电压波旁过电容时的折、反射如图6-11(b)所示。

比较图 6-11(a)和(b)可以看出：电压波穿过电感和旁过电容时折射波波头陡度都降低，但由它们各自所产生的电压反射波却完全相反。波穿过电感初瞬，在电感前发生电压正的全反射使电感前的电压提高一倍，而波旁过电容初瞬则在电容前发生电压负的全反射，使电容前的电压下降为零。由于反射波会使电感前电压抬高可能危及绝缘，所以常用并联电容的方法降低来波陡度。

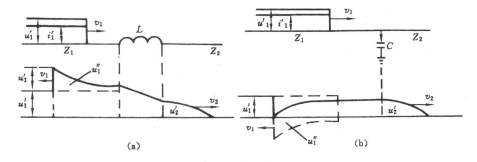

图 6-11　电压波穿过电感和旁过电容时的折、反射

三、用图解法求节点电压

如果在节点上接有电容、电感和非线性电阻,而入射波为任意形状时,同样可用彼得逊法则构造计算折射波的等值电路,然后用图解法求解。

(一)任意波作用于线路末端接有非线性电阻的情况

如图 6-12(a)所示,来波为 $u'_1(t)$,线路波阻为 Z,非线性电阻的伏安特

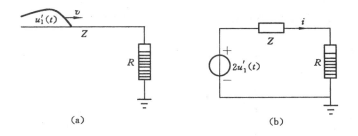

图 6-12　线路末端为非线性电阻的电压计算

性为 $u_R = f(i)$,按彼得逊法则可绘出图 6-12(b)所示等值电路和写出如下关系式

$$2u'_1(t) = u_R + i \cdot Z$$

求解 u_R 的步骤是:利用图 6-13 坐标系,在该图的右半部作非线性电阻的伏安特性 $u_R = f(i)$ 和导线波阻上的电压降落 iZ,以及二者之和($u_R + iZ$);在该图的左半边作两倍入射波电压曲线 $2u'_1(t)$,并在曲线上任选一点 a,由它作一条水平线与($u_R + iZ$)曲线相交于 b 点,从交点 b 作平行于纵轴的直线交 $u_R = f(i)$ 于 c 点,再从交点 c 作一水平线与从 a 点作的平行于纵轴的直线交于 d,d 点就是欲求的 $u_R(t)$ 曲线上的一个点。同理,可以得到 $a'—b'—c'—d'$,将 d,d',d'',$\cdots$,d^n 联起来就是图中带有阴影的曲线 $u_R(t)$。这一曲线与

$u'_1(t)$曲线之差就是反射波曲线(图中未画出)。

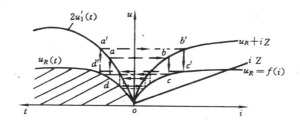

图 6-13 图解法求非线性电阻上的电压

(二)任意波作用于线路末端接有阀式避雷器的情况

第七章将要讲到的阀式避雷器是过电压保护中常用的保护设备,它在过电压波作用下的保护性能可用作图法分析。由于阀式避雷器是由间隙 F 和非线性电阻串联而成的,如图 6-14 所示。因此,在间隙放电前如图 6-14(b)左半部 o—t_P 时间段应按线路末端开路的情况考虑,即由 $2u'_1(t)$ 曲线决定。$t = t_P$ 时刻间隙放电,非线性电阻投入工作,以后避雷器上的电压应按作图法求 $u_R(t)$。所得结果如图 6-14(b)中带有阴影的曲线所示。由此曲线可知:线路末端接与不接避雷器大不一样,接有避雷器后,电压可被限制得较低。

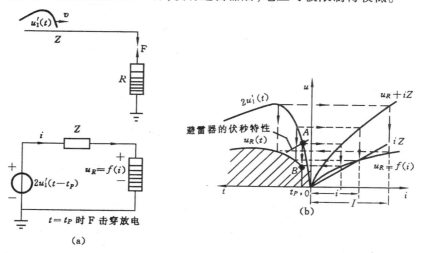

图 6-14 图解法求阀式避雷器上的电压
(a)接线及等值电路; (b)图解法

四、波的多次折、反射——网格法

以上已讨论了波在连接二无限长线路的节点 A 发生的折射和反射,或是第二条线路上的反射波尚未到达一、二条线路节点 A 的情况,而实际的线路都是有限长的,这时从第二条线路末端传来的反射波,相对于节点 A 可视为入射波,它将会在 A 点引起新的折射和反射,依此下去还会出现更多次的折、反射。可见一次折、反射只是个别或暂时现象,多次折、反射才是普遍现象。

研究行波多次折、反射波过程的计算方法,通常采用网格法,即用网格图把波在节点上的各次折、反射的情况,按照时间的先后逐一表示出来,然后可以比较快捷地求出节点在不同时刻的电压值。下面以计算图 6-15(a)所示线路波过程为例,介绍网格法的具体应用。

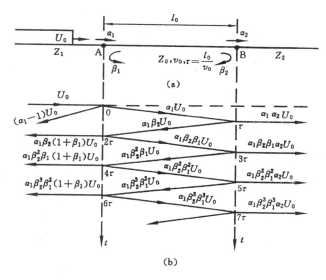

图 6-15 计算多次折、反射的网格图

为叙述方便起见,先求出波由线路 1(它是向左无限长的)向中间线路传播时 A 点的折射系数 α_1,波由中间线路向线路 1 传播时 A 点的反射系数 β_1,以及波由中间线路向线路 2(它是向右无限长的)传播时 B 点的折、反射系数 α_2 和 β_2。它们分别为

$$\left.\begin{aligned}\alpha_1 &= \frac{2Z_0}{Z_1 + Z_0}; \quad \beta_1 = \frac{Z_1 - Z_0}{Z_1 + Z_0}\\[2mm]\alpha_2 &= \frac{2Z_2}{Z_0 + Z_2}; \quad \beta_2 = \frac{Z_2 - Z_0}{Z_2 + Z_0}\end{aligned}\right\} \tag{6-20}$$

图 6-15(b)为计算所用网格图,仍以无限长直角波 U_0 为例进行讨论,图 6-15 清楚表明:

$t=0$ 时刻,入射波 U_0 到达节点 A 发生折射和反射。折射波 $\alpha_1 U_0$ 在线路 Z_0 上以速度 v_0 传播,经过 $\tau = \dfrac{l_0}{v_0}$ 时间后到达节点 B。在节点 B 上产生的折射和反射波分别为 $\alpha_1 \alpha_2 U_0$ 及 $\alpha_1 \beta_2 U_0$。反射波到达点 A 后又被反射回来,到点 B 又产生新的折射和反射,如图中所示。由网格图可以看出,B 点的电压折射波的第一个分量为 $\alpha_1 \alpha_2 U_0$,以后的分量依次等于前一分量乘以 $\beta_1 \beta_2$。因此,在经过 n 次折射后,B 点的电压为

$$U_B = U_0 \alpha_1 \alpha_2 \left[1 + \beta_1 \beta_2 + (\beta_1 \beta_2)^2 + \cdots + (\beta_1 \beta_2)^{n-1}\right] = U_0 \alpha_1 \alpha_2 \frac{1-(\beta_1 \beta_2)^n}{1-\beta_1 \beta_2}$$

由于 $|\beta| < 1$,即 $|\beta_1 \beta_2| < 1$,故当 $n \to \infty$,$(\beta_1 \beta_2)^n \to 0$。

$$U_B = U_0 \alpha_1 \alpha_2 \frac{1}{1-\beta_1 \beta_2} = U_0 \cdot \frac{2Z_2}{Z_1 + Z_2} = \alpha U_0 \qquad (6\text{-}21)$$

式中,α 为波从线路 Z_1 直接传到线路 Z_2 的折射系数,说明无限长直角波作用下,经过多次折、反射最后达到稳态值和中间线段的存在与否无关。

但是 U_B 在到达稳态值以前的电压变化波形,则与中间线段 Z_0 的存在以及与 Z_1、Z_2 的相对大小有关,现分别讨论如下:

● 若 $Z_1 > Z_0$,$Z_2 > Z_0$ 或 $Z_1 < Z_0$,$Z_2 < Z_0$ 则 β_1,β_2 同号,$\beta_1 \beta_2 > 0$,因而 B 点各次折射波都是正的。B 点的电压波形是逐级叠加的,如图 6-16(a)所示。

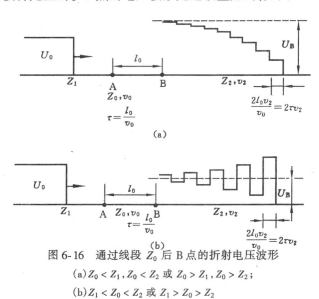

图 6-16　通过线段 Z_0 后 B 点的折射电压波形

(a) $Z_0 < Z_1$,$Z_0 < Z_2$ 或 $Z_0 > Z_1$,$Z_0 > Z_2$;

(b) $Z_1 < Z_0 < Z_2$ 或 $Z_1 > Z_0 > Z_2$

当 Z_0 比 Z_1, Z_2 都要小得多时,可略去中间线段的电感,中间线段就相当于一个并联电容 $C = C_0 l$。而当 Z_0 比 Z_1、Z_2 都大时,可略去中间线段的对地电容,中间线段就相当于一个串联电感 $L = L_0 l$。这两种情况都将使折射波的陡度降低。

● 若 $Z_1 < Z_0 < Z_2$,或 $Z_1 > Z_0 > Z_2$,则 β_1,β_2 异号,$\beta_1 \cdot \beta_2 < 0$,因而 B 点的各次折射波是正、负交替的,B 点的电压波形是振荡的[见图 6-16(b)]。

综上分析可见,网格法是应用流动波图案对波的多次折、反射过程进行分析的一种有效方法。这种方法也可用来计算三个以上不同波阻的复杂电路的多次折、反射过程。但此时由于波在各个节点上的反射时间各不相同,可借助数值计算法编程上机解决。

第三节　多导线系统的波过程

前面讨论了单导线上的波过程,实际架空线有三相,且有避雷线,所以输电线是多导线平行系统,波在平行多导线系统中传播,将产生相互电磁耦合作用。

在多导线系统中,若各导线均与地平行,又无损失,则其电磁波可以近似看成是一个平面波。考虑到在平面波的情况下,导线中的电流可以由单位长度上的电荷 q 的运动求得,而各导线上的电荷相对而言是互相静止的,所以可以从 $i = qv$ 的方程出发,直接将静电场中的麦克斯韦方程运用到波过程的计算中。

根据麦克斯韦静电方程,在与地面平行的 n 根导线中,导线 k 的电位可以由下式决定:
$$u_k = \alpha_{k1} q_1 + \alpha_{k2} q_2 + \cdots + \alpha_{kk} q_k + \cdots + \alpha_{kn} q_n \tag{6-22}$$
式中,$q_1, q_2, \cdots, q_k, \cdots, q_n$ 是 n 根导线单位长度上的电荷,而 α_{kk} 为导线 k 的自电位系数,α_{kj} 为导线 k 与导线 j 之间的互电位系数,用镜像法可以算出
$$\left. \begin{array}{l} \alpha_{kk} = \dfrac{1}{2\pi\varepsilon_0} \ln \dfrac{2h_k}{r_k} \\[3mm] \alpha_{kj} = \dfrac{1}{2\pi\varepsilon_0} \ln \dfrac{d_{kj'}}{d_{kj}} \end{array} \right\} \tag{6-23}$$
式中,r_k 为导线 k 的半径;h_k,d_{kj} 和 $d_{kj'}$ 的定义见图 6-17;α 的单位为 m/F。

将式(6-22)等号右边各项乘以 $\dfrac{v}{v}$($v = \dfrac{1}{\sqrt{\varepsilon\mu}}$ 为波沿导线传播的速度),并将 $i_k = q_k \cdot v$,$Z_{kk} = \dfrac{\alpha_{kk}}{v}$,$Z_{kj} = \dfrac{\alpha_{kj}}{v}$ 代入,可得平行多导线系统中导线上的前行电压波 $u_1 \cdots u_n$ 和前行电流波 $i_1 \cdots i_n$ 的关系式为

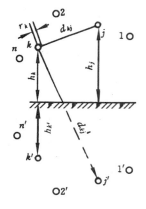

图 6-17 平行多导线系统及其镜像

$$
\left.
\begin{aligned}
u_1 &= Z_{11} i_1 + Z_{12} i_2 + \cdots + Z_{1k} i_k + \cdots + Z_{1n} i_n \\
u_2 &= Z_{21} i_1 + Z_{22} i_2 + \cdots + Z_{2k} i_k + \cdots + Z_{2n} i_n \\
&\qquad\qquad\qquad\qquad \vdots \\
u_k &= Z_{k1} i_1 + Z_{k2} i_2 + \cdots + Z_{kk} i_k + \cdots + Z_{kn} i_n \\
&\qquad\qquad\qquad\qquad \vdots \\
u_n &= Z_{n1} i_1 + Z_{n2} i_2 + \cdots + Z_{nk} i_k + \cdots + Z_{nn} i_n
\end{aligned}
\right\}
$$

$$(6\text{-}24)$$

式(6-24)称无损平行多导线系统波过程的麦克斯韦方程组(当只有前行波时,为方便起见,一般不写下标 q)。式中 Z_{kk} 为导线 k 的自波阻抗,Z_{kj} 为导线 k 与 j 间的互波阻抗。对架空线路

$$
\left.
\begin{aligned}
Z_{kk} &= \alpha_{kk}/v = 60\ln\frac{2h_k}{r_k} \\[2mm]
Z_{kj} &= Z_{jk} = \alpha_{kj}/v = 60\ln\frac{d_{kj}}{d_{kj}}
\end{aligned}
\right\}
$$

$$(6\text{-}25)$$

Z 的单位为 Ω。

用同样的方法,对反行电压波与电流波也可列出麦克斯韦方程组。

若导线上同时存在前行波和反行波时,则对 n 根导线中的每根导线(例如第 k 根)都可以写出如下关系式

$$
\left.
\begin{aligned}
u_k &= u'_k + u''_k \qquad i_k = i'_k + i''_k \\
u'_k &= Z_{k1} i'_1 + Z_{k2} i'_2 + \cdots + Z_{kk} i'_k + \cdots + Z_{kn} i'_n \\
u''_k &= -(Z_{k1} i''_1 + Z_{k2} i''_2 + \cdots + Z_{kk} i''_k + \cdots + Z_{kn} i''_n)
\end{aligned}
\right\}
$$

$$(6\text{-}26)$$

对于 n 根导线可列出 n 个方程组,再根据边界条件就可以求解无损平行多导线系统中的波过程。

在实际波过程计算中,经常会遇到这种情况:波在一根导线上传播时,要求计算在其它平行导线上耦合的波。如图 6-18 所示,当开关合闸到直流电源 u_1 时,在导线1上出现 u_1 的前行波(或雷击于导线 1,电压波为 u_1 时),在对地绝缘的导线 2 上没有电流,但是由于它也处在

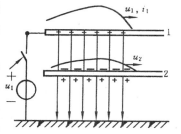

图 6-18 平行多导线系统中的耦合关系

导线1电磁波产生的电磁场内,会出现耦合波。这是因为随着导线 1 上行波的传播,导线 2 上这种电荷分离的过程也同步地向前推进,这一状态的传播过程就是导线 2 上产生电压波 u_2 的原因,但由于没有电荷沿导线 2 作纵向运动,所以导线 2 上没有电流。

由上分析:$i_2 = 0$,并代入式(6-24)中,可以得到

$$\left.\begin{array}{l} u_1 = i_1 Z_{11} \\ u_2 = i_1 Z_{21} \\ i_1 = \dfrac{u_1}{Z_{11}} \\ u_2 = \dfrac{Z_{21}}{Z_{11}} \cdot u_1 = k_0 u_1 \end{array}\right\} \tag{6-27}$$

式中,$k_0 = \dfrac{Z_{21}}{Z_{11}}$,称为导线 1 与导线 2 之间的几何耦合系数,它代表导线 2 由于受导线 1 的电磁场的耦合作用而获得的同极性电位的相对值($\dfrac{u_2}{u_1}$),由于 $Z_{21} < Z_{11}$,所以 k_0 永远小于1。由式(6-25)可知,Z_{21} 随两导线间的距离的减小而增大,因此两根导线靠得越近时,导线间的耦合系数就越大。

导线间的耦合系数是输电线路防雷计算的一个重要参数,由于耦合作用,在导线 1,2 之间的电位差 u_{12} 为

$$u_{12} = u_1 - u_2 = (1 - k_0)u_1 < u_1 \tag{6-28}$$

可见 k_0 愈大,则 u_{12} 愈小,愈有利于绝缘子串的安全运行。在一些多雷地区采用在导线下面架设耦合地线的办法,以增大耦合系数 k_0 值,减少绝缘子串上承受的电压。

下面讨论有两根避雷线时 k 值的计算,如图 6-19,当雷击于避雷线 1 或 2(它们通过金属杆塔彼此相连接)将使两根避雷线的电位同时抬高到 u_0 时,求避雷线 1,2 对导线 3 的耦合系数。

仍然从式(6-24)基本方程出发,考虑到 $u_1 = u_2 = u_0$,$i_3 = 0$,可得

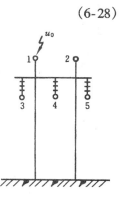

图 6-19 双避雷线线路的耦合系数

$$\left.\begin{array}{l} u_0 = Z_{11} i_1 + Z_{12} i_2 \\ u_0 = Z_{21} i_1 + Z_{22} i_2 \\ u_3 = Z_{31} i_1 + Z_{32} i_2 \end{array}\right\}$$

进一步考虑到 $Z_{11} = Z_{22}$, $i_1 = i_2$,上式可简化为

$$u_0 = (Z_{11} + Z_{12})i_1$$

$$u_3 = (Z_{13} + Z_{23})i_1$$

因此,避雷线 1,2 对导线 3 的耦合系数为

$$k_{1,2—3} = \frac{u_3}{u_0} = \frac{Z_{13} + Z_{23}}{Z_{11} + Z_{12}}$$

或写成
$$k_{1,2—3} = \frac{\dfrac{Z_{13}}{Z_{11}} + \dfrac{Z_{23}}{Z_{11}}}{1 + \dfrac{Z_{12}}{Z_{11}}} = \frac{k_{13} + k_{23}}{1 + k_{12}}$$
$$(6\text{-}29)$$

式中,$k_{1,2—3}$ 为避雷线 1,2 对导线 3 的耦合系数;k_{13},k_{23},k_{12} 分别为导线 1—3,2—3,1—2 之间的耦合系数。

从式(6-29)可以看出:$k_{1,2—3} \neq k_{13} + k_{23}$,因为两避雷线之间有耦合作用 (k_{12}),所以它们对相导线 3 的总耦合系数 $k_{1,2—3}$ 小于单独计算的耦合系数之和。

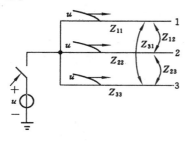

图 6-20　三相对称系统
　　　　　三相同时进波

当多相系统同时进波时,由于导线间的电磁耦合,其等值波阻不是简单的每单根导线波阻抗的并联值。例如求图 6-20 所示一对称三相系统三相同时进波时的总波阻抗。根据式(6-24)写出方程组

$$u_1 = Z_{11} i_1 + Z_{12} i_2 + Z_{13} i_3$$

$$u_2 = Z_{21} i_1 + Z_{22} i_2 + Z_{23} i_3$$

$$u_3 = Z_{31} i_1 + Z_{32} i_2 + Z_{33} i_3$$

依已知条件有

$$u_1 = u_2 = u_3 = u$$

$$Z_{11} = Z_{22} = Z_{33} = Z_s$$

$$Z_{12} = Z_{23} = Z_{31} = Z_m$$

$i_1 = i_2 = i_3 = i$ 代入上式可以得到

$$Z = \frac{u}{3i} = \frac{Z_s + 2Z_m}{3} \qquad (6\text{-}30)$$

以上说明在三相系统中,三相同时进波时,每相导线的等值阻抗为($Z_s + 2Z_m$),它比只存在单相导线时大,这是由于相邻导线的电流通过互波阻抗在本导线上产生感应电压,使其波阻抗相应增大的缘故。

在分析多相系统同时进波的基础上,再来讨论电缆芯线与外皮之间的耦

合关系。

当行波电压 u 到达电缆的首端时,可能引起接在此处的保护间隙或管式避雷器的动作。

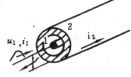

这就使电缆芯和外皮在首端连在一起,变成两条并联支路,如图 6-21 所示,故 $u_1 = u_2$。

图 6-21　波沿电缆芯线与外皮的传播

由于 i_2 所产生的磁通全部与电缆芯线相交链,外皮的自波阻抗 Z_{22} 等于电缆芯线与外皮间的互波阻抗 Z_{12},即 $Z_{22} = Z_{12}$;而电缆芯线电流 i_1 所产生的磁通中只有一部分与外皮相交链,所以电缆芯线的自波阻抗 Z_{11} 大于电缆芯线与外皮间的互波阻抗 Z_{12},即 $Z_{11} > Z_{12}$。

设 $u_1 = u_2 = u$,即可得以下方程

$$u = Z_{11} i_1 + Z_{12} i_2 = Z_{21} i_1 + Z_{22} i_2$$

因为 $Z_{12} = Z_{22}$,上式可简化为

$$Z_{11} i_1 = Z_{21} i_1$$

由于 $Z_{11} > Z_{21}$,只有在 $i_1 = 0$ 时,上式才能成立。这就是说,电流不经电缆芯线流动,全部电流都被挤到外皮里去了。因为电流在外皮上流动时,电缆芯线上会感应出与外皮电压相等、但方向相反的电动势,阻止电流流进电缆芯线,这与导线中的集肤效应相似。这个现象在有直配线的发电机的防雷保护中获得了实际应用。

第四节　波在传播过程中的衰减与畸变

行波在无损线路上传播过程中,它既不衰减,也不变形。但实际线路都是有损耗的。有损耗线上的波过程比无损线复杂得多。波在传播过程中的损耗大体有以下五种:

- 导线电阻(包括集肤效应和邻近效应的影响)的损耗;
- 导线对地电导引起的损耗与电缆线路的介质损耗;
- 大地包括波形对地中电流分布的影响的损耗;
- 极高频或陡波下的辐射损耗;
- 电晕引起的损耗。

实际测量证明:波在沿架空线传播过程中发生衰减和变形的决定因素是电晕。

由于某些原因,在输电线路上将产生幅值较高的冲击电压。当它超过导线的起始电晕电压 U_c 时,在导线周围将产生强烈的冲击电晕。在这个电晕

区内径向电导增大,电位梯度减小,从电场观点看,相当于扩大了导线的有效半径、增大了导线的对地电容($C'_0 = C_0 + \Delta C_0$)。在导线发生电晕时,轴向电流仍全部集中在导线内,所以从磁场观点看,电晕的出现并不影响导线的电感L_0。由此可知,冲击电晕对导线波过程产生多方面的影响:

● 导线的有效半径增大、对地电容增大,因此自波阻抗相应地减小,一般降低约 20% ~ 30% ;轴向电流不变,因此,互波阻抗并不改变;

● 导线对地电容增大,电感不变,因此波速减小,为光速的 3/4 左右;

● 由上分析可知线间耦合系数增大,这是冲击电晕的一个重要效应。

在规程中,用电晕校正系数 k_1 来估计冲击电晕对耦合系数的影响,即取

$$k = k_1 \cdot k_0$$

式中,k_0 为几何耦合系数,k_1 为电晕校正系数。

表 6-1　耦合系数的电晕校正系数 k_1

线路电压等级/kV	20 ~ 35	66 ~ 110	154 ~ 330	500
双避雷线	1.1	1.2	1.25	1.28
单避雷线	1.15	1.25	1.3	~

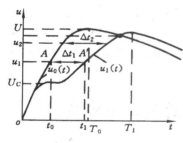

图 6-22　冲击电晕引起的
行波衰减与变形

● 使行波衰减与变形,其典型示波图如图 6-22 所示。图中曲线 $u_0(t)$ 表示原始波形,曲线 $u_1(t)$ 表示行波沿导线传播 l 距离后,由电晕作用引起畸变的波形。从图中可以看到当电压超过起始电晕电压 U_c 后,波形开始衰减和变形,电压超过电晕电压的各点,以不同的速度向前运动,电压幅值愈高,其运动速度愈小。显然,电压幅值愈高,相对于不衰减波形出现的时间愈晚。如图 6-22 中原始波形的 A 点,其出现时间为 t_0,当计及电晕后其(A')出现时间为 $t_1 = t_0 + \Delta t$。这就是说,由于电晕的作用使行波的波前拉长了,这个效应对变电所防雷有重要意义,并在变电所和发电厂的防雷措施中获得实际应用。

第五节　绕组中的波过程

绕组中的波过程包括变压器绕组和旋转电机绕组中的波过程,由于它们在结构上的不同,因而其波过程有着很大的差别。

一、变压器绕组波过程

雷电波沿输电线路侵入变电所,使得变压器绕组受到冲击电压的作用将出现复杂的电磁振荡过程,在绕组的主绝缘(对其它两相绕组和对地的绝缘)和纵绝缘(线饼间、层间、匝间等绝缘)上出现过电压。分析在冲击波作用下变压器绕组中波过程的基本规律是变压器绝缘结构设计的基础。

变压器绕组中波过程与绕组按星形或三角形接法有关,在星形连接中还与中性点是否接地有关,不仅如此,还与一相、两相或三相同时进波有关。对于如此复杂的绕组连接和多种进波方式,首先从最简单最基本的单绕组波过程开始研究。

(一)单绕组中的波过程

已知单绕组的基本单元是它的线匣,每一线匣都与其它线匣有着电和磁的联系。为便于分析,假设绕组各点的参数完全相同,略去线匣之间的互感与绕组的损耗。这样,可得到绕组的简化等值电路如图 6-23 所示,图中 ΔK、ΔC、

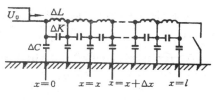

图 6-23　单绕组波过程等值电路

ΔL 分别是绕组单位长度 Δx 的等值纵向(匝间)电容、对地电容和电感($\Delta K = K_0/\Delta X$, $\Delta C = C_0 \Delta X$, $\Delta L = L_0 \Delta X$)。

当无限长直角波作用于绕组时,由于波前部分等值频率很高,故等值电路只包含 C_0、K_0 的电容链,并由它们决定电压的起始分布。而波长部分等值频率很低,L_0 相当于短路,C_0、K_0 均相当于开路,等值电路可视为被略去的绕组导体电阻,仅由它决定电压稳态分布。由起始分布向稳态分布过渡的振荡过程中绕组的各点、各个时刻的电压都在发生变化。现研究它们的变化和分布。

1.起始分布

由上分析可知,$t = 0$ 的瞬间绕组进波的等值电路如图 6-24 所示。此时为了计算的方便,令 $\Delta x = dx$。

由图 6-24 知,可得出电压起始分布的规律,设距离绕组首端 x 处的电压为 u,纵向电容 K_0/dx 上的电荷为 Q,对地电容 $C_0 dx$ 上的电荷为 dQ,则可写出下列方程

$$Q = \frac{K_0}{dx} \cdot du$$

$$dQ = uC_0 dx$$

将此二式合并化简后可得

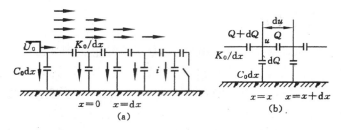

图 6-24　决定电压起始分布的等值电路

$$\frac{\mathrm{d}^2 u}{\mathrm{d}x^2} - \frac{C_0}{K_0}u = \frac{\mathrm{d}^2 u}{\mathrm{d}x^2} - \alpha^2 u = 0 \qquad (6\text{-}31)$$

式中

$$\alpha = \sqrt{\frac{C_0}{K_0}}$$

根据绕组末端(中性点)接地方式的边界条件,可以得到绕组电压起始分布表达式。

对于末端接地的绕组,$x = 0, u = U_0$;$x = l, u = 0$,有

$$u(x) = U_0 \frac{\operatorname{sh}\alpha(l - x)}{\operatorname{sh}\alpha l} \qquad (6\text{-}32)$$

对于末端不接地的绕组,$x = 0, u = U_0$,$x = l, \left.\dfrac{\mathrm{d}u}{\mathrm{d}x}\right|_{x=l} = 0$,有

$$u(x) = U_0 \frac{\operatorname{ch}\alpha(l - x)}{\operatorname{ch}\alpha l} \qquad (6\text{-}33)$$

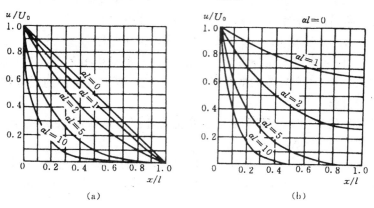

图 6-25　αl 不同的电压起始分布

(a) 绕组末端接地;　(b) 绕组末端不接地

图 6-25 给出了不同 αl 时的电压起始分布。可以看出,αl 愈大,电压起始分布曲线下降愈快。一般 αl 的值约为 5~15,平均为 10。当 $\alpha l > 5$ 时,有 $\operatorname{sh}\alpha l$

$\approx \mathrm{ch}al$,因此中性点接地方式对电压起始分布影响不大,电压起始分布可合为一个表达式

$$u(x) = U_0 \mathrm{e}^{-\alpha x} = U_0 \mathrm{e}^{-al \cdot \frac{x}{l}} \tag{6-34}$$

由上式可知,绕组中的电压起始分布是很不均匀的,其程度与 al 值有关,al 愈大、分布愈不均匀,大部分电压降落在绕组首端的一段上,在 $x = 0$ 处有最大电位梯度,可求得

$$\left.\frac{\mathrm{d}u}{\mathrm{d}x}\right|_{x=0} \approx -U_0\alpha = -\left(\frac{U_0}{l}\right)(al) \tag{6-35}$$

上式表明,在 $t = 0^+$ 时,绕组首端的电位梯度是平均梯度 $\dfrac{U_0}{l}$ 的 al 倍,式中负号表示绕组各点电位随 x 的增大而减小。因此,对绕组首端的绝缘应采取保护措施。

试验表明,在过电压波刚到达的 $5\mu s$ 内,绕组中的电磁振荡尚未发展起来,则变压器在这段时间内可用归算至首端的对地电容 C_T 来代替,称 C_T 为变压器的入口电容,其值为

$$C_\mathrm{T} = \frac{Q_{x=0}}{U_0} = \frac{1}{U_0}K_0\left(\frac{\mathrm{d}u}{\mathrm{d}x}\right)_{x=0} = K_0\alpha$$
$$= \sqrt{C_0 K_0} = \sqrt{CK} \tag{6-36}$$

式中,C、K 分别为变压器绕组总的对地电容和总的纵向电容。

可见变压器入口电容是绕组总的对地电容和总的纵向电容的几何平均值。

变压器绕组的入口电容与其结构有关,不同电压等级的变压器入口电容值列于表 6-2。

表 6-2 变压器的入口电容值

额定电压/kV	35	110	220	330	500
入口电容/pF	500 ~ 1000	1000 ~ 2000	1500 ~ 3000	2000 ~ 5000	4000 ~ 6000

2.稳态电压分布

由前分析可知,对于末端接地的绕组,其各点将根据电阻而形成均匀的稳态电压分布,即

$$u_\infty(x) = U_0\left(1 - \frac{x}{l}\right) \tag{6-37}$$

末端不接地的绕组,其各点的稳态电位均为 u_0,即

$$u_\infty(x) = U_0 \tag{6-38}$$

3.过渡过程中绕组各点的最大对地电压包络线

由于绕组电压的起始分布与稳态分布不一致,因此必然有一过渡过程才能达到稳态,此过程因电感、电容间的能量转换而具有振荡性质。如果绕组电压起始分布与稳态分布的差值愈小,绕组内振荡发展愈平缓;反之,绕组电压起始分布与稳态分布差值愈大,其振荡过程愈激烈。在振荡过程中绕组各点出现的最大电压的时间是不同的,图 6-26 画出了不同时刻 $t_1, t_2, \cdots, t_k, \cdots$ 绕

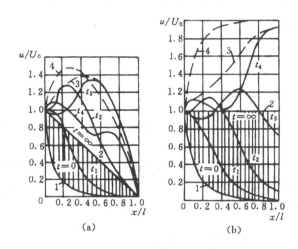

图 6-26　振荡过程中绕组的电压分布
(a)绕组末端接地; (b)绕组末端不接地

组各点对地电压分布曲线。将振荡过程中绕组各点出现的最大电压连成曲线,得到最大电压 u_{max} 包络线 3。在进行定性分析时,往往将图 6-26 中电压稳态分布曲线 2 与起始分布曲线 1 的差值叠加到稳态分布曲线 2 上得到曲线 4,它是无损耗时的 u_{max} 包络线。这就可近似地描述绕组中各点的最大电压值。

在末端接地的绕组中,最大电压将出现在绕组首端附近,其值可达 $1.4U_0$ 左右;末端不接地绕组中最大电压将出现在中性点附近,其值可达 $1.9U_0$ 左右。实际的绕组因有损耗而使最大电位有所降低,并且在振荡过程中绕组各部分出现最大电位梯度的时间也是不同的,在绕组设计和决定纵绝缘保护措施时都应重视这些情况。

(二)三相绕组中的波过程

三相绕组中波过程的基本规律与单相绕组相同,分析中应注意三相绕组接法、中性点接地方式和进波情况而导致振荡结果的不尽相同之处。

当变压器高压绕组是星形连接且中性点接地时,无论是一相,两相或三相进波,都可以看作是三个独立的绕组。在变压器绕组是星形连接而中性点不接地的情况下,若单相进波(如图 6-27U 相),由于绕组对冲击波的阻抗远大于

线路波阻抗,故可认为在冲击电压作用下 V、W 两相绕组的端点是接地的,绕组电压的起始分布与稳态分布以及最大电压包络线如图 6-27(b)中的曲线 1、2、3。因稳态时绕组电压按电阻分布,故中性点 N 的稳态电压为 $U_0/3$,因而在振荡过程中性点的最大对地电压将不超过 $\frac{2}{3}U_0$。若两相或三相进波可用叠加法来估计绕组中各点对地电压。两相同时进波时,中性点最大电压可达 $\frac{4}{3}U_0$;三相同时进波时,与末端不接地的单绕组的波过程相同,中性点最大电压可达首端电压的两倍。

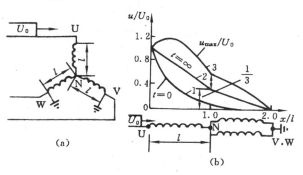

图 6-27　绕组星形接法单相进波的电压分布(中性点不接地)
1—起始分布;2—稳态分布;3—最大电压包络线

　　在变压器绕组是三角形接线的情况下,若单相进波,同样可以认为未受冲击的 V、W 两相相当于接地,因此在 UV、UW 绕组内的波过程与末端接地的单相绕组相同。若两相和三相进波时同样可用叠加法分析。图 6-28 表示三相同时进波时的情况,其中曲线 1、2 表示每相两端均进波时的合成电压起始分布和稳态分布,曲线 3 表示沿绕组的电压最大包络线,此时每相绕组中部对地电压最高可达 $2U_0$,这是值得注意的。

(三) 波在绕组间的传递过程

　　当过电压波侵入变压器某一绕组时,由于绕组之间的电、磁耦合,在变压器其它绕组上也会出现感应过电压波,这就是绕组之间的波的传递。这种感应(传递)过电压包括静电感应和电磁感应电压两个分量。

1.静电感应(电容传递)

　　当过电压波作用到绕组 1 时,将通过绕组之间的电容耦合而传递这种过电压。因此时电感中电流不能突变,绕组 1、2 的等值电路都是电容链。于是在绕组 1、2 都立刻形成了各自的电压起始分布。若绕组 1 首端所加的电压波

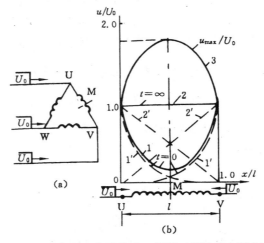

图 6-28   绕组三角形接法三相同时进波的电压分布

1—起始分布;2—稳态分布;3—最大电压包络线

幅值是 U_0(图 6-29),则绕组 2 上对应端的静电分量 U_2 可用简化公式估算为

$$U_2 = \frac{C_{12}}{C_{12} + C_{20}} U_0 \tag{6-39}$$

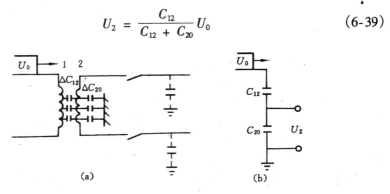

图 6-29   波在绕组间的静电感应

(a)示意图;   (b)简化等值电路

式中,C_{12} 是绕组 1、2 间的电容;C_2 是绕组 2 的对地电容。

　　在三绕组变压器中,如果高压和中压侧均处于运行状态,而低压侧开路,则电容 C_{20} 较小;若高压侧或中压侧进波时,静电分量 U_2 可能危及低压绕组的绝缘,需要采取保护措施。

　　只有在变压器低压绕组与许多出线或电缆相连的条件下,相当于加大了对地电容 C_{20} 时,静电分量可能较低,对低压绕组才没有危险。

2.电磁感应(磁传递)

绕组 1 在过电压波作用下,随着时间的推移,绕组电感中会逐渐通过电流产生磁通,使绕组 2 中感应出一定电压,这就是电磁感应分量。此分量与绕组间的变比有关,由于是过电压波作用,铁耗很大,所以电磁感应分量不是与变比成正比的关系。绕组 1、2 中的电压又都要经过振荡过程而趋于稳态。绕组 1 中的稳态取决于绕组 2 对它的电磁感应,除此还与绕组 2 的负载、绕组的接线方式以及绕组进波相数等情况有关。由于波在变压器绕组间的传递是静电和电磁过程综合作用的结果,因此在近似估算中,可先分别计算两个分量,然后再叠加起来。

(四)变压器对过电压的内部保护

由前面分析可知,起始电压分布与稳态电压分布的不同,是绕组内产生振荡的根本原因,改变起始电压分布使之接近稳态电压分布,可以降低绕组各点在振荡过程中的最大对地电压和最大电位梯度。

改善起始电压分布,有两种方法:

● 加装与线端相连的附加电容($\Delta C'_i$),即在绕组首端加电容环或采用屏蔽线匝,向对地电容 ΔC 提供电荷,以使纵向电容 ΔK 上的电荷都相等或接近相等,即所谓横补偿,如图 6-30 所示。

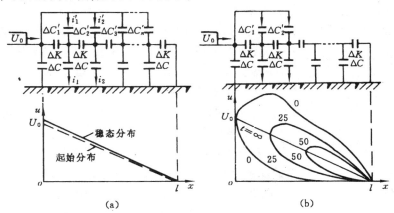

图 6-30　电容补偿原理接线
(a)全补偿；　(b)部分补偿

● 尽量加大纵向电容 ΔK 的数值,以削弱对地电容电流的影响,即所谓纵补偿。工程上常采用的措施是纠结式绕组。在图 6-31 中,将普通的连续式绕组和纠结式绕组的不同绕法作了比较。显然,连续式绕组的 $K_{1\text{-}10} = \dfrac{\Delta K}{8}$($\Delta K$ 为相邻两匝之间的电容),而纠结式绕组的 $K_{1\text{-}10} = \dfrac{\Delta K}{2}$,后者的 al 若在 1 ~ 3

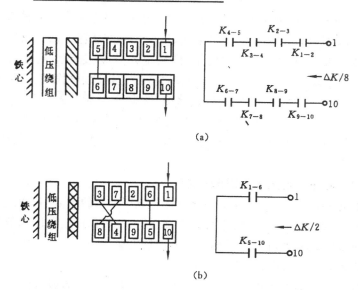

图 6-31   绕组线匝排列和等值纵向电容电路
（a）连续式；（b）纠结式

内,因此电压起始分布得到显著改善。

除此,可利用金属氧化物电阻片即 MOV(Metal Oxide Varistor)分段并接在绕组上实现内部保护。为要弄清 MOV 保护变压器绕组的原理,首先简要介绍 MOV 的优异的非线性特性和高的能量吸收能力。MOV 的非线性伏安特性如图 6-32 所示,当 MOV 工作在 I 区时流过的电流只有微安级,它相当于开路;而当 MOV 工作在 II 区时流过的电流达千安时,它相当于一

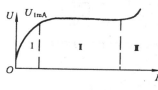

图 6-32   MOV 的伏安特性

小电阻;又由于它具有高的能量吸收能力,所以此时它相当于一耗散能力相当大而阻值相当小的元件。因此,当 MOV 分段并接于绕组中,在正常电压下,MOV 工作在 I 区,这时流过 MOV 的电流极小而呈现很大的电阻,几百兆欧级,对与其并联的绕组而言,MOV 相当于开路。在过电压波下,MOV 的工作点要发生跃变,进入 II 区,MOV 呈现很小的电阻,流过它的电流可达百安或千安级,并伴随吸收过电压能量。实际上 MOV 进入 II 区后的电压变化不大,这样它可将过电压波限制在一定范围内。由图 6-33 可见,整绕组分段并接 MOV 改善电压分布的效果是显著的。

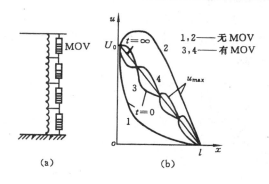

图 6-33　绕组分段并接的 MOV 的保护效果
(a)原理接线；　(b)保护效果

二、旋转电机绕组中的波过程

旋转电机的绕组与变压器绕组相比,在结构上具有一系列的特点:

● 电机绕组是嵌在定子铁芯的槽中的,大容量电机槽中多为单匝。由于结构上的原因,各线圈、线匝若不处在同一槽中,它们之间的纵向电磁耦合就比较弱了,分析中可略去匝间电容的影响,将发电机绕组的等值电路视同输电线路一样,它也具有一定的波阻抗,在电机绕组中波的传播即入射波以一定的速度沿绕组传播。

● 由于绕组的嵌线分槽内、槽外两部分,这两部分的绝缘处理和绝缘介质是不同的,它们对地高度也不一样,因而槽的内、外波阻抗及波速都是不相同的(见图6-34),通常所指的波阻抗、波速是其内外波阻的平均值。电机绕组

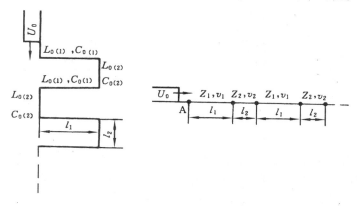

图 6-34　因槽内、外不同条件所得出的电机绕组波过程等值电路
1—槽内；　2—端部

的波阻抗与其匝数、电压等级及额定容量有关。一般随容量的增大而减小(因 C_0 增大),随额定电压的提高而增加(因绝缘厚度增加导致 C_0 减小)。波速 v 也随容量的增加而降低。

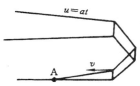

图 6-35 波沿单匝绕组的传播

当波沿电机绕组传播时(见图 6-35),最大的纵向电位梯度将出现在绕组首端。若设绕组一匝的长度为 l_w,平均波速为 v,进波的波前陡度为 a,则可得到作用在匝间绝缘上的电压

$$u_w = a \frac{l_w}{v} \qquad (6\text{-}40)$$

式中,a 的单位为 kV/μs;u_w 的单位为 kV。

很显然,匝间电压 u_w 与进波陡度 a 成正比。当匝间电压超过了匝间绝缘的冲击耐压值,就可能引起匝间绝缘击穿事故。研究表明:将进波的陡度限制到 $5 \sim 6$ kV/μs 以下,则可避免匝间绝缘故障。

习　　题

6-1 如题图 6-1,直流电源 U 合闸于波阻为 Z 的有限长 l 的导线上,导线末端接有电阻负载。试画出:(1)$R = 0$ 时线路首、末端的电流波形;(2)$R \to \infty$ 时线路首端的电流波形。

6-2 试求题图 6-2 所示幅值为 U_0 的无限长直角波从两条架空线上同步进波时变电所母线上电压幅值。其中,Z 为架空线的波阻抗。

题图 6-1　　　　　　　　　　　题图 6-2

6-3 试绘出波穿过电感、旁过电容的电流折射波形和电流反射波形。

6-4 试求题图 6-3 所示雷电波从一架空线传至母线上的电压波形。其中,架空线的波阻抗为 Z,非线性电阻的伏安特性为已知。

6-5 试求题图 6-4 所示幅值为 U_0 的无限长直角波传播时,A 点、B 点的折射电压波。

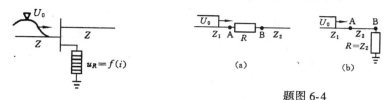

题图 6-3　　　　　　　　　　　　题图 6-4

图(a)中 Z_1、Z_2 为半无限长架空线；

图(b)中 Z_1 为半无限长架空线，Z_2 为长度为 l 的架空线。

6-6　如题图 6-5 所示，一幅值 $U_0 = 75\text{kV}$，波前陡度 $a_0 = 30\text{kV/}\mu\text{s}$ 的斜角平顶波从一条波阻抗 $Z = 300\Omega$ 的半无限长架空线路传来，波传播速度 $v = 300\text{ m/}\mu\text{s}$，在节点 A 处接有一管式避雷器 FT，管式避雷器的放电电压 $U_\text{b} = 120\text{kV}$，线路 AB 长 300m，线路末端 B 点开路，求 FT 动作时，B 点电压值为多少？

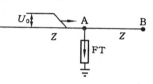

题图 6-5

6-7　在平行三导线系统中，自波阻抗为 500Ω，互波阻抗为 100Ω，试决定当三导线的首端同时进波时，三导线并联后的综合波阻抗及每根导线的等值波阻抗。

6-8　如题图 6-6 所示，一条长架空线与一根末端开路、长 1km 的电缆相连，架空线电容为 11.4pF/m、电感为 $0.978\mu\text{H/m}$；电缆电容为 136pF/m，电感为 $0.75\mu\text{H/m}$。一幅值为 10kV 的无限长直角波沿架空线传入电缆，试计算在波抵达架空线与电缆连接点 A 以后 $38\mu\text{s}$ 时，电缆中点 M 处的电压值。

题图 6-6　　　　　　　　　　　題图 6-7

6-9　如题图 6-7 所示，架空线上行波 $U_1 = 300\text{kV}$，$U_2 = 150\text{kV}$，它们的行进方向相反，在 $t = 0$ 时，U_1、U_2 分别抵达 A、B。架空线的波阻抗 $Z = 300\Omega$，AC = 300m，CB = 150m，波的传播速度 $v = 300\text{m/}\mu\text{s}$，试画出 $u_\text{c}(t)$ 和 $i_\text{c}(t)$ 波形。

6-10　一条 110kV 架空线路杆塔布置如题图 6-8 所示，图中尺寸单位为 m，导线直径21.5mm，弧垂为 5.3m，地线直径7.8mm，弧垂 2.8m，试计算:(1)

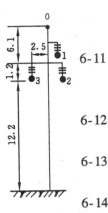

题图 6-8

地线 0、导线 2 的自波阻抗和它们之间的互波阻抗；(2)导线之间耦合系数 k_{12} 以及导地线之间的耦合系数 k_{20}。

6-11 高压变压器高压绕组的工频对地电容一般以 10^4 pF 计,但其入口电容一般却只有几百到几千 pF,为何有此差异？如何测量变压器的入口电容？

6-12 试将导线与绕组中的波过程作综合比较。为什么一般用行波法研究导线波过程,而用驻波法研究绕组波过程？

6-13 变压器三相绕组有两相进波时,试画出三相绕组分别接成星形和三角形时沿绕组电压的分布图。

6-14 与变压器绕组波过程比,旋转电机绕组波过程有哪些特点？

第七章　雷电及防雷保护装置

本章介绍雷电放电过程和雷电参数，以及电力系统中所采用的防雷保护装置。着重介绍过电压能量吸收器——避雷器。

第一节　雷电过程与雷电参数

一、雷电放电过程

雷电放电是一种气体放电现象，与实验室的长间隙火花放电有着某些共同之处。但由于雷电路径往往达数千米，是一种超长间隙的火花放电，而且作为电极的雷云，它不是一个金属极板，因此，雷电又不同于实验室中的长间隙火花放电，它具有多次重复雷击等现象和特点。

实测表明：当云中某一电荷密集中心处的场强达到 $25 \sim 30kV/cm$ 时，就可能引发雷电放电。雷电有几种不同的型式，例如线状雷电、片状雷电、球状雷电。以下将主要研究"云-地"之间的线状雷电，因为电力系统中绝大多数雷害事故都是这种雷电所造成的。

云-地之间的放电过程，尤其是先导放电向主放电的转变过程，与防雷保护有很大关系。如雷击塔顶时塔顶电位的大小，地线的保护作用等，都与放电过程密切相关。

已获得"云-地"之间线状雷电的大量照片和示波图，由此可以了解雷电发展的一般过程，如图 7-1 所示。一般一次雷击分为先导，主放电和余辉（余光）三个阶段。

1. 先导阶段

雷云下部伸出微弱发光的放电通道向地面的发展是分级推进的，每级的平均长度约为 $25 \sim 50m$，每二级之间约停歇 $30 \sim 90\mu s$，下行的平均速度约为 $0.1 \sim 0.8m/\mu s$。在先导放电阶段，出现的电流还不大，仅数十至数百安培。

2. 主放电和迎面流注阶段

当先导接近地面时，因周围电场强度达到了能使空气电离的程度，在地面或突出的接地物体上形成向上的迎面先导（也称迎面流注）。当它与下行先导相遇时，进入了第二个阶段也就是主放电阶段，出现了强烈的电荷中和过程，伴随着雷鸣和闪光。主放电的时间极短，只有 $50 \sim 100\mu s$，放电发展速度为

50 ~ 100m/μs。电流幅值高达数十甚至数百千安。

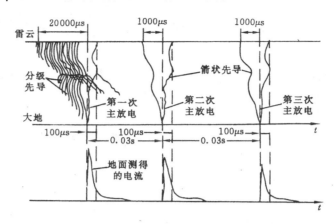

图 7-1　雷电放电的发展过程和入地电流波形

3.余辉阶段

主放电完成之后,云中剩余电荷沿着导电通道开始流向大地,这一阶段称放电的余辉(或余光)阶段,电流约为数百安。持续时间 0.03 ~ 0.15s,云中电荷主要是在这一阶段泄入大地。雷云放电往往是多重的,如图 7-1 所示,即有重复雷击和箭状先导发生。

由于雷云中有多个电荷中心。由某一个电荷中心开始的先导放电达到地面后,它的电位变为零电位。其余的电荷中心与它之间有很大的电位差,利用已有的主放电通道又发生对地放电,造成多重雷击,两次放电时间间隔约0.03s。由于原放电路径已游离,所以它无分支,不分级,自上而下地连续发展,称之为箭状先导。重复雷的持续时间,对于正确选定自动重合闸时间有着重要意义。一般有 30% ~ 80% 的雷暴至少有第二次重复雷击,第二次及以后的放电电流一般较小,不超过 30kA。

二、雷 电 参 数

雷电参数是雷电过电压计算和防雷设计的基础,参数变化,计算结果随之而变。目前采用的参数是建立在现有雷电观测数据的基础上的,这些参数是:

(一) 雷暴日(T_d)、雷暴小时(T_h)和地面落雷密度(γ)

为了评价某地区雷电活动的强度,常用该地区多年统计所得到的平均出现雷暴日或雷暴小时来估计的。在一天内(或一小时内)只要听到雷声就算一个雷暴日(或雷暴小时),据统计,每一雷暴日大致折合为三个雷暴小时。

雷暴日的分布与地理位置有关。一般热而潮湿的地区比冷而干燥的区域多,陆地比海洋多,山区比平原多。就全球而言,雷电最频繁的地区在赤道附近,雷暴日数平均约为 100～150 日,最多者达 300 日以上。我国年平均雷暴日分布,西北少于 25 日,长江以北 25～40 日;长江以南 40～80 日,南方大于80 日。我国规程规定:等于或少于 15 雷暴日的地区称为少雷区,40 雷暴日以上的称为多雷区,超过 90 日的地区为特殊强雷区。在防雷设计中,应根据雷暴日分布因地制宜。

　　雷暴日和雷暴小时的统计中,并没有区分雷云之间的放电与雷云对地的放电。只有落地雷才可能产生对电力系统造成危害的过电压,因此需要引入地面落雷密度这个参数,它表示每一雷暴日、每平方公里地面受到的平均落雷次数,记为 γ,根据世界各国及我国的实测结果,有关规程建议取 $\gamma = 0.07$,但在雷云经常经过的峡谷,易形成雷云的向阳或迎风的山坡,土壤电阻率突变地带的低电阻率地区的 γ 值比一般地区大很多,在选厂选线时应注意调查易击区,以便躲开或加强防护措施。

(二)雷电流

1.雷电流幅值(I)

　　雷电流幅值是表示雷电强度的指标,也是产生雷电过电压的根源,所以是最重要的雷电参数。雷击任一物体时,流过它的电流值与其波阻抗有关,波阻抗愈小,流过的电流愈大。当波阻抗为零时,流经被击物的电流定义为"雷电流"。实际上,波阻抗是不为零的,因而规程规定,雷电流是指雷击于低接地电阻($\leqslant 30\Omega$)物体时,流过雷击点的电流。它显然近似等于传播下来的电流入射波的 2 倍。

　　雷电流的幅值是根据实测数据整理的结果,图 7-2 是我国目前在一般地

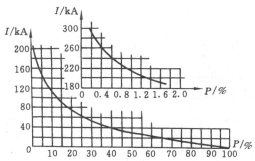

图 7-2　我国雷电流幅值概率曲线

区使用的雷电流幅值超过 I 的概率曲线,它也可用经验公式表示:

$$\lg P = -\frac{I}{88} \tag{7-1}$$

式中, I 代表以 kA 为单位的雷电流幅值的数值大小; P 为雷电流超过幅值 I 出现的概率。

在平均雷暴日数只有 20 或更少的部分地区,雷电流幅值也较小,可用下式求其出现的概率

$$\lg P = -\frac{I}{44}$$

2.雷电流的波前时间(T_1)、波长(T_2)、陡度(a)

据统计,雷电流的波前时间多在 $1 \sim 4\mu s$ 内,平均为 $2.6\mu s$ 左右,波长在 20 $\sim 100\mu s$ 内。我国规定在防雷设计中采用 $2.6/40\mu s$ 的波形,波长对防雷计算结果几乎无影响,为简化计算,一般可视波长为无限长。

雷电流的幅值和波前时间决定其上升的陡度——电流随时间的变化率。雷电流的陡度对过电压有直接影响,也是一个常用重要参数,雷电流波前的平均陡度

$$a = \frac{I}{2.6} \tag{7-2}$$

式中, a 是雷电流陡度(kA/μs),一般认为陡度为 50kA/μs 左右是最大极限值。

3.雷电流极性及等值计算波形

国内外实测结果表明:75% ~ 90% 的雷电流是负极性,加之负极性的冲击过电压波沿线路传播时衰减小,因此,电气设备的防雷保护中一般均按负极性进行分析研究。

在电力系统的防雷保护计算中,要求将雷电流波形用公式描述,以便处理,经过简化和典型化后可得以下三种常用的计算波形,如图 7-3 所示。

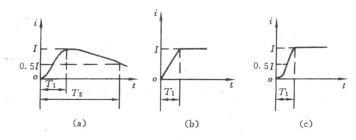

图 7-3 雷电流的等值波形(I 表幅值)

(a)标准冲击波形; (b)等值斜角波前; (c)等值半余弦波前

图 7-3(a)是标准冲击波形,它是由双指数公式所表示的波形

$$i = I_0(\mathrm{e}^{-\alpha t} - \mathrm{e}^{-\beta t}) \tag{7-3}$$

式中,I_0 是某一固定电流值;α,β 是两个常数;t 是作用时间。

这种表示是与实际雷电流波形最为接近的等值计算波形,但比较繁琐。

当被击物体的阻抗只是电阻 R 时,作用在 R 上的电压波形 u 和电流波形 i 是相同的。双指数波形也取作冲击绝缘强度试验电压的波形,对它定出标准的波前和波长为 $1.2/50\mu s$。

图 7-3(b)为斜角平顶波,其陡度 a 可由给定的雷电流幅值 I 和波前时间定。斜角波的数学表达式最简单,便于分析与雷电流波前有关的波过程。并且斜角平顶波用于分析发生在 $10\mu s$ 以内的各种波过程,有很好的等值性。

图 7-3(c)为等值半余弦波,雷电流波形的波前部分,接近半余弦波,可用下式表达

$$i = \frac{I}{2}(1 - \cos\omega t) \tag{7-4}$$

式中,I 为雷电流幅值,kA;ω 为角频率,$\omega = \dfrac{\pi}{T_1}$。

这种波形多用于分析雷电流波前的作用,因为用余弦函数波前计算雷电流通过电感支路时所引起压降比较方便。还有在设计特高杆塔时,采用此种表示将使计算更加接近于实际且偏于从严。

（三）雷道波阻抗（Z_0）

雷电通道在主放电时如同导体,使雷电流在其中流动同普通分布参数导线一样,具有某一等值波阻抗,称为雷道波阻抗（Z_0）。也就是说,主放电过程可视为一个电流波沿着波阻抗为 Z_0 的雷道投射到雷击点 A 的波过程。若设这个电流入射波为 I_0,则对应的电压入射波 $u_0 = i_0 Z_0$。

据理论研究和实测分析,我国有关规程建议取 Z_0 为 300Ω 左右。

第二节　防雷保护装置

防雷保护装置是指能使被保护物体避免雷击,而引雷于本身,并顺利地泄入大地的装置。电力系统中最基本的防雷保护装置有:避雷针、避雷线、避雷器和防雷接地等装置。避雷针和避雷线可以防止雷电直接击中被保护物体,因此也称作直击雷保护(措施);避雷器可以防止沿输电线侵入变电所的雷电过电压波,因此也称作侵入波保护(措施);接地装置的作用是减少避雷针(线)或避雷器与大地(零电位)之间的电阻值,以达到降低雷电过电压幅值的目的。

一、避雷针和避雷线

(一)避雷针

避雷针的保护原理是当雷云放电时使地面电场畸变,在避雷针的顶端形成局部场强集中的空间以影响雷电先导放电的发展方向,使雷电对避雷针放电,再经过接地装置将雷电流引入大地,从而使被保护物体免遭雷击。显然,避雷针必须高于被保护物体。但避雷针(高度一般 20 ~ 30m)在雷云—大地这个大电场之中的影响却是很有限的。先导放电朝地面发展到某一高度 H 后,才会在一定范围内受到避雷针的影响而对避雷针放电。H 称为定向高度,与避雷针的高度 h 有关。根据模拟试验当 $h \leqslant 30m$ 时, $H = 20h$;当 $h > 30m$ 时, $H \approx 600h$。

避雷针的保护范围是由模拟试验确定的。"保护范围"只具有相对的意义,不能认为在保护范围内的物体就完全不受雷直击,在保护范围外的物体就完全不受保护。为此为"保护范围"规定一个绕击率,所谓绕击系指雷电绕过避雷装置而击于被保护物的现象。我国有关规程所推荐的保护范围是对应0.1% 的绕击率而言的。对于这么小的绕击率可认为保护作用已是够可靠的。

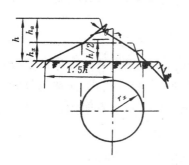

图 7-4　单支避雷针的保护范围
r_x—h_x 水平面上的保护半径
$h \leqslant 30m$ 时,$\theta = 45°$

在保护范围内的物体,当强大雷电流通过避雷针流入大地时,必然在避雷针或接地装置上产生幅值很高的过电压,为了防止避雷针与被保护物之间的间隙击穿(也称为反击),它们之间应保持一定的距离。因此,避雷针保护第一要对直击雷屏蔽,第二要防反击。

单支避雷针:单支避雷针的保护范围如图 7-4 所示。

保护范围是一个以避雷针为轴线的曲线圆锥体,它的侧面边界线实际上是曲线,工程上以折线代替曲线,如图 7-4 所示。在被保护物高度 h_x 水平面上,其保护半径 r_x 为

$$\left.\begin{array}{ll} r_x = (h - h_x) \cdot p & h_x \geqslant \dfrac{h}{2} \\[2mm] r_x = (1.5h - 2h_x) \cdot p & h_x < \dfrac{h}{2} \end{array}\right\} \qquad (7\text{-}5)$$

式中, p 为高度修正系数, 当 $h \leqslant 30\text{m}$ 时, $p=1$; 当 $30 < h \leqslant 120\text{m}$ 时, $p=\dfrac{5.5}{\sqrt{h}}$。

多支避雷针:工程上多采用两支以及多支(等高或不等高)避雷针以扩大保护范围。

等高双避雷针的联合保护范围要比两针各自保护范围的和要大。避雷针的外侧保护范围同样可由式(7-5)确定,而击于两针之间单针保护范围边缘外侧的雷,可能被相邻避雷针吸引而击于其上,从而使两针间保护范围加大,如图7-5所示。

$$h_0 = h - \frac{D}{7p}$$
$$b_x = 1.5(h_0 - h_x) \qquad (7\text{-}6)$$

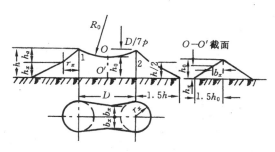

图7-5　两支等高避雷针的联合保护范围

为了达到联合保护的效果,两支避雷针之间的距离 D 不宜大于 $5h$。

有时希望两支不等高的避雷针联合保护。其保护范围可按图7-6确定:两针外侧保护范围仍分别按单针求出,两针之间先作出高针的保护范围,然后由低针2的顶点作水平线得到交点3,点3即为一假想的等高针的顶点,再求出等高避雷针2和3的联

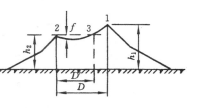

图7-6　两支不等高避雷针
的联合保护范围

合保护范围如图7-6所示。还有的希望多支等高或不等高避雷针联合保护,具体布局要依现场环境定。

(二)避雷线

避雷线(即架空地线)的作用原理与避雷针相同,主要用于输电线路的保护,也可用来保护发电厂和变电所。避雷线的保护范围的长度与线路等长,而且两端还有其保护的半个圆锥体空间。

单根避雷线的保护范围如图7-7所示,并可按下式计算

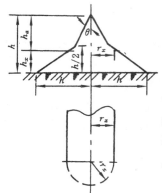

图 7-7　单根避雷线的保护
范围（$h \leqslant 30\text{m}$ 时，
$\theta = 25°$）

$$r_x = 0.47(h - h_x)p \qquad h_x \geqslant \frac{h}{2} \text{时} \left.\begin{array}{c} \\ \\ \end{array}\right\}$$
$$r_x = (h - 1.53h_x)p \qquad h_x < \frac{h}{2} \text{时} \qquad\qquad (7\text{-}7)$$

两根等高避雷线的保护范围见图 7-8(a)，避雷线两边外侧的保护范围与单根时相同。两避雷线之间的保护范围横截面，则由通过两线及保护范围上部边缘最低点 O 的圆弧确定。O 点的高度为

$$h_0 = h - \frac{D}{4p} \qquad (7\text{-}8)$$

式中，h_0 为 O 点高度；h 为避雷线的高度；D 为二根避雷线间的水平距离；p 为高度修正系数。

在架空输电线路上多用保护角 α 来表示避雷线的保护程度，如图 7-8(b)中的角 α。所谓保护

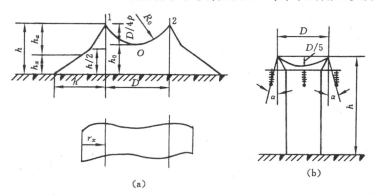

(a)　　　　　　　　　　　　(b)

图 7-8　两根等高避雷线的联合保护范围和保护角
(a)保护范围；　(b)保护角

角是指避雷线的铅垂线与避雷线和边导线连线的夹角。显然，α 越小，雷击导线的概率越小，对导线的屏蔽保护越可靠。

二、避雷器

避雷器是一种过电压限制器，它实质上是过电压能量的吸收器，它与被保护设备并联运行，当作用电压超过一定幅值以后避雷器总是先动作，泄放大量能量，限制过电压，保护电气设备。

避雷器放电时，强大的冲击电流泄入大地，大电流过后，工频电流将沿原

冲击电流的通道继续流过,此电流称为工频续流。避雷器应能迅速切断续流,才能保证电力系统的安全运行,因此,对避雷器基本技术要求有两条:

● 过电压作用时,避雷器先于被保护电力设备放电,这需要由两者的全伏秒特性的配合来保证;

● 避雷器应具有一定的熄弧能力,以便可靠地切断在第一次过零时的工频续流,使系统恢复正常。

以上所述两条要求对有间隙的避雷器都是适宜的,这类避雷器主要有:保护间隙、管式避雷器、带间隙阀式避雷器。

对于 MOA(无间隙金属氧化物避雷器)的基本技术要求则不同,由于无间隙,它长期承受系统工作电压和间或承受各种过电压,即工频下流过很小的泄漏电流,过电压下其残压应小于被保护设备冲击绝缘强度,它必须具有长时间工频稳定性和过电压下的热稳定性,它没有灭弧问题,相应地却产生了它的独特的热稳定性问题。

(一) 保护间隙与管式避雷器

保护间隙常用角形保护间隙形式如图 7-9 所示,其目的是为了使工频续流电弧在电动力和上升热气流的作用下向上运动并拉长,以利电弧的自行熄灭。在我国保护间隙多用于 3～10kV 的配电系统中,保护间隙虽有一定的限制过电压效果,但不能避免供电中断。其优点是:结构简单、价廉,主要缺点是熄弧能力低,与被保护设备的 $u\text{-}t$ 特性不易配合,动作后产生截波,不能保护带绕组的设备,它往往需与其它保护措施配合使用。

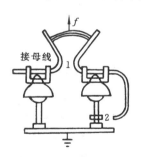

图 7-9　角形保护间隙
1—主间隙;2—辅助间隙

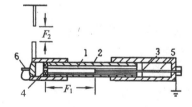

图 7-10　管式避雷器
1—产气管;2—胶木管;
3—棒电极;4—环电极;
5—贮气室;6—动作指示器;
F_1、F_2—内、外间隙

管式避雷器的原理结构如图 7-10,它由两个间隙串联组成,一个间隙 F_1 装在消弧管内,称为内间隙。另一个间隙 F_2 装在管外,称为外间隙。消弧管内层是产气管,它是由遇热气化的纤维、塑料或特种橡胶等有机材料制成的,外层为增大机械强度用的胶木管套住。当有雷电冲击波时,间隙 F_1、F_2 均被击穿,使雷电流入地。冲击电流过后又加上工频续流电弧的高温,使管内产生大量气体,可达到数十甚至上百个大气压。此高压气体急速喷出产气管,造成对弧柱的强烈纵吹,使其在工频续流 1～3 周波内的某一过零值时熄灭。外间隙的作用是使消弧管在线路正常运行时与工作电压隔离,以免管子材料加速老化或在管壁受潮时发生沿面放电。

管式避雷器的熄弧能力与工频续流的数值有关。续流太大产气过多,可能使管子炸裂而损坏;续流过小产气不足,电弧不能熄灭,可见管式避雷器所能熄灭的续流有一定的上、下限。管式避雷器的型号通常记为

GXW $\dfrac{U_N}{I_{min} - I_{max}}$ 。G 代表管式;X 代表线路用;W 代表所用的产气材料为纤维;U_N 是额定工作电压(kV,有效值),I_{max},I_{min}(kA,有效值)是熄弧电流的上、下限。使用时根据避雷器安装地点的运行条件,使单相接地短路电流在熄弧电流的范围内。

由于管式避雷器伏秒特性陡峭,放电分散性大,动作产生截波,放电特性受大气条件影响。因此,它目前只用于输电线路个别地段的保护,如大跨距和交叉挡距处,或变电所的进线段保护。

(二) 阀式避雷器

阀式避雷器分带间隙和无间隙阀式避雷器两种,近几年又出现了有机合成外套的金属氧化物避雷器。它们相对于管式避雷器来说,在保护性能上有重大改进,是电力系统中广泛采用的主要过电压保护设备。

1. 带间隙阀式避雷器

(1)主要特性参数

● 额定电压:指正常运行时作用在避雷器上的工频工作电压,也就是使用该避雷器的电网额定电压。

● 冲击放电电压[$U_{b(i)}$]:对额定电压为 220kV 及以下的避雷器,指的是在标准雷电波下的放电电压(幅值)的上限。对于 330kV 及以上超高压系统用的避雷器,除了雷电冲击放电电压外,还包括在标准操作冲击波下的放电电压(幅值)的上限。

● 工频放电电压:普通避雷器是靠间隙与阀片的配合使电弧不能维持而自熄的,所以这种避雷器的灭弧能力和通流容量是有限的,一般不容许它们在持续时间较长的内过电压下动作,以免损坏。因此,它们的工频放电电压除了应有上限值外,还必须规定一个下限值,以保证它们不至于在内过电压作用下误动作。

● 灭弧电压:指避雷器应能可靠地熄灭续流电弧时的最大工频作用电压。灭弧电压应大于避雷器安装点可能出现的最大工频电压。我国有关规程规定,在中性点有效接地的系统中,灭弧电压应取设备最高运行(线)电压的80%,而在中性点非有效接地系统中,发生单相接地故障时仍能继续运行。此时,另两相的对地电压升为线电压,如这两相的避雷器因雷击而动作,作用在它上面的最大工频电压等于该电网额定(线)电压的 100% ~ 110% ,即灭弧电压取值不应低于设备最高运行线电压的 100% 。

● 冲击系数:它等于避雷器冲击放电电压与工频放电电压幅值之比,一般希望它接近于 1,这样间隙的伏秒特性就比较平坦,易于绝缘配合。

● 切断比:它等于避雷器工频放电电压的下限与灭弧电压之比。如前所述,灭弧电压是避雷器最重要的设计依据,而切断比是表征间隙灭弧能力的一个技术指标,切断比愈接近于 1,说明该间隙的灭弧性能愈好。

以上各技术参数主要是描述避雷器间隙性能的,此外评述阀片性能指标的主要有:

● 残压(U_R):指波形为 8/20μs 的一定幅值的冲击电流通过避雷器时,在阀片上产生的电压峰值称为避雷器的残压。我国标准规定:220kV 及以下避雷器冲击电流幅值为 5kA,330kV 及以上避雷器相应幅值为 10kA。

● 通流容量:包括冲击通流容量和工频通流容量。冲击通流容量是用具有一定波形和幅值的所允许通过的次数表示的;而工频通流容量以一定幅值的半波电流所允许通过的次数来表示,因为在工频半波内,避雷器必须吸收半波能量完成工频灭弧。

避雷器的间隙与阀片串联组成一个完整的统一体,因此描述避雷器的性能参数还有:

● 保护水平[$U_{p(l)}$]:它表示避雷器上可能出现的最大冲击电压的峰值。IEC 和我国都规定以残压、标准雷电冲击(1.2/50μs)放电电压及陡波放电电压 U_{st} 除以 1.15 后所得电压值三者之中的最大值作为避雷器的保护水平。不难理解,阀型避雷器的保护水平越低越好。

● 保护比:它等于避雷器的残压与灭弧电压之比。保护比越小,表明残压越低或灭弧电压越高,意指绝缘上受到的过电压较小,而工频续流又能很快被切断,因而避雷器的保护性能越好。

事实上灭弧电压也是描述避雷器整体性能的主要参量,因为雷电波作用于避雷器,间隙动作后,当工频续流流过间隙时,熄灭工频续流是靠阀片协助间隙熄弧的。

(2)动作过程

以下简要介绍这种避雷器的动作过程,从中加深对避雷器性能参数的理解。

在系统正常工作无过电压时,间隙将阀片与工作导线隔开,以免由于工作电压在阀片中产生的电流使阀片长期受热烧坏。为此,采用电场比较均匀的间隙,伏秒特性较为平坦,能与被保护设备很好地配合。当系统中出现过电压且其幅值超过间隙放电电压时,间隙击穿冲击电流通过阀片流入大地。由于阀片的非线性特性,其电阻在流经冲击电流时变得很小,故在阀片上产生的压降(即残压)得到限制,使其低于被保护设备的冲击耐压。同时,由于残压的存在,间隙被击穿后,不致形成截波。当过电压消失后,间隙中的电弧并不随之熄灭,由工频电压产生的电弧电流(工频续流)仍将继续存在,此续流远较冲击电流为小,故阀片电阻变得很大,进一步限制了工频续流的数值,使间隙能在工频续流第一次经过零值时就将电弧切断。以后,间隙的绝缘强度能够耐受电网恢复电压的作用而不会发生重燃。避雷器从间隙击穿到工频续流切断不超过半个周期,而且工频续流数值不大,因此继电保护来不及反应,系统就已恢复正常。

(3)结构特征

由上可知这类避雷器的动作过程是以过电压下间隙闭合开始,以续流电弧过零时间隙开断结束。为完成上述动作过程,间隙的结构特征如下:

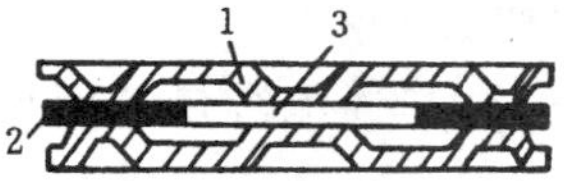

图 7-11　平板间隙单元
1—黄铜电极;2—云母垫圈;
3—间隙的放电区

● 间隙:有平板火花间隙和磁吹式火花间隙两种。

▲平板火花间隙:它由很多单个间隙串联而成。单个间隙的结构如图 7-11 所示,间隙的电极由黄铜材料冲压成小盘形状,中间以云母垫圈隔开。由于电极之间的电场是很均匀的,因而具有平坦的伏秒特性,放电分散性小。多个的单个间隙串联组成多重间隙保证了极间电场的均匀度,有利于实现绝缘配合,这是间隙闭合应满足的技术要求。多重短间隙的优点还表现在它易于切断工频续流,因为已将工频续流分割成许多段短弧,可充分利用"近极效应",大大有利于电弧的熄灭,这就解决了间隙开断的技术问题。

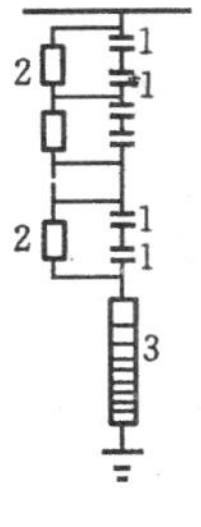

图 7-12　分路电阻原理接线
1—间隙;2—分路电阻;
3—工作电阻

考虑到多个间隙串联使用时,由于对地电容的影响存在,使得沿串联间隙上的电压分布不均匀,对间隙的闭合和开断都有影响。采用分路电阻,使工频电压分布得到改善(其原理接线如图 7-12 所示,提高了工频击穿电压,改善了续流的灭弧条件,亦即改善了开断条件。分路电阻接入后,并不改变冲击电压分布,冲击电压分布基本上取决于电容。对地电容的存在使冲击电压分布不均匀时,将带来有利影响,因为它能降低整个火花间隙的冲放电压,使各个间隙单元迅速地相继击穿,为被保护绝缘提供可靠保护。

▲磁吹式火花间隙:它是利用磁场对电弧的电动力,迫使间隙中的电弧加快运动,旋转或拉长,使弧柱中去电离作用增强,从而大大提高其灭弧能力。

磁吹式火花间隙分旋弧型磁吹和灭弧栅型磁吹间隙结构。

图 7-13 为旋弧型磁吹火花间隙的结构示意图,间隙由两个同心式内、外电极构成,磁场由永久磁铁产生。在外磁场的作用下,电弧受力沿着圆形间隙高速旋转(旋转方向取决于电流方向),使弧柱得以冷却,加速去电离过程,灭弧能力能可靠切断 300A(幅值)的工频续流,切断比仅为 1.3 左右。这种间隙用于电压较低的如保护旋转电机用的 FCD 系列磁吹避雷器中。

图 7-14 为灭弧栅型磁吹火花间隙的结构示意图,它由主间隙,辅助(分流)间隙,磁吹线圈,灭弧盒组成,主间隙与线圈串联连接,分流间隙与线圈并联连接。当雷电流通过线圈时,线圈的感抗很

图 7-13 旋弧型
磁吹间隙

1—永久磁铁;2—内电极;3—外电极;4—电弧(箭头表旋弧方向)

大,所以,雷电流在避雷器上的压降,除阀片的残压之外,还有线圈上的压降,这会大大削弱避雷器的保护性能。为此,磁吹线圈上必须并联一个分流间隙。当雷电流通过线圈在线圈上形成很大压降时,分流间隙动作将线圈短路,使避雷器的压降不致增大。当工频续流通过时,主间隙电弧压降大于续流在线圈中的压降(线圈阻抗变得很小),此时分流间隙电弧会自动熄灭,使续流转入线圈产生吹弧作用。很明显,永久磁铁所产生的磁场不能满足在续流方向改变时磁场的方向也作相应改变这一要求。因此主间隙的磁场是由和间隙串联的磁吹线圈产生的。主间隙的续流电弧被磁场迅速吹入灭弧栅的狭缝内,结果被拉长或分割成许多短弧而迅速熄灭。当续流反相时,磁通方向也反相,而电

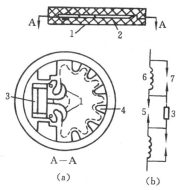

图 7-14 灭弧栅型磁吹间
隙及等值电路

1—电极;2—灭弧盒;
3—分路电阻;4—灭弧栅;
5—主间隙;6—磁吹线圈;
7—辅助间隙

弧的运动方向总是向着灭弧栅的狭缝不变。

这种磁吹间隙能切断 450A 左右的工频续流,为普通间隙的 4 倍多。由于电弧被拉长、冷却,电弧电阻明显增大,可以与阀片一起来限制工频续流,故这种间隙又称"限流间隙"。考虑到电弧电阻的限流作用,可以适当减少阀片数目,因而也有助于降低避雷器的残压。这种间隙用于电压较高的如保护变电所用的 FCZ 系列磁吹避雷器中。

● 阀片:有 SiC 阀片和 MOV 两种。

▲SiC 阀片:由金刚砂(SiC)粉末与粘合剂(如水玻璃等)模压成圆饼,在 320℃温度下焙烧而成。

▲MOV:由氧化锌,还有氧化铋及一些其它的金属氧化物经过煅烧、混料、选粒、成型、表面处理等工艺过程而制成。它们都是随通过电流的大小而变化的非线性电阻,其非线性的伏安特性(或电场强度-电流密度特性)如图 7-15

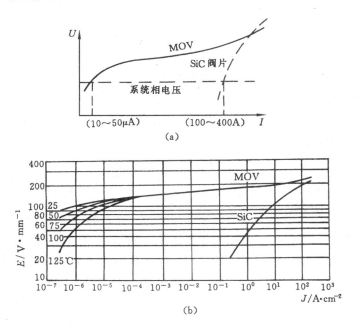

图 7-15 阀片的 U-I 特性和 E-J 特性

所示,表达式为

$$u = CI^{\alpha} \tag{7-9}$$

式中,C 为常数;α 为非线性系数,$0 < \alpha < 1$,其值愈小愈好。

这两种阀片分别与以上所述间隙串联组成带间隙阀型避雷器。由于阀片具有非线性,间隙在冲击放电瞬间通过电流值较小时阀片呈现较高的阻值,放电瞬间的压降较大,减小了截断波电压值。当电流增大时,阀片呈现较低的阻值,使避雷器上电压降低,增加了避雷器的保护效果。另一方面,为可靠地熄弧,必须限制续流的大小,在工频电压升高后流过避雷器的续流不超过规定值。也就是说,此时阀片呈现的电阻具有足够的数值,阀片的非线性同时满足了上述两个要求。

MOV 的非线性远优于 SiC 阀片,在图 7-15 中,如果假定 MOV,SiC 电阻片在 10kA 下的残压相同,即保护水平相等,那么在额定电压(灭弧电压)下,SiC 阀片曲线所对应的电流值是 400A 左右。而 MOV 曲线所对应的电流却近乎于零值(约 $100\mu A$ 左右),两者相差七个数量级。若都以式(7-9)来表示 U-I 特性,SiC 阀片的 α 值在 0.2 左右,而 MOV 的 α 值则在 0.02 左右。当 MOV 与 SiC 阀片几何尺寸相同时,前者是后者通流能力的 4~4.5 倍。可见 MOV 较 SiC 阀片更优越,用 MOV 串联起来不带任何间隙构成 MOA 能直接挂网运行,且在冲击电压过后工频电压作用下是无续流的。

2. 无间隙氧化锌避雷器

(1)主要特性参数

● 额定电压:它相当于 SiC 避雷器的灭弧电压,但含义不同,它是避雷器能较长期耐受的最大工频电压有效值,即在系统中发生短时工频电压升高时(此电压直接施加在 MOV 上)避雷器亦应能正常可靠地工作一段时间(完成规定的雷电及操作过电压动作负载,特性基本不变而不出现热崩溃)。

● 容许最大持续运行电压(MCOV):指避雷器能长期持续运行的最大工频电压有效值。它一般应等于系统的最高工作相电压。

● 起始动作电压(亦称参考电压或转折电压):大致位于 MOV 伏安特性曲线由小电流区上升部分进入大电流区平坦部分的转折处,可认为避雷器此时开始进入动作状态以限制过电压,通常以通过 1mA 电流时的电压 U_{1mA} 作为起始动作电压。

● 荷电率(Applied Voltage Ratio)是容许最大持续运行电压峰值 $U_{co.max}$ 与参考电压 U_{ref}(或起始动作电压 U_{1mA})的比值,即

$$AVR = \frac{U_{co.max}}{U_{ref}} \qquad (7\text{-}10)$$

荷电率是影响 MOA 老化性能和保护水平的一项重要指标。荷电率的高低直接影响到避雷器的老化进行,当 MOV 的 U-I 特性一定时,MOV 片数越少,AVR 越高,AVR 偏高时将改善避雷器的保护性能(因为 U_R 越低),但却会加速避雷器的老化,使其寿命减少,可靠性降低。据资料介绍,在某些情况下,AVR 从正常相电压下提高 30%,发生的老化程度 1 年等于 20 年。而另一方

面,MOV 片数越多,AVR 越低,AVR 取得较低时,虽然寿命延长,工作可靠,其暂时过电压的耐受能力也会提高,但保护性能也将随之变坏(U_R 越高)。因此,荷电率的合适选取,必须保证在选定的 AVR 下有规定的运行寿命。

● 保护比(压比)是标称放电电流下的残压 $U_R(I)$ 与参考电压 U_{ref}(或 U_{1mA})之比

$$PR = \frac{U_R(I)}{U_{ref}} \qquad (7-11)$$

式中,$U_R(I)$ 系指电流波形为 8/20μs,标称放电电流为 5kA,10kA,20kA 下的残压。

保护比反映了避雷器保护水平的高低,显然 PR 越小越好。目前世界上最高水平的保护比为 1.55,我国 MOA 产品的保护比已达到 1.60 左右。

注意到将式(7-11)除以式(7-10),即得

$$\frac{PR}{AVR} = \frac{U_R(I)}{U_{co.max}} = K \qquad (7-12)$$

此即以运行电压峰值表示的经避雷器限制后作用于电气设备上的过电压倍数 K。显然,从电气设备的保护角度来考虑,希望 PR/AVR 比值越小越好。其途径一是降低 PR 值,二是增加 AVR,意指必须兼顾 MOA 在伏安特性曲线上各区段的性能参数全面考虑。

(2)主要优点

与传统的有串联间隙的 SiC 避雷器相比,MOA 具有一系列优点,主要表现在:

● 由于省去了串联火花间隙,所以结构大大简化,体积也可缩小很多,适合于大规模自动化生产。

● 保护特性优越,由于 MOV 具有优异的非线性伏安特性,进一步降低其保护水平和被保护设备绝缘水平的潜力很大。其次,它没有火花间隙,一旦作用电压开始升高,阀片立即开始吸收过电压的能量,抑制过电压的发展。没有间隙的放电时延,因而有良好的陡波响应特性,特别适合于伏秒特性十分平坦的 SF$_6$ 组合电器和气体绝缘变电所的保护。

● 无续流、动作负载轻,能重复动作实施保护:MOA 的续流仅为微安级,实际上可认为无续流。所以,在雷电或内部过电压作用下,只需吸收过电压的能量,而不需吸收续流能量,因而动作负载轻;再加上 MOV 的通流容量远大于 SiC 阀片,所以 MOA 具有耐受多重雷击和重复发生的操作过电压的能力。

● 通流容量大,能制成重载避雷器,即使是带间隙的 MOA 的通流能力,也完全不受串联间隙被灼伤的制约,它仅与 MOV 本身的通流能力有关。前已提到,

MOV 单位面积的通流能力比 SiC 阀片大得多,因而可用来对内部过电压进行保护。若采用多个 MOV 柱并联使用,则可进一步增大通流容量,制造出用于特殊保护对象的重载避雷器,解决长电缆系统、大容量电容器组等的保护问题。

●耐污性能好:由于没有串联间隙,因而可避免因瓷套表面不均匀污染使串联火花间隙放电电压不稳定的问题,即这种避雷器具有极强的耐污性能,有利于制造耐污型和带电清洗型避雷器。

由于 MOV 具有上述重要优点,因而发展潜力很大,由 MOV 构成的新型避雷器正在逐步取代普通阀式避雷器和磁吹避雷器。

值得一提的是,近些年发展的有机外套 MOA,它是复合绝缘子技术与MOV 技术结合的产物,具有体积小、重量轻,便于运输、密封性能好、防爆性能优等特点,而且有机外套的防污性能远优于瓷套,便于制成大爬距结构(见附录 2 中附表 2-8,有机外套与瓷套避雷器性能比较)。因而目前的趋势是向高压化方向发展,在许多方面显示出瓷套避雷器无法比拟的优越性。各种结构的有机外套避雷器必将获得更广泛的应用。

有关阀式避雷器电气特性其中包括有机外套 MOA 的主要性能见附录二。

三、防雷接地

"防雷在于接地",这句话含义说明各种防雷保护装置(避雷针、避雷线、避雷器)都必须配以合适的接地装置,将雷电泄入大地,才能有效地发挥其保护作用。为了弄清防雷接地的重要性,应了解有关接地、接地种类以及接地装置与接地电阻的关系。

(一)接地、接地电阻、接地装置

1.接地与分类

接地是指将地面上的金属物体或电气回路中的某一节点通过导体与大地保持等电位。

电力系统的接地按其功用可分三类:

●工作接地。根据电力系统正常运行的需要而设置的接地,例如三相系统的中性点接地,双极直流输电系统的中点接地等。它所要求的接地电阻值约在 $0.5 \sim 10\Omega$ 的范围内。

●保护接地。不设这种接地,电力系统也能正常运行,但为了人身安全而将电气设备的金属外壳等加以接地,它是在故障条件下才发挥作用的,它所要求的接地电阻值处于 $1 \sim 10\Omega$ 范围内。

●防雷接地。用来将雷电流顺利泄入地下,以减小它所引起的过电压,它的性质似乎介于前面两种接地之间,它是防雷保护装置不可缺少的组成部分,

它有些像工作接地;但它又是保障人身安全的有力措施,而且只有在故障条件下才发挥作用,它又有些像保护接地,它的阻值一般在 $1 \sim 30\Omega$ 的范围内。

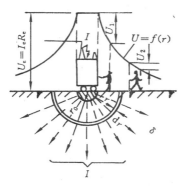

图 7-16　接地装置示意图

U_e—接地点电位;I_e—接地电流;U_1—接触电压;U_2—跨步电压;$U = f(r)$—大地表面的电位分布;δ—地中电流密度

大地不是理想导体,它具有一定的电阻率,在外界作用下地中如果出现电流,则地就不再是同一电位。流进大地的电流经过接地导体从一点注入,以电流场的形式向远处扩散,如图 7-16,设土壤电阻率为 ρ,电流密度为 δ,则大地的电场强度 $E = \rho\delta$。离电流注入点愈远,电流密度愈小,因此可以认为无限远处的电流密度 δ 为零,也就是该处仍保持零电位。很显然,当接地点有电流流入时,则注入点相对于零电位具有一定的电位。图 7-16 画出了此时地表面的电位分布情况。

对工作接地和保护接地而言,将接地点的电位 U_e 与流过的工频或直流电流 I_e 的比值定义为该点的接地电阻 R_e,它是大地电阻效应的总和,它包括:接地引线、接地体、接地体与土壤间的过渡和大地的溢流电阻,前三项的阻值极小,可略去不计。当接地电流一定时,接地电阻 R_e 愈大,电位 U_e 愈高,当它高到超过接地物体(如变压器外壳)的绝缘时,它将危及电气设备的绝缘及人身安全。因此,只有降低接地电阻 R_e,才能降低危险电位。

对防雷接地而言,感兴趣的将是流过冲击大电流时呈现的电阻,称之为冲击接地电阻 R_i,防雷接地装置的作用也是为了减小冲击接地电阻以降低雷电流泄放时防雷保护装置(如避雷针、避雷线或避雷器)端部的电压。

2.接地装置

埋入地中的导体称为接地装置。工程实用的接地装置通常有垂直接地体、水平接地体以及它们的组合。根据恒流场下静电场相似原理,便可以得到一些典型接地体的工频接地电阻计算公式(关于冲击接地电阻的有关计算单列讨论)。

● 垂直接地体:当 $l \gg d$ 时

$$R_e = \frac{\rho}{2\pi l}\left(\ln\frac{8l}{d} - 1\right) \tag{7-13}$$

式中,ρ 为土壤电阻率($\Omega\cdot m$);l 为接地体长度(m);d 为接地体直径(m)。

如图 7-17(a)所示,其中 $l \gg d$,当采用扁钢时 $d = 0.5b$,b 是扁钢宽度。当采用角钢时,$d = 0.84b$,b 是角钢每边宽度。

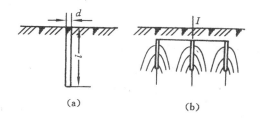

图 7-17　垂直接地体

(a) 单根；(b) 三根—屏蔽效应

当有 n 根垂直接地体时,如图 7-17(b)所示,由于各接地体间流散电流互相屏蔽,因此总电阻 R'_e 应由下式确定

$$R'_e = \frac{R_e}{n \cdot \eta} \qquad (7-14)$$

式中,η 为利用系数,常取 0.65～0.8。

● 水平接地体

$$R_e = \frac{\rho}{2\pi l}\left(\ln\frac{l^2}{h \cdot d} + A\right) \qquad (7-15)$$

式中,l 为接地体的总长度(m);h 为接地体埋深(m);d 为接地体直径(m);A 为形状系数,反映接地极之间的屏蔽影响使接地电阻增加的系数,其值列于表 7-3。

表 7-3　水平接地体的形状系数

接地体形状	—	L	人	○	+	□	*	*
形状系数 A	− 0.6	− 0.18	0	0.48	0.89	1	3.03	5.65

● 接地网

接地网一般以水平接地体为主组成,其接地电阻可用下式估算

$$R_e = \rho\left(\frac{B}{\sqrt{S}} + \frac{1}{L + nl}\right) \qquad (7-16)$$

式中,L 为全部水平接地体的总长度(m);n 为垂直接地体的根数;l 为垂直接地体的长度(m);S 为接地网的总面积(m²);B 为按 $l/\sqrt{S}$ 值决定的系数,可从表 7-4 得出。

表 7-4　系数 B 取值

$l/\sqrt{S}$	0	0.05	0.1	0.2	0.5
B	0.44	0.40	0.37	0.33	0.26

（二）防雷接地及有关计算

防雷接地装置有独立的(如独立避雷针的接地装置、架空线杆塔的接地装置等),也有与发电厂、变电所的总接地网连成一体的。

当雷电流流过接地装置时,接地体和土壤所呈现的响应不同于工频下的响应,即冲击接地电阻一般并不等于它的工频接地电阻。

由于雷电流具有幅值大、等值频率高的特点,因此,雷电流通过接地体注入土壤与工频电流入地发生的物理过程有明显差异。电流幅值大就会使地中电流密度增大,因而提高了电场强度,在靠近接地体尤为显著。此电场强度超过土壤击穿场强时会发生局部火花放电,其效果可视为接地体的尺寸和土壤的电导都增大了。因此,同一接地装置在幅值甚高的冲击(雷)电流作用下,其接地电阻要小于工频电流下的数值,这称为火花效应。

雷电流的等值频率高,就会使接地体自身的电感呈现影响,阻止电流向接地体远方流动,对于愈长的接地体这种影响愈明显。结果使得接地体得不到充分利用,冲击下接地体的电阻值高于工频接地电阻,有时称为电感效应。电感效应和火花效应对冲击电流下的接地电阻值的影响是相反的,最后形成的冲击接地电阻 R_i 或大于或小于工频接地电阻 R_e,结果将由两种效应的综合值定。

通常用冲击系数 α_i 表示 R_i 与 R_e 的关系:

$$\alpha_i = \frac{R_i}{R_e} \tag{7-17}$$

式中,R_e 为工频电流下的电阻(Ω);R_i 为冲击电流下的电阻,其值为接地体上的冲击电压峰值与冲击电流峰值之比。α_i 与雷电流的幅值和波形、接地体几何尺寸及土壤电阻率等因素有关。

如果接地装置由 n 根垂直钢管或 n 根水平钢带构成,那么它们的冲击接地电阻 R'_i 则为

$$R'_i = \frac{R_i}{n \cdot \eta_i} = \frac{\alpha_i R_e}{n \cdot \eta_i} \tag{7-18}$$

式中,η_i 为接地装置的冲击利用系数,它考虑各接地极间的相互屏蔽而使溢流条件恶化的影响,所以 $\eta_i < 1$。

现将常见接地装置的 α_i 与 η_i 典型(平均)值列于表 7-5。

表 7-5　冲击系数 α_i 和冲击利用系数 η_i

接地体结构	在不同土壤电阻率 $\rho(\Omega \cdot m)$ 下的 α_i				η_i
	100	200	500	1000	
(一)2—4 根钢棒	0.5	0.45	0.3	—	0.75
8 根钢棒	0.7	0.55	0.4	0.3	0.75
15 根钢棒	0.8	0.7	0.55	0.4	0.75
(二)一字形	0.65	0.55	0.45	0.4	1.0
(三)辐射形	0.7	0.6	0.5	0.45	0.75

说明:表中(一)为用水平钢带连接起来的垂直钢棒(棒间距离等于其长度的2倍);

　　　　(二)为两根长 5m 的水平钢带埋在电流入地点的两侧;

　　　　(三)为三根长 5m 的水平钢带,对称地埋在电流入地点的周围。

必须强调指出:防雷接地计算值应通过大量试验进行修正才合于实际。

习　　题

7-1　电力系统中的防雷保护有哪些基本措施? 并简述其原理。

7-2　某原油罐直径为 10m,高出地面 15m,若采用单支避雷针保护,且要求避雷针距罐壁至少 5m,试求该避雷针的高度是多少?

7-3　校验题图 7-1 所示杆塔结构是否保证双回路导线系统 L_1, L_2, L_3; L'_1, L'_2, L'_3 都受到避雷线 G 的有效保护。

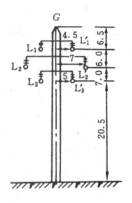

7-4　题图 7-1 所示,杆塔尺寸的单位为 m,避雷线 G 的半径 $r_0 = 5.5mm$,试计算哪一相导线的绕击率 P_a 最大,又哪一相导线与避雷线间的几何耦合系数 k_0 最小,其值各为多少?

7-5　试解释阀式避雷器电气特性的有关术语:间隙的冲放电压、工放电压、灭弧电压、工频续流、非线性系数、通流容量、残压、保护水平、切断比、保护比,并说明它们表示避雷器在哪些方面的电气特性。

题图 7-1 （单位:m）

7-6　说明 MOV 或 MOA 的荷电率、参考电压等术语的定义。

7-7　为什么说与 SiC 避雷器相比,MOA 具有无可比拟的优点?

第八章　电力系统防雷保护

本章分析输电线路、发电厂和变电所以及旋转电机的防雷保护原理及措施。

第一节　输电线路的防雷保护

输电线路由于分布面积广,易受雷击,是引起线路跳闸的主要起因。同时,雷击以后雷电波将沿输电线侵入变电所,给电力设备带来危害,因此对线路防雷保护应予以充分重视和研究。

根据过电压的形成过程,一般将线路发生的雷击过电压分为两种,一种是雷击线路附近地面,由于电磁感应所引起的,称为感应雷过电压。另一种是雷击于线路引起的称为直击雷过电压。运行经验表明,直击雷过电压对高压电力系统的危害更为严重。

输电线路的耐雷性能和所采用防雷措施的效果在工程计算中用耐雷水平和雷击跳闸率来衡量。耐雷水平是指雷击线路时线路绝缘不发生闪络的最大雷电流幅值。线路的耐雷水平较高,就是防雷性能较好。雷击跳闸率是指折算为统一的条件下,因雷击而引起的线路跳闸的次数,此统一条件规定为每年40个雷暴日和100km的线路长度。

应该指出,由于雷电放电的复杂性,通过工程分析得到的计算结果可以作为衡量线路防雷性能的相对指标,而运行经验的积累和实施对策的分析则应是十分重视的。

输电线路防雷一般采取下列措施:

1.防止雷直击导线

沿线架设避雷线,有时还要装避雷针与其配合。在某些情况下可改用电缆线路,使输电线路免受直接雷击。

2.防止雷击塔顶或避雷线后引起绝缘闪络

输电线路的闪络是指雷击塔顶或避雷线时,使塔顶电位升高。为此,降低杆塔的接地电阻,增大耦合系数,适当加强线路绝缘,在个别杆塔上采用线路型避雷器等,是提高线路耐雷水平,减少绝缘闪络的有效措施。

3.防止雷击闪络后转化为稳定的工频电弧

当绝缘子串发生闪络后,应尽量使它不转化为稳定的工频电弧。不建立这一电弧,则线路就不会跳闸。适当增加绝缘子片数,减少绝缘子串上工频电场强度,电网中采用不接地或经消弧线圈接地方式,防止建立稳定的工频电弧。

4.防止线路中断供电

可采用自动重合闸,或双回路、环网供电等措施,即使线路跳闸,也能不中断供电。

上述四条原则,也称为线路防雷的四道防线,应用时必须根据具体情况实施。例如线路的电压等级,供电的重要程度,当地的雷电活动强弱,已有的线路运行经验等,进行技术与经济比较,最后做出因地制宜的保护措施。

下面将介绍输电线路可能出现的过电压,并对输电线路进行耐雷性能分析计算。

一、输电线路的感应雷过电压

当雷击线路附近大地或击于塔顶但未发生反击时,由于电磁感应,输电线路上会产生感应雷过电压。以下将分析感应雷过电压的产生以及避雷线对感应雷过电压的屏蔽作用。

1.感应雷过电压的产生

在雷云接近输电线路上空时,线路正处于雷击与先导通道和地面构成的电场中。由于静电感应,在导线表面电场强度 E 的切向分量 E_x 的驱动下,与雷云异号的正电荷被吸引到靠近先导通道的一段导线上排列成束缚电荷,而导线中负电荷则被排斥到导线两侧远方或结中性点逸入大地,或经中性点绝缘的线路泄漏而逸入大地,如图 8-1(a)所示。由于先导放电的发展速度远小

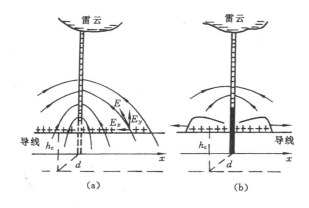

图 8-1　感应雷过电压形成示意图
(a)先导放电阶段；　(b)主放电阶段

于主放电的速度,上述电荷在导线中的移动较慢,由此引起的电流较小,相应的电压波可忽略不计,可见先导放电阶段,导线仍保持着原有电位。

主放电开始以后,先导通道中的负电荷自下而上被迅速中和,由雷击所造成的静电场突然消失,于是输电线路上的束缚电荷就变成了自由电荷,所形成的电压波迅速向线路两侧传播。这种因先导通道中电荷突然中和而引起的感应过电压称为感应雷击过电压的静电分量,如图 8-1(b)所示。

当发生主放电时,伴随着雷电流冲击波,在放电通道周围空间产生强大的脉冲磁场,它的磁通若有与导线相交链的情况,就会在导线中感应出一定的电压,称为感应雷击过电压的电磁分量。由于主放电通道与导线基本上是互相垂直的,所以电磁分量较小,通常只要考虑其静电分量。

2.无避雷线时的感应雷过电压

根据理论分析与实测结果,有关规程建议,当雷击点与电力线路之间的水平距离 $d > 65\text{m}$ 时,导线上的感应雷过电压的最大值为

$$U_i = 25 \frac{Ih_c}{d} \tag{8-1}$$

式中,I 为雷电流幅值(kA);h_c 为导线对地的平均高度(m);d 为雷击点与线路之间的水平距离(m)。

在用式(8-1)时,注意到雷击地面被击点的自然接地电阻较大这一特点,所以最大雷电流幅值可采用 $I \leqslant 100\text{kA}$ 进行估算。实测表明:感应雷过电压幅值一般不超过 $300 \sim 400\text{kV}$,这可能使 35kV 及以下水泥杆线路出现闪络事故。而对 110kV 及以上绝缘水平较高的线路,一般不会构成威胁。感应雷过电压的极性与雷云的极性相反,而相邻导线同时产生相同极性的感应雷过电压,因此相间不存在电位差,只存在引起对地闪络的可能,而如果两相或三相同时对地闪络,就会转化为相间闪络事故。

在 $d < 50\text{m}$ 以内的雷将被线路吸引而击中线路本身。当雷直击于导线以外的任何位置而不产生反击时,由于空中电磁场的变化,将会在导线上产生很高的感应雷过电压。研究指出,它与导线的平均高度成正比,当无避雷线时,对一般高度的线路可用下式计算感应雷过电压最大值

$$U_{i(c)} = ah_c \tag{8-2}$$

式中,a 为感应过电压系数,单位 kV/m,在数值上等于雷电流的时间陡度平均值,即 $a \approx I/2.6$(时间陡度单位为 kV/μs)。

3.有避雷线时的感应雷过电压

当导线上方挂有接地的避雷线时,由于先导电荷产生的电力线有一部分被避雷线截住,即避雷线的屏蔽作用,因而导线上感应的束缚电荷减少,相应的感应电压也减少。若设避雷线与导线一样未接地,其感应雷击过电压分别

为 $u_{i(g)}$，$u_{i(c)}$，但实际上避雷线是通过每杆塔接地的，其电位为零。这可以设想为在避雷线上又叠加了一个"$-u_{i(g)}$"的感应电压，它将在导线上产生一个耦合电压"$-k_0 u_{i(g)}$"，这时导线上的实际感应雷过电压应为

$$u'_{i(c)} = u_{i(c)} - k_0 u_{i(g)} = u_{i(c)}\left(1 - k_0 \frac{h_g}{h_c}\right) \tag{8-3}$$

式中，k_0 为避雷线与导线间的几何耦合系数。可以看出，由于避雷线的屏蔽作用，导线上的感应雷击电压有所降低，降低的数值与 k_0 值有关，线间距离越近，k_0 值愈大，感应过电压值愈低。当计及电晕影响后，k_0 应按 $k = k_0 k_1$ 修正（见表 6-1）。

二、输电线路直击雷过电压

现讨论输电线路的直击雷过电压，以中性点直接接地系统中有避雷线的线路为例进行分析，介绍避雷线对线路防直击雷的作用。其它线路的分析原则与上相同。

雷直击于有避雷线线路的情况可分为三种，即雷击杆塔塔顶，雷击避雷线挡距中间和雷绕过避雷线击于导线——称为"绕击"，如图 8-2 所示。

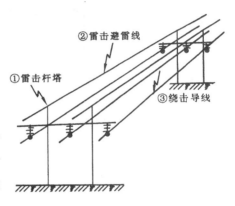

图 8-2　雷击有避雷线线路的几种情况

1.雷击杆塔塔顶时的过电压和耐雷水平

当雷击杆塔塔顶时，雷电流大部分流经被击杆塔及其接地电阻流入大地，小部分电流则经过避雷线由二相邻杆塔入地。从雷击线路接地部分（避雷线、杆塔等）而引起绝缘子串闪络的角度来看，这是最严重的情况，产生的雷电过电压最高。雷击杆塔示意图及等值电路如图 8-3 所示。

由于一般杆塔不高，其接地电阻 R_i 较小，因而从接地点反射回来的电流波立即到达塔顶，使入射电流加倍，因而注入线路的总电流即为雷电流 i，而不是沿雷道波阻抗传播的入射电流 $\frac{i}{2}$。

因为避雷线有分流作用，所以流经杆塔的电流 i_t 将小于雷电流 i，有

$$i_t = \beta i \tag{8-4}$$

式中，β 称为杆塔分流系数，β 值在 $0.86 \sim 0.92$ 的范围内，各种不同情况下的 β 值可由表 8-1 查得。

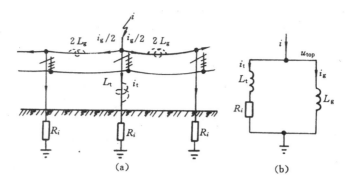

图 8-3　雷击杆塔示意图和等值电路

表 8-1　一般长度挡距的线路杆塔分流系数 β 值

线路额定电压/kV	避雷线根数	β
110	1	0.90
	2	0.86
220	1	0.92
	2	0.88
330	2	0.88
500	2	0.88

在工程计算中设雷电流为斜角平顶波,取波前时间 $T_1 = 2.6\mu s$,则 $a = I/2.6$,将杆塔总电感和避雷线以集中参数电感 L_t 和 L_g 来代替,R_i 为杆塔冲击接地电阻,塔顶电位 u_{top} 可由下式计算

$$u_{top} = R_i \cdot i_t + L_t \frac{di_t}{dt} = \beta(R_i \cdot i + L_t \frac{di}{dt}) \qquad (8-5)$$

以 $\dfrac{di}{dt} = \dfrac{I}{T} = \dfrac{I}{2.6}$ 代入式(8-5),则塔顶电位幅值 U_{top} 为

$$U_{top} = \beta I (R_i + \frac{L_t}{2.6}) \qquad (8-6)$$

无避雷线时,　　　　$\beta = 1, U_{top} = I(R_i + \dfrac{L_t}{2.6})$ 　　　　　(8-7)

比较式(8-6)与式(8-7)可知,由于避雷线的分流作用,降低了雷击塔顶时塔顶的电位。

当塔顶电位为 u_{top} 时,则与塔顶相连的避雷线上也将有相同的电位 u_{top}。

由于避雷线与导线间的耦合作用,导线上将产生耦合电压 ku_{top}(k 为考虑电晕影响的耦合系数)。此外,由于雷电流通道电磁场的作用,在导线上尚有感应过电压 $ah_c(1-k\dfrac{h_g}{h_c})$。前者与雷电流同极性,后者与雷电流反极性,所以导线电位的幅值 U_c 为

$$U_c = kU_{top} - ah_c\left(1 - k\frac{h_g}{h_c}\right) \approx kU_{top} - ah_c(1-k) \tag{8-8}$$

式中,$h_g \approx h_c$。

因此,线路绝缘子串上两端电压 u_{li} 为塔顶电位和导线电位之差,u_{li} 可写为

$$u_{li} = u_{top} - u_c = u_{top} - ku_{top} + ah_c(1-k) = (u_{top} + ah_c)(1-k)$$

以式(8-6)及 $a = \dfrac{I}{2.6}$ 代入得

$$U_{li} = I\left(\beta R_i + \beta\frac{L_t}{2.6} + \frac{h_c}{2.6}\right)(1-k) \tag{8-9}$$

几点说明:在计算线路绝缘子串两端电压 u_{li} 时,为简化计,假定

● 各电压分量的幅值均在同一时刻出现;

● 没有计入系统工作电压;

● 绝缘子上端电压用塔顶电位代表,忽略塔顶与横担间的电位差异;

● 将 u_{top} 电压波沿避雷线传播而在导线上产生的耦合电压波的耦合作用系数与避雷线对 u_{top} 电压波的屏蔽作用而在导线上产生的感应雷过电压波的耦合作用系数视为同一 k 值处理。

当 U_{li} 大于绝缘子串 50% 冲击放电电压 $U_{50\%}$ 时,绝缘子串将发生闪络,与这一临界条件相对应的雷电流幅值 I 显然就是这条线路雷击杆塔时的耐雷水平 I_1,即

$$I_1 = \frac{U_{50\%}}{(1-k)\left[\beta\left(R_i + \dfrac{L_t}{2.6}\right) + \dfrac{h_c}{2.6}\right]} \tag{8-10}$$

无避雷线时的耐雷水平 I'_1 为

$$I'_1 = \frac{U_{50\%}}{R_i + \dfrac{L_t}{2.6} + \dfrac{h_c}{2.6}} \tag{8-11}$$

比较式(8-10)与式(8-11)可知,有避雷线的线路耐雷水平有所提高。从式(8-10)可知,加强线路绝缘(即提高 $U_{50\%}$),增大耦合系数 k,降低杆塔接地

电阻 R_i 等,都能提高线路耐雷水平。而工程实用中往往以降低 R_i 和提高 k 值作为提高耐雷水平的主要途径。因为一般高度的杆塔,R_i 上的电压降是塔顶电位的主要成分,减小 R_i,降低了塔顶电位,增大 k 值(如将单避雷线改为双避雷线、加强架空地线等),可减少绝缘子串上的电压和感应雷击过电压。

2. 雷击挡距中央避雷线时的过电压

雷击于挡距中央的避雷线 A 点(如图 8-4 所示),这是雷击于避雷线最严重的情况,因为这时从两侧杆塔接地点产生的负反射波抵达 A 点的时间最

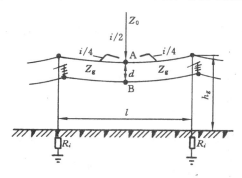

图 8-4　雷击挡距中央的避雷线示意图

长。由于杆塔高度 h_t 相对于杆间挡距 l 小很多,因此以雷击点为时间起点负反射波到达 A 点的时间为 l/v;设雷电流大小为 i,则从雷道波阻传来的电流入射波应为 $i/2$。由于雷道波阻 Z_0 与两侧避雷线波阻 Z_g 的并联值($Z_g/2$)近似相等,所以可近似认为波在雷击点 A 处没有折、反射现象,这样每侧避雷线上的电流波将为 $i/4$,而 i 可表示为 at 计算。因此,雷击点电压的最大值 $U_A = \dfrac{i}{4} \cdot Z_g = \dfrac{a}{4} \cdot \dfrac{l}{v} Z_g$,可见 U_A 与雷电流波的陡度成正比。于是可推知:A 点与导线空气间隙绝缘上所承受的最大电压为

$$U_{AB} = U_A(1 - k) = \frac{al}{4v} Z_g(1 - k) \tag{8-12}$$

式中,k 为导线与避雷线间的耦合系数。

根据式(8-12)和空气间隙的抗电强度,可以计算出不发生击穿的最小空气距离 d。我国规程规定对于一般挡距的线路,如果在挡距中央导线地线间的空气距离 $d = 0.012l + 1$(单位为 m),则一般不会出现击穿事故,因此,在计算雷击跳闸率时,不需再考虑这种情况。

3. 雷绕过避雷线击于导线时的过电压

线路装设了避雷线,仍然有雷绕过避雷线而击于导线的可能性,虽然绕击的概率很小,但一旦出现此情况,也可能引起线路绝缘子串的闪络。

模拟试验、运行经验和现场实测都已表明,绕击率 P_α 与避雷线对边相导线的保护角 α、杆塔高度 h_t 和线路所经地区的地形地貌和地质条件有关,规程建议用下式计算 P_α:

对平原线路
$$\lg P_\alpha = \frac{\alpha \sqrt{h_t}}{86} - 3.9 \qquad (8\text{-}13)$$

对山区线路
$$\lg P_\alpha = \frac{\alpha \sqrt{h_t}}{86} - 3.35$$

式中，α 为保护角($^\circ$)；h_t 为杆塔高度(m)。

现在来计算绕击时的过电压和耐雷水平。如图 8-5 所示，当雷绕击导线后，雷电流便沿着导线向两侧流动，假定 Z_0 为雷电通道的波阻抗，$Z/2$ 为雷击

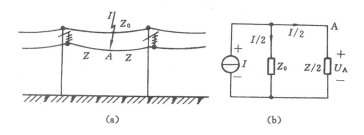

图 8-5　雷绕过避雷线击于导线示意图和等值电路

点两边导线的并联波阻抗，则可建立等值电路如图 8-5(b)。若计及冲击电晕的影响，可取 $Z = 400\Omega$，$Z_0 \approx 200\Omega$，则雷击点电压 U_A 为

$$U_A = \frac{I}{2} \cdot \frac{Z}{2} = 100I \qquad (8\text{-}14)$$

可见，雷击导线的过电压与雷电流的大小成正比。如果此过电压超过线路绝缘的耐受电压，则将发生冲击闪络，由此可得线路的耐雷水平为

$$I_2 = \frac{U_{50\%}}{100} \qquad (8\text{-}15)$$

式中，I_2 的单位为 kA，它在数值上等于单位为 kV 的 $U_{50\%}$ 冲放电压的 1/100。

根据规程的计算方法，雷绕击的耐雷水平较雷击杆塔的小很多。(8-14)式、(8-15)式分别用于计算雷绕击导线的过电压和耐雷水平。对于无避雷线的线路不存在绕击的问题，同样可用上述公式计算雷直击导线的过电压和耐雷水平。

三、输电线路雷击跳闸率

从线路雷害事故发展过程看，输电线路着雷时，如果雷电流超过线路耐雷水平，则将引起线路绝缘发生冲击闪络。这时，雷电流沿闪络通道入地，由于持续时间仅有几十微秒，线路开关还来不及动作。而如果沿闪络通道流过工

频短路电流的电弧持续燃烧,线路将会跳闸。在研究线路雷击跳闸率时,必须考虑上述诸因素的作用。现仍以有避雷线的线路为例进行分析,线路因雷击而跳闸,有可能是反击引起的,也可能是由绕击造成的。从雷击点部位来看,反击包括如图 8-2①②部位,前已分析,在计算雷击跳闸率时,不需考虑②,而绕击发生在图 8-2③部位。因此,雷击跳闸率就是分析①、③两种情况的跳闸率。

1.雷击杆塔的跳闸率

前已叙述,每 100km 有避雷线的线路每年(40 个雷暴日)落雷次数为 $N = 2.8 h_g$ 次〔h_g 为避雷线对地平均高度(m)〕。若击杆率为 g,则每 100km 线路每年雷击杆塔的次数为 $N_g = 2.8 h_g g$ 次;若雷击杆塔时的耐雷水平为 I_1,雷电流幅值超过 I_1 的概率为 P_1,建弧率为 η,则 100km 线路每年雷击杆塔的跳闸次数 n_1 为

$$n_1 = 2.8 h_g \cdot g \cdot \eta \cdot P_1 \qquad (8\text{-}16)$$

式中,g = 雷击杆塔次数与雷击线路总数的比例(见表 8-2)。

表 8-2　击杆率 g

地形＼避雷线根数	0	1	2
平原	1/2	1/4	1/6
山区	—	1/3	1/4

2.绕击跳闸率

设绕击率为 P_a,100km 线路每年绕击次数为 $NP_a = 2.8 h_g \cdot P_a$,绕击时的耐雷水平为 I_2,雷电流幅值超过 I_2 的概率为 P_2,建弧率为 η,则每 100km 线路每年的绕击跳闸次数

$$n_2 = 2.8 h_g \cdot \eta \cdot P_a \cdot P_2 \qquad (8\text{-}17)$$

3.线路雷击跳闸率

线路雷击跳闸率 n 是反击跳闸率 n_1 与绕击跳闸率 n_2 之和,即

$$n = n_1 + n_2 = 2.8 h_g \cdot \eta (g P_1 + P_a P_2) \qquad (8\text{-}18)$$

顺便提一下,在中性点非直接接地的电网中,无避雷线的线路以每 100km 线路每年 40 个雷暴日的雷击跳闸率可用下式计算

$$n = 2.8 h_c \cdot \eta P_1 \qquad (8\text{-}19)$$

式中,h_c 为上导线平均高度(m);η 为建弧率;P_1 为雷击使线路一相导线与杆

塔闪络后,再向第二相导线反击时雷电流幅值超过耐雷水平的概率。

以上各式雷击跳闸率的单位为次/(100km·40雷暴日)。

例8-1 平原地区220kV双避雷线线路如图8-6所示,绝缘子串由13片 $X-7$ 组成。其正极性冲击放电电压 $U_{50\%}$ 为1410kV, 负极性冲击放电电压 $U_{50\%}$ 为1560kV,杆塔冲击接地 电阻 R_i 为7Ω,避雷线和导线的弧垂分别为 $f_g=7m$ 和 $f_c=12m$,避雷线半径为5.5mm,求该线路的耐雷 水平及雷击跳闸率。

解:(1)计算几何参数

(a)避雷线与导线的平均高度

$$h_{gp} = h_g - \frac{2}{3}f_g = (29.1 - \frac{2}{3} \times 7)m = 24.5m$$

$$h_{cp} = h_c - \frac{2}{3}f_c = (23.4 - \frac{2}{3} \times 12)m = 15.4m$$

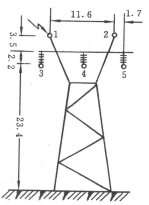

图8-6 平原地区220kV 双避雷线线路杆 塔结构(单位:m)

(b)双避雷线对外侧导线的耦合系数

几何耦合系数为

$$k_0 = \frac{\ln\dfrac{d'_{13}}{d_{13}} + \ln\dfrac{d'_{23}}{d_{23}}}{\ln\dfrac{2h_1}{r_1} + \ln\dfrac{d'_{12}}{d_{12}}} = 0.229$$

计及电晕后的耦合系数为

$$k = k_1 \cdot k_0 = 1.25 \times 0.229 = 0.286$$

k_1 由查表6-1得到。

(c)杆塔电感 L_t 为

$$L_t = 0.5h_t = 0.5 \times 29.1\mu H = 14.5\mu H$$

一般杆塔高度的等值电感为 $0.5\mu H/m$。

(2)雷击塔顶时分流系数由表8-1查得 $\beta=0.88$。

(3)雷击塔顶时的耐雷水平 I_1 由式(8-10)可得

$$I_1 = \frac{1410}{(1-0.286)[0.88 \times (7+\frac{14.5}{2.6}) + \frac{15.4}{2.6}]}kA = 116kA$$

(4)雷电流超过 I_1 的概率,由图7-2可得 $P_1=8.4\%$。

(5)计算绕击耐雷水平 I_2,由式(8-15)可得 $I_2=15.6kA$。

(6)雷电流超过 I_2 的概率,由图7-2可得 $P_2=71.7\%$。

(7)由表 8-2 查得击杆率 $g = \frac{1}{6}$；由式(8-13)得 $P_a = 0.144\%$；由式 $\eta = (4.5E^{0.75} - 14)\%$ 得建弧率 $\eta = 0.80$。

(8)线路的雷击跳闸率

$$n = 2.8h_{cP}(gP_1 + P_aP_2) \cdot \eta$$

$$= 2.8 \times 24.5(\frac{1}{6} \times \frac{8.4}{100} + \frac{0.144}{100} \times \frac{71.7}{100}) \times 0.80 \, 次/(100\text{km} \cdot 40 \, 雷电日)$$

$$= 0.82 \, 次/(100\text{km} \cdot 40 \, 雷电日)$$

第二节   发电厂和变电所的防雷保护

前面已讨论线路防雷,在线路防雷中,仅要求它是部分耐雷,也就是根据线路的重要程度,仅要求它有一定的耐雷水平。而发电厂是电力网的心脏,变电所是重要的电力枢纽,一旦发生雷击事故,就会造成大面积停电。一些重要设备如发电机、变压器等,多半不是自恢复绝缘,其内部绝缘如果发生闪络,就会损坏设备,因此,从防雷保护设计来看,要求发电厂、变电所实际上是完全耐雷的。

发电厂和变电所的雷害事故来自两个方面:一是雷直击于发电厂、变电所;二是雷击输电线路产生的雷电波沿线路侵入发电厂和变电所。

对直击雷的防护一般采用避雷针或避雷线。对雷电侵入波防护的主要措施是阀式避雷器限制过电压幅值,同时辅之以相应措施,以限制流过阀式避雷器的雷电流和降低侵入波的陡度。采用主、辅措施对于发电厂、变电所以及有直配电机的场合,特别近些年 MOA 的应用以及 GIS 变电所的出现,给防雷保护带来了新的特点。

一、发电厂、变电所的直击雷保护

为了防止发电厂、变电所遭受直接雷击,需要安装避雷针、避雷线和铺设良好的接地网。装设避雷针(线)应该使发电厂、变电所的所有设备和建筑物处于保护范围内。还应该使被保护物体与避雷针(线)之间留有一定距离,因为雷直击避雷针(线)瞬间的地电位可能提高。如果这一距离不够大,则有可能在它们之间发生放电,这种现象称避雷针(线)对电气设备的反击或逆闪络。逆闪络一旦出现,高电位将加到电气设备上,有可能导致设备绝缘的损坏。为了避免这种情况发生,被保护物体与避雷针间在空气中以及地下接地装置间应有足够的距离,这是变电所的直击雷防护设计的主要内容。

避雷针的装设可分为独立避雷针和构架避雷针两种。

独立避雷针落雷时,雷电流经过避雷针及接地体流入大地(见图8-7),在避雷针的 A 点(高度为 h 处)及接地装置的 B 点将出现电位 u_A 和 u_B,有

$$u_A = L_0 h \frac{\mathrm{d}i}{\mathrm{d}t} + iR_i$$

$$u_B = iR_i$$

式中,L_0 为避雷针单位高度的等值电感($\mu H/m$);h 为避雷针高度(m);R_i 为接地装置的冲击接地电阻(Ω);i,$\frac{\mathrm{d}i}{\mathrm{d}t}$ 为雷电流幅值和陡度(kA,$kA/\mu s$)。

为了防止反击的发生,避雷针与被保护物体之间应有足够的空气间隙 d_1 和地中距离 d_2,$d_1 \geqslant \frac{U_A}{E_1}$,$d_2 \geqslant \frac{U_B}{E_2}$,根据规程取 $I = 100kA$,平均波前陡度 $(\frac{\mathrm{d}i}{\mathrm{d}t})_{av} \approx \frac{100}{2.6} kA/\mu s$,$L_0 \approx 1.55\mu H/m$,空气和土壤的击穿场强分别为 $E_1 \approx 500kV/m$,$E_2 \approx 300kV/m$。

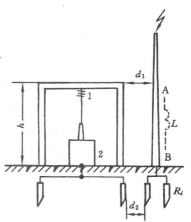

图8-7　独立避雷针落雷时的高电位分析

将以上取值代入 U_A、U_B 及 d_1、d_2 计算式,并按实际运行经验校验后,我国标准目前推荐 d_1 和 d_2 应满足下式要求

$$\left.\begin{array}{l} d_1 \geqslant 0.2R_i + 0.1h \\ d_2 \geqslant 0.3R_i \end{array}\right\} \tag{8-20}$$

式中,R_i 取单位为 Ω 对应的数值,d_1,d_2,h 的单位为 m。

独立避雷针的工频接地电阻不宜大于10Ω。接地电阻过大时,d_1、d_2 都需要增大,致使避雷针也要加高。从技术经济角度权衡是不合理的。构架避雷针有造价低廉,便于布置的优点,但因构架离电气设备较近,必须保持不发生反击的要求。

我国规程规定:

● 35kV 及以下配电装置的绝缘较弱,所以其构架或房顶上不宜装设避雷针,而应装设独立避雷针;

● 60kV 的配电装置在 $\rho < 500\Omega \cdot m$ 的地区容许采用构架避雷针,而在 $\rho > 500\Omega \cdot m$ 的地区宜采用独立避雷针;

● 110kV 及以上的配电装置,在土壤电阻率 $\rho \leqslant 1000\Omega \cdot m$(110kV 及以上)

时,不易反击,容许装设构架避雷针。

安装避雷针的构架还应埋设辅助接地装置,此接地装置与主变压器接地点之间电气距离应大于 15m,这可保证当雷击辅助接地体的过电压波在沿地网向主变压器接地点传播过程中有足够的衰减,而不致对变压器发生反击。为了确保主变压器的安全,不允许在变压器门型架上装设避雷针。

● 发电厂厂房一般不装设避雷针,以免发生感应或反击使继电保护误动作,甚至造成绝缘损坏。

和避雷针保护一样,架空避雷线保护也应考虑空气、地下间隙不发生反击的距离 d_1, d_2。

对两端接地的避雷线,由于避雷线的分流作用,因而

$$\left.\begin{array}{l} d_1 \geqslant \beta'[0.2R_i + 0.16(h + \Delta l)] \\ \beta' \approx (l_2 + h)/(l_2 + \Delta l + 2h) \\ d_2 \geqslant 0.3\beta'R_i \end{array}\right\} \tag{8-21}$$

式中,R_i 取单位为 Ω 对应的数值;β' 为避雷线的分流系数;l 为避雷线两支柱间的距离(m);Δl 为避雷线上校验的雷击点与最近支柱间的距离(m);l_2 为避雷线上校验的雷击点与另一端支柱间的距离,$l_2 = l - \Delta l$(m)。

对一端经配电装置构架接地,另一端绝缘的避雷线,有 $\beta' = 1$,则

$$\left.\begin{array}{l} d_1 \geqslant 0.2R_i + 0.16(h + \Delta l) \\ d_2 \geqslant 0.3R_i \end{array}\right\} \tag{8-22}$$

式中,R_i 取单位为 Ω 对应的数值;Δl 为避雷线上校验的雷击点与接地支柱的距离(m)。

此外规程还规定避雷针(线)的 d_1 一般不宜小于 5m,d_2 一般不宜小于 3m,应根据情况适当增大。

二、发电厂、变电所的雷电侵入波防护

发电厂、变电所限制雷电侵入波的主要措施是装设避雷器,避雷器动作后,可将侵入波幅值加以限制,使变压器受到保护。而为了有效地发挥其保护功能,还需要有辅助措施与之配合。

前面已经提到对避雷器的两点要求:

● 在一切电压波形下,它的伏秒特性均在被保护绝缘的伏秒特性之下;

● 它的伏安特性应保证其残压均低于被保护绝缘的冲击绝缘强度。

如果被保护设备就挂在与避雷器连结线路一点上,并且避雷器只要满足以上两个要求,就能有效地发挥其保护作用。而实际变电所中阀式避雷器与

被保护绝缘间不是接在一点上,为了节省投资,阀式避雷器一般都装在母线上,以保护多台设备,因此避雷器与变压器或其它被保护设备之间有一定距离 l 的电气引线,被保护绝缘是否处于该避雷器的保护距离之内,则是值得分析研究的。

在雷电波的作用下,避雷器与被保护绝缘之间的这段电气引线上的波过程(波的折射与反射),使得避雷器动作后,在被保护绝缘如:变压器上的电压比避雷器的残压高。变压器上的电压高到超过它的冲击耐压值时,避雷器就起不了保护作用,变压器将会被打坏。因此,必须讨论避雷器与变压器间波的传播过程及其规律,避雷器动作后,变压器上的电压为什么会升高,这种升高与哪些因素有关。

1. 阀式避雷器动作后,变压器上的过电压

图 8-8 为阀式避雷器保护变压器的原理接线图,假设 1、2 两点的电气距离为 l,线路进波幅值等于线路冲击绝缘水平 $U_{50\%}$,波前陡度 $a = \dfrac{U_{50\%}}{2.6}(\text{kV}/\mu s)$,由于变电所的范围不会太大,而波在 $T_1 = 2.6\mu s$ 时间内能传播距离为 780m,可见各种波过

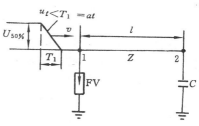

图 8-8 阀式避雷器保护变压器原理接线

程大多在 T_1 内出现,这样可将计算波形简化写为 at。因为变压器入口电容很小,为简单起见,先忽略变压器的入口电容,所以末端 2 点相当开路,可根据波在 l 线段上的折、反射来分析阀式避雷器动作后变压器上的电压,也就是 2 点的电压。

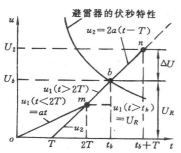

图 8-9 避雷器和被保护绝缘上的电压波形

当避雷器动作后,其电压波形可由图解法或解析法求得,图解法分析结果见图 6-13、图 6-14,它们分别是非线性电阻(MOA)和带间隙的阀式避雷器动作后得到的波形图。

设 $t = 0$ 时,入射波到达 1 点,该处的电压将按 $u_1 = at$ 上升,如图 8-9 波形图所示,经过时间 $T = l/v$(波速为 v),波到达变压器端部 2 点,因为 2 点开路,将发生电压正的全反射,因此作用在变压器上的电压为 $u_2 = 2a(t - T)$。当 $t = 2T$ 时,在 2 点产生的反射波到达 1 点。这时 1 点的电压 $u_1 = at + a(t - 2T) = 2a(t -$

T),所以 $t \geqslant 2T$ 后,u_1 的曲线 mn 将与 u_2 重合。因此,避雷器上的电压 u_1 是按折线 omn 变化。若 u_1 曲线与 FV 的伏秒特性在 $t = t_b$ 相交,避雷器发生放电,放电电压为 $U_b \left[U_b = 2a(t_b - T) \right]$。避雷器放电以后,$u_1$ 将等于它的残压 U_R,近似为一水平线 ($U_R \approx U_b$)。此时相当于避雷器产生一陡度为 $2a$ 的负反射波。避雷器放电后限制电压的效果需经过时间 T 即在 $t = t_b + T$ 才能传到变压器。在 t_b 到 $t_b + T$ 这段时间内,变压器上的电压 U_2 仍以 $2a$ 的陡度继续上升,由图可见,变压器上的最大电压将比避雷器上的残压高出 ΔU

$$\Delta U = 2aT = 2a \frac{l}{v}$$

所以变压器上的最大电压

$$U_{\max} = U_1 + \Delta U = U_R + 2a \cdot \frac{l}{v} \tag{8-23}$$

实际上,变压器有一定的入口电容,避雷器与变压器之间的连线也有电感、电容,计及这些参数后,会使得上述分析复杂些。

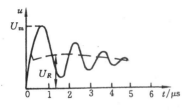

图 8-10   阀式避雷器动作后,
变压器上电压的
典型波形

详细计算和实测表明变压器上电压的典型波形如图 8-10 所示,这种波形与冲击全波相差很大,它对变压器绝缘的作用与截波相近。因此,当它的最大值大于变压器多次截波耐压值时变压器就会损坏。为此,常用变压器绝缘耐受截波的能力来说明运行变压器承受雷电波的能力 $u_{w(i)}$。

这样,由式(8-23)可以得到变压器与避雷器之间允许的最大电气距离为

$$\left. \begin{array}{l} l_{\max} = \left[U_{w(i)} - U_R \right] / \left(\dfrac{2a}{v} \right) \\[2mm] l_{\max} = \left[U_{w(i)} - U_R \right] / 2a' \end{array} \right\} \tag{8-24}$$

或

式中,$U_{w(i)}$ 为绝缘的雷电冲击耐压值;U_R 为阀式避雷器的残压;a 为时间陡度 (kV/μs);a' 为空间陡度(kV/m),$a' = \dfrac{a}{v}$;v 的单位为 m/μs;l 的单位为 m。

由式(8-24)可见,$l_{\max}$ 与变压器多次截波耐压值、避雷器残压、侵入波陡度有关。通常,其它变电设备不像变压器那样重要,但它们的冲击耐压水平却反而比变压器更高,根据经验有

$$l'_{\max} \approx 1.35 l_{\max(T)} \tag{8-25}$$

式中,$l'_{\max}$ 为其它设备到避雷器的最大允许距离(m);$l_{\max(T)}$ 为变压器到避雷器

的最大允许距离(m)。

注意到不同类型避雷器的残压值是不同的,如 110kV 级 FZ 型避雷器 5kA 下残压为 332kV,而 FCZ 型避雷器和 MOA 都只有 260kV,因此变电所中若使用后两种类型避雷器,则变压器与避雷器间的最大允许距离将比用前一种时大。其中,以采用 MOA 为最佳选择,它比其它避雷器有更多的优点在前面章节已叙述过。

以上是从最简单的情况来考虑的,事实上,变电所内出线较多,波的折、反射相当复杂,为了确定具体接线中避雷器的保护距离和变压器上的电压波形,一般采用模拟和电算互为补充、验证的方法分析研究。通常如果是中间变电所或多出线变电所,这时的最大容许距离要比终端变电所时长很多,有

$$l_{\max} = K \frac{U_{w(i)} - U_R}{2a'} \tag{8-26}$$

式中,K 为变电所出线修正系数。

上述式(8-23)、式(8-24)、式(8-26)中的 U_R 也可用 U_{is} 代替,U_{is} 为阀式避雷器的冲击放电电压,二者近似相等。

2.变电所的进线段保护

由以上分析可知:$l_{\max}$ 一经确定后,为使避雷器可靠地保护变压器,还必须设法限制:

● 侵入波陡度,使之小于 $a'_{\max}$,因为对于已安装好的距离 l,可求出最大容许进波陡度为 $a'_{\max} = \frac{U_{w(i)} - U_R}{2l}$;

● 流过避雷器的冲击电流幅值 I_{FV},因为避雷器的残压与雷电流的大小有关,过大的雷电流致使 U_R 过高,而且阀片通流能力有限,雷电流若超过阀片的通流能力,避雷器就会烧坏。因此,还须增加辅助保护措施配合避雷器共同保护变压器,这一辅助措施就是进线段,它的保护作用必须体现在以上的两个限制上。

如果线路没有进线段保护,雷直击变电所附近导线时,流过避雷器的雷电流幅值和陡度是有可能超过容许值的,因此,对于这种线路,在靠近变电所的一段进线上,必须加装避雷线或避雷针,以减少变电所的雷害事故。如图8-11(a)是 35~110kV 的无避雷线线路,在变电所的进线长度约为 1~2km 范围内,装设避雷线、避雷针或其它防雷装置,称之为进线段。

如图 8-11(b)是全线有避雷线的线路,将变电所附近2km长的一段线路加强防雷措施,也称为进线段。这段线路还必须能避免或减少变电所雷电侵入波事故,其重要性比其余长度的避雷线要大得多。

总之,为了限制侵入波的陡度和幅值,使避雷器可靠动作,变电所必须有

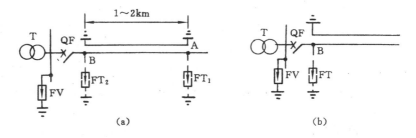

图 8-11   变电所进线段的保护接线

(a)35～110kV 线路未沿全线架设避雷线；   (b)全线有避雷线

一段进线段保护。有关规程规定了进线段的耐雷水平值和保护角角度(不大于 20°,最大不应超过 30°),以分别减少反击和绕击的概率。

(1)进线段降低陡度的作用

当雷击发生在进线段首端 A,对于金属杆塔和水泥杆塔的线路来说,当一相导线绕击后,向另一相导线反击时产生的行波是直角波前,这是最严重的情况。已知行波行经距离 l 后冲击电晕使波前拉长,波前时间 T_1 可用下列经验公式表示

$$T_1 = T_0 + (0.5 + \frac{0.008U}{h_c})l$$

式中,T 的单位 μs;l 取单位为 km 对应的值;h_c 取单位为 m 对应的值;U 取单位为 kV 对应的值。

对应于最严重情况 ,被反击导线上进行波的陡度为 ∞ ,即 $T_0 = 0$。进行波经过长为 l_p 的进线段后,它抵达变电所时的波前时间为 T_f(将 l_P 代入上式可得 T_f),因此,相应的波前陡度为

$$a = \frac{U}{T_f} = \frac{U}{(0.5 + \frac{0.008U}{h_c})l_p} \tag{8-27}$$

式中,a 的单位为 kV/μs;其余同上式。

如果 a 为进波陡度的容许值,则所需的进线段长度

$$l_P = \frac{U}{a(0.5 + \frac{0.008U}{h_c})} \tag{8-28}$$

式中单位同上。

(2)进线段的限流作用

如前所述,有了进线段保护后,可认为已将雷击点从图 8-11(a)、(b)中的 B 推向远点 A,侵入变电所的雷电波是从 2km 以外传来的。最危险的雷击发

生在进线段首端 A 点。由于受线路绝缘水平的限制,侵入波的幅值不超过绝缘子串的 50% 放电电压 $U_{50\%}$,所以在变电所防雷计算中侵入波的幅值取为 $U_{50\%}$。

如图 8-12(a)所示,分析单回线运行的避雷器中的电流大小。由于波在 1~2km 进线段上往返一次的时间为 $\dfrac{2l}{v} = \dfrac{2 \times (1 \sim 2) \times 1000}{300}\mu s = 6.7 \sim 13.3\mu s$,它已远远超过进波的波前时间($T_1 = 2.6\mu s$),即在 B 点避雷器动作后所产生的负

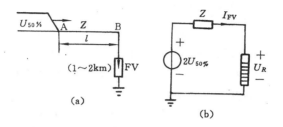

图 8-12 单回线运行避雷器 FV 中电流的计算

(a)接线图; (b)等值电路

电压波传到落雷点(A 点),又在 A 点产生负反射波再回到避雷器(B 点)去增大其电流时,原先流过避雷器的冲击电流早已过了峰值。因此,可不必按多次折、反射的情况来考虑流过避雷器的电流增大的现象。于是,可以得到图 8-12(b)等值电路,并列出以下方程组

$$2U_{50\%} = I_{F\cdot V} \cdot Z + U_R$$
$$U_R = f(I) \tag{8-29}$$

式中,Z 为导线波阻抗(Ω);$U_{50\%}$ 为侵入波(kV);$f(I)$ 为 FV 的伏安特性。

用图解法或解析法求解式(8-29)得到

$$I_{FV} = \frac{2U_{50\%} - U_R}{Z}$$

如有 110kV 水泥杆线路 $U_{50\%} = 700$kV,所用避雷器型号为 FZ-110J,5kA 下的残压 $U_R = 332$kV,$Z \approx 400\Omega$,则在单回线运行时有

$$I_{FV} = \frac{2 \times 700 - 332}{400}\text{kA} = 2.67\text{kA}$$

用同样的方法,可计算不同电压等级线路流过避雷器冲击电流的幅值,将结果列于表 8-3。

表 8-3　单回线运行时,变电所避雷器的冲击电流幅值

额定电压/kV	避雷器型号	线路绝缘的 $U_{50\%}$ /kV	i/kA
35	FZ—35	350	1.41
110	FZ—110J	700	2.67
220	FZ—220J	1200 ~ 1400	4.35 ~ 5.38
330	FCZ—330J	1645	7.06
500	FCZ—500J	2060—2310	8.63 ~ 10

从计算可知,当选用避雷器保护变电所时,一般在电压为 220kV 级及以下时用 5kA 下的残压为准,而在 330kV ~ 500kV,以 10kA 下残压为准。这是按避雷器伏安特性作绝缘配合时规定的配合电流值。

归纳起来进线段的作用是使雷击点推向远处,即雷电过电压波从进线段以外传来,当它在流过进线段时,将因冲击电晕而发生衰减和变形,降低了波前陡度和幅值,同时也限制了流过避雷器的冲击电流幅值。

在图 8-11 的进线段保护方式中,还有用虚线画出的 FT_1 和 FT_2 管式避雷器,对冲击绝缘水平特别高的线路,例如木杆或木横担线路,或降压运行的线路,其侵入波幅值较大,流过避雷器的电流可能超过容许值,这就需要在进线段首端装设 FT_1 以限制侵入波幅值。它所在的杆塔接地电阻应降到 10Ω 以下,以减少反击。对于变电所 35 ~ 110kV 进线的断路器 QF 在雷雨季节可能经常开断运行,而线路侧则可能带有工频电压,那就应在 QF 线路侧安装一组管式避雷器 FT_2。当沿线路侵入的雷电波到达开路的末端时,发生电压波正的全反射而使电压加倍,这时 FT_2 应动作,以免 QF 断口外侧对地绝缘的闪络。但在断路器 QF 合闸运行时,FT_2 不应动作,以免产生危险的冲击截波危及变压器纵绝缘。对全线装有避雷线的 35kV ~ 220kV 变电所,如果其进线处断路器在雷雨季可能经常断开运行,亦宜在断路器外侧安装一组保护间隙或管式避雷器相当于以上 FT_2 的作用(当选不到合适参数的 FT_2 时,可考虑用阀式避雷器)。

三、变电所防雷的几个具体问题

这里将讨论自耦变压器和三绕组变压器的中性点保护以及配电变压器的防雷保护等几个具体问题。

1.自耦变压器和三绕组变压器保护

自耦变压器一般除有高、中压自耦绕组(图 8-13(a))外,还有三角形接线的低压非自耦绕组,以减小零序阻抗和改善电压波形。在运行中,可能出现只有高、低压绕组运行,中压绕组开路或中、低压绕组运行,高压绕组开路的情况。

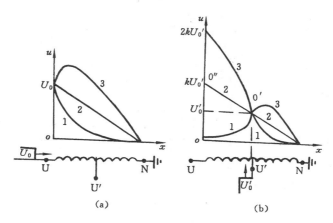

图 8-13　变压器自耦绕组的电位分布
(a)高压端 U 进波;　(b)中压端 U′进波
1—电压起始分布;2—电压稳态分布;3—最大电压包络线

当雷电波从高压侧 U 侵入时,其波过程与普通绕组相同如图 8-13(a)所示。但应注意,此时在开路的中压侧 U′套管上可能出现很高的过电压,其值约为 U_0 的 $2/k$ 倍(k 为高压侧与中压侧绕组的变比),这可能引起处于开路状态的中压侧套管的闪络。因此,在中压侧与断路器之间应装一组避雷器(图 8-14 中的 FV2)进行保护。

当雷电波 $U_0′$ 从中压侧 U′入侵时,高压侧开路电位的起始和稳态分布如图 8-13(b)所示,从中压侧 U′到接地的中性点 N 之间的稳态分布是一斜线(图中 0′—N 段);而由开路的高压侧 U 到中压端 U′的稳态分布则是由 U′-N 的稳态分布电磁感应而形成的(图中 0′-0′段),即 U 点的稳态电压为 $kU_0′$。在振荡过程中,U 点的最大电位可高达 $2kU_0′$,它将危及开路的高压绕组,因此在高压断路器的内侧也必须装一组避雷器(图 8-14 中的 FV1)进行保护。

应注意到:当中压侧接有出线时(相当于 U′经线路波阻抗接地),如高压侧有雷电波侵入,U′点的电位接近于零,大部分雷电波电压加在 UU′一段绕组上,可能使绕组损坏。同样,高压侧有出线时,中压侧进波,也会造成类似的后果。显然,UU′绕组愈短(即变比 k 愈小)时,危险性愈大,当变比小于 1.25

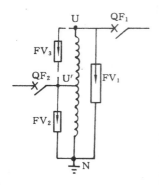

图 8-14　自耦变压器的
典型保护接线

时,应在 UU′之间也装一组避雷器(图 8-14 中的 FV₃)。

当低压侧开路运行时,不论雷电波从高压端或中压端侵入,都会经过高压或中压与低压绕组之间的静电耦合作用,使开路的低压绕组出现很高的过电压,危及低压绕组的安全。由于静电分量使低压绕组三相电位同时升高,因此为了限制这种过电压,只要在任一相低压绕组出线端对地装一台避雷器,就能保护好三相低压绕组。

三绕组变压器的中压绕组虽也有开路运行的可能性,但其绝缘水平较高,一般静电耦合分量不会损坏中压绕组,不必加装限制这类过电压的避雷器。

2. 变压器中性点保护

变压器中性点是否需要保护,一般来说,应视其对地绝缘定。中性点对地绝缘水平分中性点的绝缘水平等于绕组首端的绝缘水平的全绝缘和中性点的绝缘水平小于绕组首端的绝缘水平的分级绝缘两种。

运行经验表明:对于 35 ~ 60kV 中性点不接地或经大电感接地电网中的变压器,其中性点是全绝缘的,一般不需保护。对于 110kV 及以上中性点有效接地系统,其中一部分变压器中性点是不接地的。如果变压器中性点的绝缘水平属分级绝缘,例如我国 110kV 变压器中性点用 35kV 级绝缘,220kV 变压器中性点用 110kV 级绝缘,330kV 变压器用 154kV 级绝缘,则需选用与中性点绝缘等级相同的避雷器进行保护,并要注意校正避雷器的灭弧电压,它必须大于中性点可能出现的最高工频电压。如果变压器中性点属全绝缘,其中性点一般不需保护。若变电所为一线一变运行时,在三相同时有侵入波最严峻的情况下,中性点的对地电位会超过首端的对地电位。出现这种情况的概率虽少,但在单台变压器的变电所中,如变压器中性点绝缘损坏,经济损失是很大的。因此必须在中性点加装一个与首端有相同电压等级的避雷器。

3. 配电变压器的保护

运行经验表明,如果只在配电变压器的高压侧装避雷器,还不能使变压器免除雷害事故。这是由于当雷击高压线路时,避雷器动作后,流过避雷器的雷电流将在接地装置上产生电压降,这一电压降会作用在低压侧中性点上,而此时低压侧出线可视为经导线波阻抗接地,将有电流流过低压绕组,并通过电磁耦合使高压绕组产生感应电势。由于高压侧出线端的电位受到避雷器的限制,所以这个高电位将沿高压绕组分布,在中性点处达最大值,有可能危及中

性点附近的绝缘。为了防止以上过程出现的过电压,还必须在低压侧装一组
避雷器,为配电变压器安全运行创造条件。

　　配电变压器的保护接线如图 8-15 所示,避
雷器与变压器间连接引线长度应尽可能短以减
少雷电流在这段连线电感上的压降。避雷器的
接地引线应与变压器外壳以及低压侧中性点连
在一起接地,这样当高压侧侵入波使 FV 动作时,
作用在高压侧主绝缘的电压上是 FV 的残压,而
不包括接地电阻 R 的电压降。

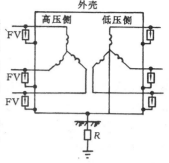

图 8-15　配电变压器的
防雷保护接线

4.GIS 变电所防雷保护

　　GIS 变电所(全封闭 SF₆ 气体绝缘变电所)是
除变压器以外的整个变电所的高压电力设备及
母线封闭在一个接地的金属壳内,壳内充以 0.3～0.4MPa 压力的 SF₆ 气体作
为相间和对地的绝缘,它是一种新型的变电所。我国 110kV,220kV 的 GIS 变
电所已经投运,并取得了运行经验。500kV 的 GIS 变电所正在大型水电工程
和城市高压电网建设中得到迅速推广。

　　GIS 的防雷保护除了与常规变电所具有共同的原则外,也有自己的一些
特点:

　　● GIS 绝缘的伏秒特性很平坦,其冲击系数很小(1.2～1.3),因此它的绝
缘水平主要决定于雷电冲击电压。这就对所用避雷器的伏秒特性、放电稳定
性等技术指标都提出了特别高的要求,最好是采用保护性能优异的 MOA。

　　● GIS 内的绝缘,大多为稍不均匀电场结构,一旦出现电晕,将立即导致
击穿,而且不能恢复原有的电气强度,甚至导致整个 GIS 系统的损坏。而 GIS
本身的价格远较常规变电所昂贵,因此要求它的防雷保护措施更加可靠,在绝
缘配合中应留有足够的裕度。

　　● GIS 的结构紧凑,设备之间的电气距离小,避雷器离被保护设备较近,
防雷保护措施比常规变电所容易实现。

　　● GIS 中的同轴母线筒的波阻抗一般在 60～100Ω 之间,远比架空线路
低,从架空线侵入的过电压波经过折射,其幅值和陡度都显著变小,因此这对
变电所进行波保护措施比常规变电所也是容易实现些。

　　实际的 GIS 变电所有不同的主接线方式,其进线方式大体可分为两类,一
是架空线直接与 GIS 相连,二是经电缆段与 GIS 相连,但不论哪种连结方式,
从绝缘配合的角度看,应尽量使用 MOA。如果在 GIS 内部和外部各自采用保
护性能不同的避雷器,即出现不同类型的阀式避雷器混装使用,必须计算和模

拟混装后的动作负载分配情况。

第三节　旋转电机的防雷保护

旋转电机大都安装在户内,可以不考虑直击雷保护。旋转电机与架空输电线路的连接方式主要有两种:第一种是直配线,就是发电机与相同电压等级的架空线路或电缆直接相连,如发电机将以其端电压向用户送电。第二种是经过变压器与线路相连,这是最常见的一种情况。对于前一种直配方式,有可能雷击于导线或附近地面;对后种常见方式,也有可能雷击线路经变压器绕组传递到发电机绕组,或有可能雷击旋转电机附近地面。但不论哪种连接方式,旋转电机的绝缘将会有大气过电压的作用。

一、旋转电机防雷的特点

旋转电机(发电机、调相机、变频机和电动机等)的防雷保护要比变压器困难得多,其雷害事故率也往往大于变压器,这是由它的绝缘结构、运行条件等方面的特殊性造成的。

旋转电机防雷的主要困难是冲击绝缘水平很低,在同一电压等级的电气设备中其冲击电气强度最低。因为电机绕组不能像变压器那样采用浸在油中的组合绝缘,而是全靠固体介质绝缘;而在制造过程中,绝缘易损伤或其内出现气隙,在这些部位容易发生电离,在运行过程中容易产生局部放电,导致绝缘老化;同时也不可能像对变压器那样采取电容环等措施使冲击电压分布均匀化。并且,电机绝缘的运行条件最为严酷,要受到热、机械振动、空气中的潮气、污秽、电气应力等因素的联合作用,老化较快;其绝缘结构的电场比较均匀,冲击系数接近1,因而在雷电过电压下的电气强度是最薄弱的环节。

我国较多用磁吹避雷器(FCD)作旋转电机的主保护元件,FCD避雷器3kA下的残压略比电机出厂冲击耐压值低8%～10%,现也有用MOA的,保护性能稍好些,但也仅低25%～30%。还必须采用相应辅助限幅措施以提高保护效果。

由于电机绕组的匝间电容很小和不连续,(特别是大容量的单匝电机)迫使过电压波进入电机绕组后只能沿着绕组导体传播,而它每匝绕组的长度又远较变压器绕组为大。作用在相邻两匝间的过电压与进波的陡度 a 成正比,为了保护好匝间绝缘,必须采取措施严格限制进波陡度。理论与实践证明:若发电机绕组中性点接地,应将侵入波陡度 a 限制在 5kV/μs 以下;若发电机绕组中性点不接地,应将侵入波陡度 a 限制在 2kV/μs 以下,中性点过电压将不超过相端过电压,中性点绝缘不会受到损坏。

二、直配电机防雷保护措施及接线

直配电机的防雷保护是电力系统防雷中的一大课题,防雷保护要求高,要全面考虑绕组的主绝缘、匝间绝缘和中性点绝缘的保护要求。

作用在直配电机上的雷电过电压有两类,一类是与电机相连的架空线路上的感应雷过电压;另一类是由雷直击于与电机相连的架空线路而侵入的过电压。感应雷过电压出现的机会较多,如前所述,感应雷过电压是由线路导线上的感应电荷转为自由电荷所引起的。增加导线对地电容可以降低感应过电压。为了限制在电机上的感应过电压使之低于电机的冲击绝缘水平,可在发电机母线上装设电容器。

雷直击于与电机相连的线路,雷电波自线路侵入电机,其保护接线如图8-16所示,现结合保护接线介绍防雷保护措施。

1.主保护元件—FCD 或 MOA

在每组发电机(G)母线处装设一组 FCD 型避雷器,或最好是 MOA,以限制侵入波幅值,这组避雷器(FV_2)是防雷保护的主要保护元件。

2.进线段保护

为了保证主保护元件正常工作,还必须采用进线段保护降低侵入波陡度和幅值。

● 在发电机母线上装设一组电容器(C),以限制侵入波陡度 a 和降低感应雷过电压。研究表明每相并联电容约为 $0.25 \sim 0.5\mu F$ 时,能够满足 $a < 2kV/\mu s$ 的要求,这样既保护了匝间绝缘和中性点绝缘,又限制了感应雷过电压。

● 为了保证主保护元件 FV_2(FCD 或 MOA)的残压不超过电机绝缘的冲击耐压水平,必须严格限制流经避雷器的雷电流小于 3kA,因此需要采取限流措施,在直配电机与架空线间插接电缆段与管式避雷器(FT_1,FT_2),二者的联合作用是保证 FV_2 的电流小于 3kA 的有效手段。

● L 为限制工频短路电流的电抗器,但它在防雷方面也能发挥降低侵入波陡度和减小流过 FV_2 的冲击电流的作用。阀式避雷器 FV_1 则用来保护电抗器 L 和 B 处电缆头的绝缘。

以上防雷措施构成了典型的进线保护段,与变电所有避雷线的进线段比较,它们的作用都是降低侵入波陡度和幅值,但由于直配线路(3 ~ 10kV)绝缘水平很低,架设避雷线时,其耐雷水平并不高,会经常发生反击,因此由避雷线组成的进线段不能被用来保护直配电机。

现分析电缆段与管式避雷器联合是如何限制雷电流的。

当侵入波使电缆首端管式避雷器 FT$_2$ 动作时,电缆芯与电缆外皮短接(第六章波过程例图 6-21 分析),相当于把它们连在一起并具有同样的对地电压 iR_1。由于雷电流的等值频率很高,而且芯线为同心圆柱体,其间的互感等于外皮的自感,因此当外皮流过电流时,芯线上会产生反电势,阻止沿芯线流向电机的电流,使绝大部分电流从外皮流走。这种现象与工频电流的集肤效应相似,从而减少了流过避雷器 FV$_2$ 的配合电流(远小于 3kA),因此残压不会太高。

这种具有较长电缆段的接线可达到很高的耐雷水平,理论计算与实际应用表明:在电缆长度为 100m,电缆末端外皮接地引下线长(l_B)12m;电缆首端接地电阻 $R_1 = 5\Omega$ 的情况下,如首端电流为 50kA,流过避雷器的电流不大于 3kA,因此对电机绝缘是没有危险的。也就是说,这种接地的耐雷水平为 50kA,但前提是电缆首端的管式避雷器 FT$_2$ 必须可靠地动作,否则电缆外皮的分流作用不能得以发挥。很明显,由于电缆的波阻抗远低于架空线路,侵入波到达电缆首端后会产生负反射波,使该点电压降低,以致 FT$_2$ 可能不动作,因而电缆外皮失去分流作用。为了避免这种情况发生,应设法提高 FT$_2$ 两端电压,一种做法是在 FT$_2$ 与电缆之间串入一组 100～300μH 的电感,利用电感对侵入波的正的电压全反射使 FT$_2$ 动作;另一种做法是将避雷器 FT$_2$ 前移 70m(相当上述电感)或增加 FT$_1$(图 8-16),以发挥电缆段的作用。FT$_1$ 与 FT$_2$ 接地端的连接线应悬挂在杆塔导线下方 2～3m 处,使它与导线间有一定的耦合作用。增加 FT$_1$ 的原因是,若只将 FT$_2$ 前移 70m 时,这种耦合作用可能不大;遇

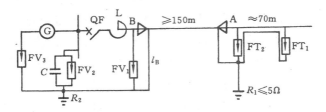

图 8-16　直配电机有电缆段的防雷保护接线

到强雷时,流向芯线再通过 FV$_2$ 的电流又有可能大于 3kA。为避免这一情况,增设 FT$_1$ 的同时,在电缆首端仍保留 FT$_2$,强雷时,后者也放电,便可发挥电缆段的限流作用。

除以上电缆段与 FT 联合限流的直配电机保护接线外,还有两种具有限流作用的基本保护接线如图 8-17 所示。

　　图 8-17(a)、(b)虚线左边部分与有电缆段的
进线保护完全一样,都是有 FV₂(FCD 型)和 C,虚
线的右边部分元件及接线均起限流作用。图 8-
17(a)的限流原理是利用 L 对侵入波的正反射提
高线路侧的电压,从而使 FV₁ 易于动作,限制侵
入波的幅值。适当选择 L、C 的数值,使振荡周
期远大于线路侵入波波前,并将侵入波陡度限制
在要求的范围内。目前,国内外已有很多地方采
用这种接线,我国的这种保护接线暂无一例雷击
损坏事故。图 8-17(b)是用长 450～600m 架空进
线段电感代替集中 L 的保护接线,这段线路用独

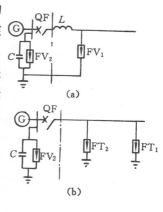

图 8-17　直配电机防雷接线
的可能方式

立避雷针保护,以 50kA 的雷击避雷针时,不对线
路发生反击确定与线路的距离。FT₁,FT₂ 的作用都是为了将雷电流大部分引
入地中,以防止 FCD 中的电流超过 3kA。

　　此外,当发电机中性点有引出线时,在中性点加装一只避雷器 FV₃ 保护,
其灭弧电压应选得高于相电压;或将母线并联电容器 C 加大到 1.5～2μF,进
一步降低侵入波陡度,以限制中性点绝缘上的电压。

　　这里,应该指出:即使采用了上述若干保护措施后,仍然不能确保直配电
机绝缘的绝对安全,因此规程仍规定 60MW 以上的发电机不能以直配电机的
方式运行。

三、非直配电机的防雷保护

　　国内外运行经验表明:对于非直配电机防雷来说,它所受到的过电压均须
经过变压器绕组之间的静电和电磁传递。只要变压器的低压绕组不是空载运
行(例如接有发电机),那么传递过来的电压就不会太大,只要电机的绝缘状态
正常,一般不会构成威胁。所以只要把变压器保护好就可以了。不必对发电
机再采取专门的保护措施。不过,对于处在多雷区的经升压变压器送电的大
型发电机,仍宜装设一组 MOA 或 FCD 避雷器加以保护。如果再装上并联电
容 C 和发电机中性点加装避雷器,那就可以认为保护已足够可靠了。

习　　题

8-1　以雷击带有避雷线的杆塔顶部为例,分析避雷线在提高线路耐雷水平中
　　　的作用。

8-2　若图 8-6 的 220kV 线路架设在山区,且杆塔冲击接地电阻 $R_i = 15\Omega$,其余条件不变,求该线路的耐雷水平及雷击跳闸率。

8-3　输电线路防雷的基本措施是什么?

8-4　在 220kV 级终端变电所中,变压器的冲击耐压水平 $U_{w(i)} = 945kV$,阀式避雷器的冲击放电电压 $U_{is} = 630kV$。设侵入波陡度 $a = 300kV/\mu s$,试确定避雷器到变压器的最大允许电气距离 l_{max}。

8-5　在变电所行波保护接线中,为什么避雷器动作后,变压器上的电压还会有升高? 有了避雷器保护后,为何还须进线段保护?

8-6　在旋转电机的防雷保护接线中,管式避雷器与电缆段的联合作用是什么?

8-7　试比较变电所行波保护和旋转电机防雷保护接线原理和措施有何异同?

8-8　变电所中的雷电过电压有几种? 如何防止?

8-9　为什么管式避雷器不能直接用于保护绕组的电气绝缘?

8-10　当接地装置流过雷电流时,它所呈现的冲击接地电阻一般并不等于它的工频接地电阻。试分析其原因。

第九章　电力系统内部过电压

本章介绍电力系统内部过电压产生的原因、发展过程、影响因素以及限制措施。

由于内部过电压种类繁多,机理各异,以下介绍若干出现频繁、对绝缘水平影响较大、产生机理较为典型的几种过电压,它们是:

$$
内部过电压
\begin{cases}
操作过电压
\begin{cases}
切除小电感负荷过电压\\
断开小电容负荷过电压\\
空载线路合闸过电压\\
间歇电弧接地过电压
\end{cases}\\
暂时过电压
\begin{cases}
谐振过电压\\
工频电压升高
\end{cases}
\end{cases}
$$

第一节　切除小电感负荷过电压

在电力系统中遇到切除小电感负荷的操作是常见的一种操作,例如切除空载变压器、消弧线圈和并联电抗器,有可能产生很高的过电压。这里以切除空载变压器为例进行分析。

变压器空载电流的幅值 I_m 是很小的。设计电路开关是为了快速而可靠地断开大的感性短路电流而在开关中不吸收大量的能量,因此能切断巨大短路电流的断路器有着强大的灭弧能力。在切断 100A 以上的交流电流时,断路器通常是在工频电流自然过零时断弧的。对于如此小的励磁电流(一般为额定电流的 0.5% ~ 5% ,数安 ~ 数十安培),断路器会在工频电流自然过零之前强行切断电弧,称这种现象为"截流"。在截流瞬间,电感中储藏的磁能不可能突变至零,它将转变为电场能量为电容所吸收而导致电压升高,即切除空载变压器过电压。

一、产生过电压的基本原理

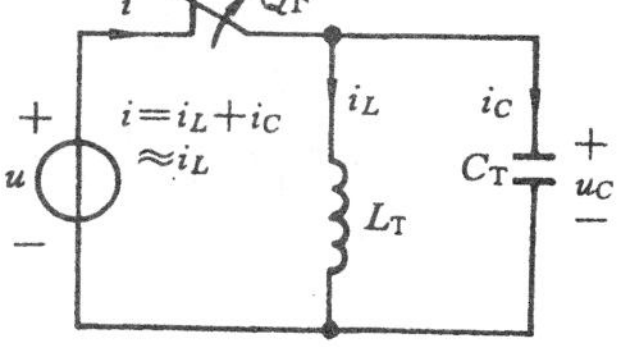

图 9-1 所示为切除空载变压器的等值电路。图中 u 为加在变压器上的电压(电源电势中已扣除电源等值电感 L_s 的那部分电压,图中未画出), L_T 为变压器的激磁电感, C_T 为变压器和连接母

图 9-1　切除空载变压器
等值电路

线的对地电容,其值在数百至数千微微法范围内。

当断路器闭合时,在工频电压作用下,由于容抗 $\dfrac{1}{\omega C_{\mathrm{T}}}$ 很大,可以忽略 C_{T} 的作用,断路器中的电流 i ,也就是变压器的激磁电流 i_L 。

当断路器开断时,由于断路器呈现截流现象,因而变压器激磁线圈的电流不能突变,它只能寻找电容构成回路流动。

若设截流瞬间激磁电流为 I_0 (图9-2所示),电容两端电压为 U_0 ,则此时这一振荡回路贮藏的电磁能量

$$W = W_L + W_C = \frac{1}{2} L_{\mathrm{T}} I_0^2 + \frac{1}{2} C_{\mathrm{T}} U_0^2 \tag{9-1}$$

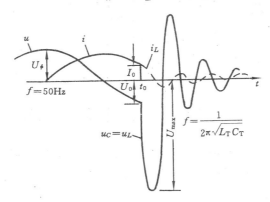

图9-2　切除空载变压器过电压

当全部磁场能量转变为电场能量时,在电容两端也就是空载变压器上出现最大过电压 $U_{\max}$,于是根据能量关系式有

$$W = \frac{1}{2} C_{\mathrm{T}} U_{\max}^2 = \frac{1}{2} L_{\mathrm{T}} I_0^2 + \frac{1}{2} C_{\mathrm{T}} U_0^2$$

由此可以得到

$$U_{\max} = \sqrt{\frac{L_{\mathrm{T}}}{C_{\mathrm{T}}} I_0^{\,2} + U_0^{\,2}} \tag{9-2}$$

若是在激磁电流最大值 I_{m} 时截断,则 $I_0 = I_{\mathrm{m}}$, $U_0 = 0$,有

$$U_{\max} = I_{\mathrm{m}} \sqrt{\frac{L_{\mathrm{T}}}{C_{\mathrm{T}}}} = I_{\mathrm{m}} \cdot Z_{\mathrm{T}} \tag{9-3}$$

式中, Z_{T} 为变压器的特性阻抗。

切除空载变压器最大可能过电压幅值可由式(9-3)确定,若忽略截流时电容上的能量,则式(9-2)可近似为

$$U_{\max} \approx I_0 \sqrt{\frac{L_T}{C_T}} = I_0 Z_T \tag{9-4}$$

例 9-1　某变压器 $P_N = 31\,500\text{kVA}$，$U_N = 121\text{kV}$，空载电流为 I_N 的 4%，对地电容 $C_T = 5\,000\text{pF}$，计算切除空载变压器的最大可能过电压值。

解：　依式(9-3)求 $U_{\max}$。式中

$$I_m = 4\% I_N = 4\% \cdot \frac{P_N}{\sqrt{3}\,U_N} = 8.5\text{A}$$

由 $L_T = \dfrac{U_N\sqrt{2}}{\omega\sqrt{3}\,I_m} = 37\text{H}$，$C_T = 5\times10^{-9}\text{F}$，代入 $Z_T = \sqrt{\dfrac{L_T}{C_T}}$，求得

$$Z_T = 8.6\times10^4\,\Omega$$

则
$$U_{\max} = I_m \cdot Z_T = 731\text{kV}$$

由此可见，$U_{\max}$ 是相电压幅值的 7.4 倍，即产生了很高的过电压。

注意到以上介绍的是理想化了的切除空载变压器过电压的发展过程，实际过程往往要复杂得多，断路器触头间会发生多次电弧重燃，电弧重燃时将使电感中的储能越来越小，从而使电压幅值变小，这是与切除空载线路电弧重燃时的结论相反的。

二、影响过电压的因素

过电压的大小受到断路器的性能、变压器的参数和结构形式以及与变压器的连接线路的影响。

1.断路器性能

由式(9-4)可知，切除空载变压器引起的过电压幅值近似地与截流值 I_0 成正比，各种断路器截断电流 I_0 的能力是各不相同的，断路器的截流能力愈强，则过电压 $U_{\max}$ 就愈高。因而 $I_{0(\max)}$ 成为描述断路器性能的一个重要指标。另外，有这样的情况存在，在断路器开断变压器的过程中，由于断开的变压器侧有很高的过电压，而电源侧则是工频电源电压，当触头间分开的距离还不够大时，在较高的恢复电压作用下，可能产生电弧重燃，变压器的能量会向电源泄放，使变压器上的过电压有所降低。

2.变压器特性

由式(9-4)还可知，变压器 L_T 愈大，C_T 愈小，则过电压愈高。当电感中的磁场能量不变，电容愈小时，过电压也愈高。此外，变压器的相数、绕组连接方式、铁芯结构、中性点接地方式、断路器的断口电容，以及与变压器相连的电缆线段、架空线段等，都会对切除空载变压器过电压产生影响。

三、限制过电压的措施

● 从断路器入手,在断路器的主触头上并电阻(线性或非线性),能有效地降低这种过电压。该电阻值选择必须具有足够的阻尼作用和限制激磁电流的作用,其大小应接近于被切电感的工频激磁阻抗(数万欧姆),这显然比后面将要讲到的切、合空载长线的并联电阻值大很多,故为高值电阻。

● 从变压器入手,减小变压器的特性阻抗。减小特性阻抗从两方面着眼,从绕组角度,改用纠结式绕组以及增加静电屏蔽等措施使对地电容 C_T 有所增大;从铁芯角度用优质导磁材料,使空载激磁电流 I_L 减小或电感 L_T 减小。

● 采用避雷器保护,由于切除空载变压器过电压的幅值比较大,其波形具有高频振荡衰减性质,且持续时间极短、能量小,故可用阀式避雷器来限制。实践表明:在变压器的低压侧或高压侧装上普通阀式避雷器,切除空载变压器的操作是安全的。如果采用 MOA,效果会更好。

第二节　切断小电容负载过电压

切除空载长线、电缆以及断开电容器组也是电网中常见的操作之一。它们都涉及在电流为零时也就是在电压为峰值时断开小电容电流。在实际电网中,常可遇到断开小电容电流时引起避雷器爆炸,断路器损坏,套管或线路绝缘闪络等情况。

例如空载线路,通过断路器的电流是线路的正序电容电流,通常只有几十到几百安,比起短路电流来要小得多。但是能够切断巨大短路电流的断路器却不一定能够顺利切除空载线路,原因在于,在断路器分闸起始阶段,触头间的抗电强度耐受不住高幅值的恢复电压作用,因而发生一次或多次重燃现象而产生过电压。因此,前段时期在确定 220kV 以下电网的绝缘水平而考虑到操作过电压的要求时,主要以切除空载线路过电压作为计算的依据。由于断路器性能不断改进,现代断路器已能基本达到不重燃的要求,从而使这种过电压在绝缘配合中降至次要的地位。而在 330kV 及以上超高压长线路中,仍然是力求消除切除空载线路引起的重燃过电压。这种操作过电压幅值大,持续时间也较长,因此,这种过电压又被作为选择超高压长线路绝缘水平的重要因素之一。

一、产生过电压的过程

过电压的发展过程可用图 9-3 的简单电路说明,图 9-3(a)中 $u(t)$,L_s 分

别为电源电势和电感,L_T、C_T分别为线路电感和电容,图9-3(b)是不计母线

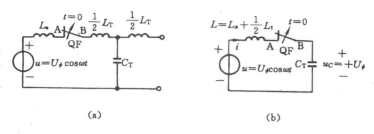

图9-3　切除空载线路的等值电路

(a)等值电路;　(b)简化等值电路

L_T—线路电感;L_s—发电机和变压器的漏感之和;C_T—空载线路对地电容

电容及损耗的简化等值电路,其中 $L = L_s + \dfrac{1}{2}L_T$。

当断路器 QF 处于闭合状态时,由于回路感抗远小于容抗,所以电流 i 呈容性的,并且可粗略地认为电容上的电压是电源电压。

当断路器 QF 的触头 A、B 分离后,AB 间的电弧将在工频电流过零时熄灭(图9-4中时刻 t_1),此时电源及线路电压刚好达到最大值($+U_\phi$)。电弧熄灭后,电容 C_T 上的电荷无处泄漏,使触头 B 和线路上维持残余电压 $+U_\phi$,而触头 A 随电源电势仍按余弦规律变化。经过半个工频周期后,$u(t)$ 变为 $-U_\phi$,这时两触头间的恢复电压 $U_{AB} = 2U_\phi$。如果此时触头间的抗电强度耐受不住高幅值的恢复电压的作用,则可能在 $2U_\phi$ 作用下使触头 AB 间发生电弧重燃(图9-4中时刻 t_2),从而引起电磁振荡,在线路上形成过电压。

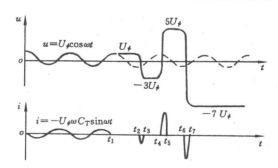

图9-4　切除空载线路时的电压、电流波形

依据 $U_{max} = U_{稳态} + (U_{稳态} - U_{起始}) = 2U_{稳态} - U_{起始} = 2U_w - U_0$
已知 C_T 上的起始电压为 $+U_\phi$,电弧重燃后,它将具有新的"稳态电压"$-U_\phi$,

因此电弧第一次重燃后出现的最大过电压为

$$U_{C1} = 2(-U_\phi) - U_\phi = -3U_\phi$$

根据回路参数可知振荡角频率 $\omega_0 = 1/\sqrt{LC_T}$，一般来说 $\omega_0 \gg \omega$，伴随高频振荡电压的出现，触头间会流过容性的高频振荡电流。若高频电流过零时，电弧再次熄灭(图 9-4 中时刻 t_3)，导线上的残余电压为 $-3U_\phi$，此时电源仍按余弦规律变化，再经半个工频周期，$u(t)$ 由 $-U_\phi$ 变为 $+U_\phi$，这时触头间恢复电压 $U_{AB} = 4U_\phi$。若再发生电弧重燃(图 9-4 中时刻 t_4)，则可求得电弧第二次重燃后 C_T 上的最大过电压

$$U_{C2} = 2(+U_\phi) - (-3U_\phi) = +5U_\phi$$

若电弧重燃继续下去，依次类推，则可能出现 $-7U_\phi$，$+9U_\phi$…的过电压。可见电弧的多次重燃是切除空载线路产生危险过电压的根本原因。

二、影响过电压的因素

以上的分析都是按最严峻的条件进行的，实际上断路器重燃不一定在电源工频电压为异极性半波的幅值时才发生，重燃的电弧也不一定在高频电流首次过零时熄灭，此外线路上还有电晕及电阻等损耗也会使过电压最大值有所下降。国内外大量实测数据表明，超过 $3U_\phi$ 的过电压的概率是很小的。因为过电压值是受许多因素影响的，除上述分析外，还有以下主要因素影响这种过电压的大小。

1.断路器性能

这种过电压是电弧重燃引起的，重燃次数对这种过电压的最大值有决定性影响，近些年来，由于不断改善断路器的灭弧性能，使得现代断路器已能防止或减少电弧重燃的次数。

2.电网中性点接地方式

在中性点非有效接地的电网中，由于三相断路器分闸的不同期会构成瞬间的不对称电路，中性点将发生位移，使某一相的过电压可能特别高一些，所以，一般情况下过电压较中性点有效接地电网约高 20%。

3.其他

当母线上同时接有多路出线，而只切除其中一条时，这种过电压将较小。因为电弧重燃时残余电荷迅速重新分配，改变了电压的起始值，因而降低了过电压。此外，当线路侧装有电磁式电压互感器等设备时，由于它们的存在将使线路上的残余电荷有了泄放的附加路径，因而能降低过电压。

三、限制过电压的措施

1.采用不重燃断路器

现代断路器设计通过迅速提高触头之间的介质绝缘强度使熄弧后触头间隙的电气强度恢复速度大于恢复电压的上升速度,则电弧不再重燃。如采用压缩空气断路器、压油活塞的少油断路器以及六氟化硫断路器在切除空载线路时可以达到基本上不重燃的要求。

2.并联分闸电阻 R

在断路器主触头上并联分闸电阻 R,这也是降低触头间的恢复电压、避免重燃的有效措施。并联分闸电阻 R 的接法如图 9-5 所示。在切除空载线路主触头 Q_1 断开时,电源通过 R 仍和线路相连,线路上的残余电荷通过它向电源释放。R 的压降就是主触头两端的恢复电压,只要 R 值不太大,电弧一般

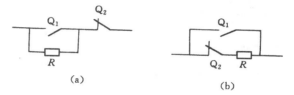

图 9-5　并联分闸电阻的接法

不会发生重燃。经过一段时间辅助触头 Q_2 断开,恢复电压已较低,电弧不发生重燃,即使发生重燃,R 将对其振荡起阻尼作用,能使过电压降低。实测研究表明:当装有分闸电阻切除空载线路时,这种过电压的最大值不高于 $2.28U_\phi$。由以上分析可以得出,应从降低 Q_1、Q_2 的恢复电压角度以及热容量考虑来选取这一中值并联电阻,即分闸电阻值。通常取 $1000 \sim 3000\Omega$。

3.线路首末端装设避雷器

装设 MOA 或磁吹阀式避雷器能有效地限制这种过电压的幅值。

第三节　空载线路合闸过电压

在电力系统中,将空载线路合闸到电源上去,也是一种常见的操作。这种操作有两种情况,即正常合闸和自动重合闸,由于两者起始条件的差别,所以这时出现的空载线路合闸过电压幅值有较大的差异。通常,三相重合闸过电压是合闸过电压中最严重的情况。

近些年来,由于断路器灭弧性能的改善以及其它措施的完善,降低了切除

空载线路幅值较高的操作过电压,而使得空载线路合闸过电压的问题变得突出,尤其在超高压及特高压电网中,这种过电压已成为选择电网绝缘水平的决定性因素。

　　合闸过电压是由合闸时电路的过渡过程所引起的,为此必须了解其产生的物理过程。

一、产生过电压的物理过程

1.正常合闸

　　在分析断路器正常合闸于空载线路的过电压时。具体说,若空载线路三相对称,线路上起始电压为零,且断路器同期合闸操作,则可按单相进行分相研究,即等值电路如图 9-6 所示,图中各元件代表意义与图 9-3 切空线相同。

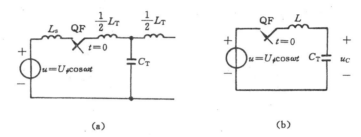

(a)　　　　　　　　　　　　　　(b)

图 9-6　空载线路合闸等值电路
(a)等值电路；　(b)简化等值电路

　　由图 9-6 可见,过渡过程中,电源电压通过电感 L 向电容 C_T 充电,回路中发生高频振荡过程,振荡角频率为 $\omega_0 = \dfrac{1}{\sqrt{LC_T}}$。在一般线路中 $\omega_0 \gg \omega$,若设电源电压正好经过幅值 U_ϕ 时合闸,这样图 9-6(b)可近似地视为振荡回路合闸到直流电源 U_ϕ 的情况,于是可写出电路方程式

$$\left.\begin{array}{r} L\dfrac{\mathrm{d}i}{\mathrm{d}t} + u_C = u(t) \\[2mm] i = C_T\dfrac{\mathrm{d}u_C}{\mathrm{d}t} \end{array}\right\} \qquad (9\text{-}5)$$

　　结合起始条件,$t=0$,$u_C(0)=0$,$i = C_T\dfrac{\mathrm{d}u_C}{\mathrm{d}t}=0$,解上述方程,可得到电容上的电压为

$$u_C = U_\phi(1 - \cos\omega_0 t) \qquad (9\text{-}6)$$

　　由式(9-6)不难看出,当 $t=\pi/\omega_0$ 时,u_C 达到其最大值,$U_C = 2U_\phi$。

实际电网中电源是交变的,仍保持起始条件不变,可得解的一般表达式为

$$u_C = U_\phi(\cos\omega t - \cos\omega_0 t) \tag{9-7}$$

当 $\omega_0 \gg \omega$ 时,依然有 $U_C = 2U_\phi$ 成立。

在超高压线路中,由于 $\omega_0 = (1.5 - 4)\omega$,且线路一般很长,有显著的电容效应,因此有最大值 $U_C > 2U_\phi$ 存在。

若计及损耗,回路电压振荡将是衰减的,以损耗衰减因子 δ 表示,则式(9-7)可写为

$$u_C = U_\phi(\cos\omega t - e^{-\delta t}\cos\omega_0 t) \tag{9-8}$$

其波形如图 9-7(a)所示。

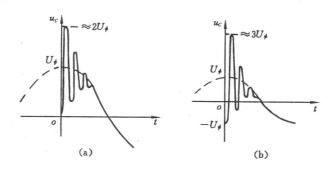

图 9-7　合闸(重合闸)过电压波形

(a)合闸 $u_C(0) = 0, u_C = U_\phi\cos\omega t$;

(b)自动重合闸 $u_C(0) = -U_\phi, u_C = U_\phi\cos\omega t$

2.自动重合闸

自动重合闸是线路发生故障后,由继电保护系统控制的合闸操作,如果操作前线路上的残余电荷没被泄放掉,相当于电容 C_T 上有起始电压,则其解应为

$$u_C = U_\phi(\cos\omega t - A\cos\omega_0 t) \tag{9-9}$$

式中, $A = 1 - \dfrac{u_C(0)}{U_\phi}$,其值在 $0 \sim 2$ 间。

$u_C(0)$ 为重合闸时电容 C_T 上的残余电压。当 $u_C(0) = -U_\phi$ 时,线路上过电压的最大值可达 $3U_\phi$。若计及损耗,回路电压振荡通用表达式为

$$u_C = U_\phi(\cos\omega t - Ae^{-\delta t}\cos\omega_0 t) \tag{9-10}$$

其波形如图 9-7(b)所示。

由 1、2 分析可知:合闸方式不同则合闸过电压不同;在自动重合闸中还分

单相和三相自动重合闸。理论计算与实测表明:单相重合闸过电压最低,合闸过电压次之,三相重合闸过电压最高。单相重合闸时,虽无断路器合闸不同期问题存在,但一相重合时,另二相处于"稳态",使待重合相的耦合电压幅值较低,过电压的暂态分量将通过一个损耗大衰减快的零序回路;三相合闸和三相重合闸,不仅存在断路器合闸的不同期问题,而且对三相合闸状态而言,是先合相上的暂态过电压耦合到后合相上,幅值较高;对三相重合闸而言,三相重合到具有较高的残余电压的线路上,所以重合闸过电压最高。

综上分析可以得出:空载线路合闸(重合闸)产生过电压的根本原因是电感、电容构成电磁振荡造成的。振荡电压是以稳态电压为轴,以稳态值到起始值之差值为振幅振荡所致,由于损耗的存在将对振荡电压起阻尼作用。

二、影响过电压的因素

实际中这种过电压幅值会受到多种因素的影响。影响过电压大小的主要因素有:电源电压的合闸相角,线路上残余电压值,回路损耗等等。

1.合闸相角

试验表明,电源电势的合闸相角是一个随机值,遵从统计规律,它与断路器合闸速度及合闸过程中的预击穿特性有关,只要合闸不是在电源电压接近幅值 U_ϕ 时发生,合闸过电压就较低。

2.残余电压

线路残余电荷的极性、大小及其变化对重合闸过电压幅值影响很大,当电源电压为最大值与残余电压异极性时合闸,重合闸过电压可能最大。如果线路接有电磁式电压互感器,那么它的等值电感、电阻与线路电容就构成了阻尼振荡回路,使残余电荷在几个周波内泄放掉。事实上,在自动重合闸之前,约有 0.5s 的时间泄放导线上一部分残余电荷,存在这一时间间隔有助于降低重合闸过电压幅值。

3.回路损耗

损耗主要来自电源和线路电阻(图 9-6 中未画出 R_s 和 R_T)的有功损耗,以及过电压超过导线电晕起始电压的电晕损耗。这些都会使过电压降低。

除此,还与断路器的同期性,母线的出线数以及空线的电容效应等有关,不作一一分析。

三、限制过电压的措施

1.控制合闸相角

通过专门装置,控制断路器的动作时间,在各相合闸时,将电源电压的相位角控制在一定范围内。或控制断路器在两端电位同极性时合闸,甚至要求在触头间电位差接近于零时完成合闸操作,使合闸暂态过程降低到最微弱的程度。国外已研制成功检测断口在同电位瞬间合闸的断路器。

2.断路器主触头上并联合闸电阻 R

并联合闸电阻是限制这种过电压的有效措施,其接法与图 9-5 的分闸电阻相同,所不同的是首先由辅助触头 Q_2 串联电阻 R 合闸于线路。由于 R 对振荡回路的阻尼作用,过渡过程的过电压降低,为降低过电压希望选用较大的阻值。接着约经 8 ~ 15ms,主触头 Q_1 闭合,短接 R,完成合闸操作,为使短接 R 时,回路振荡程度较弱,希望选用较小的阻值。综合考虑合闸的两个阶段对电阻值的不同要求,目前国内设计多取 400 ~ 1000Ω。与前面介绍的分闸中值电阻比,合闸电阻值属于低值范围。

3.线路首末端装设避雷器

在带有并联合闸电阻断路器的线路首、末端装设磁吹避雷器或 MOA,以降低过电压值。

在超高压电网中,限制合闸过电压的措施有:采用 MOA,或采用带合闸电阻断路器为主、MOA 为辅的方案。运行实践表明:断路器并联合闸电阻的热容量大,难以满足使用寿命要求,而且合闸电阻的机械部分维修工作量大,所以已有取消合闸电阻,在空载线路首、末端甚至在线路中部加装 MOA 的做法,同样能将沿线过电压限制在容许范围内。

此外,利用线路侧的电磁式电压互感器作为残余电荷的泄放路径,目前在超高压电网中还装设了并联电抗器和静止补偿装置,其主要作用是削弱空载长线的电容效应,使线路稳态电压降低,这显然会使合闸过电压得到相应降低。

第四节　间歇电弧接地过电压

运行经验表明,电力系统中的故障至少有 60% 是单相接地故障。在电网较小、线路不太长中性点不接地系统中发生单相接地时,流过故障点电容电流是很小的,在故障消失后,电弧一般可以自行熄灭。随着电网的发展和电压等级的提高,单相接地的电容电流随之增加,当 6 ~ 10kV 电网的对地电容电流超过 30A,35 ~ 60kV 电网的对地电容电流超过 10A 时电弧难以自动熄灭。但这种电容电流又不会大到形成稳定电弧的程度,因此在故障点可能出现电弧"熄灭—重燃"的间歇性现象,引起电力系统状态瞬息改变,导致电网中电感、电容回路的电磁振荡,系统中性点发生偏移,健全相和故障相都产生过电压。

一、过电压发展的物理过程

这种过电压的发展过程和幅值大小都与熄弧的时间有关。随情况的不同,有两种可能的熄弧时间,一种是电弧在过渡过程的高频振荡电流过零时即可熄灭;另一种是电弧要等到工频电流过零时才能熄灭。下面就用工频电流过零时熄弧的情况来说明这种过电压的发展机理。

在中性点不接地系统中,单相电弧接地(设 U 相接地)电路和相量图如图 9-8 所示。其中 $\dot{U}_U$, $\dot{U}_V$, $\dot{U}_W$ 代表三相电源电压,为简化分析设三相线路对

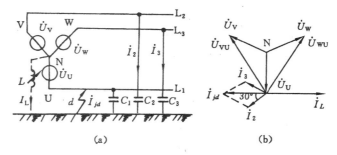

图 9-8　单相电弧接地电路图和相量图

称,略去线间电容的影响,导线对地电容分别为 C_1、C_2、C_3,且 $C_1 = C_2 = C_3 = C$。并假定电弧重燃和熄灭发生在特殊时刻而且是正当 $U_V = + U_\phi$ 时发弧,$U_U = - U_\phi$ 时熄弧。于是,可绘出如图 9-9 所示电压-时间波形图,图中 u_1、u_2、u_3 分别代表三相线路的对地电压。

·图 9-9 是在 $U_\phi = 1$ 的情况下绘制的。

设 U 相在 $t = t_1$ 时刻(此时 $u_U = + U_\phi$)对地发弧,发弧前瞬间(以 t_1^- 表示)三相电容上的电压分别为

$$u_1(t_1^-) = U_\phi \qquad u_2(t_1^-) = u_3(t_1^-) = - 0.5U_\phi$$

发弧后瞬间(以 t_1^+ 表示),U 相 C_1 上的电荷通过电弧泄入地下,其电压降为零,则此时

$$u_1(t_1^+) = 0$$
$$u_2(t_1^+) = u_{VU}(t_1) = - 1.5U_\phi$$
$$u_3(t_1^+) = u_{WU}(t_1) = - 1.5U_\phi$$

在 $(t_1^- - t_1^+)$ 时段中,两健全相电容 C_2、C_3 则由电源的线电压 u_{VU},u_{WU} 经过电源的电感进行充电,这是一个高频振荡过程,振荡过程中二健全相上可能

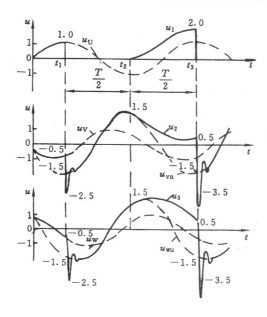

图 9-9 按工频熄弧理论分析的间歇电弧接地过电压波形

出现最大电压均为

$$u_{2m}(t_1) = u_{3m}(t_1) = 2(-1.5U_\phi) - (-0.5U_\phi) = -2.5U_\phi$$

由上分析可知,如果某相对地发弧,或熄灭后不再重燃,则在健全相上出现的过电压不会超过 $2.5U_\phi$。如果是间歇性地"熄弧-重燃",就可能产生更高的过电压。

图 9-9 所示,t_1^+ 时刻发弧后,电弧将在工频电流过零时刻熄灭。由于发弧后是容性电路,必经过电弧持续时间为 $T/2$ 后,即在 $t_2 = t_1 + T/2$ 时,工频电流过零熄弧,此时正好 $u_U = -U_\phi$。熄弧前瞬间(t_2^-)三相电容电压的起始值为

$$u_1(t_2^-) = 0$$
$$u_2(t_2^-) = u_3(t_2^-) = 1.5U_\phi$$

由于是中性点不接地系统,熄弧后 C_2、C_3 上的电荷将重新分配到三相对地电容上,其结果是三相电容上的电荷及对地电压相等,使中性点上产生了对地直流偏移电压 $U_N(t_2)$

$$U_N(t_2) = 2C \times (1.5U_\phi)/3C = U_\phi$$

熄弧后瞬间(t_2^+),三相电容上的电压分别是三相对称交流电压与直流电

压分量的叠加,即:

$$u_1(t_2{}^+) = u_U(t_2) + U_N(t_2) = -U_\phi + U_\phi = 0$$

$$u_2(t_2{}^+) = u_V(t_2) + U_N(t_2) = 0.5U_\phi + U_\phi = 1.5U_\phi$$

$$u_3(t_2{}^+) = u_W(t_2) + U_N(t_2) = 0.5U_\phi + U_\phi = 1.5U_\phi$$

在$(t_2{}^- - t_2{}^+)$时段中,由于各相电压没有发生变化,因此没有高频振荡的过渡过程。

熄弧后过 $T/2$,在 $t_3 = t_2 + T/2$ 时,如果这时原故障点再次发弧,电网中将再一次出现过渡过程。

电弧重燃前$(t_3{}^-)$,三相电压起始值分别为

$$u_1(t_3{}^-) = U_\phi + U_\phi = 2U_\phi$$

$$u_2(t_3{}^-) = u_3(t_3{}^-) = u_V(t_3) + U_N(t_3) = -0.5U_\phi + U_\phi = 0.5U_\phi$$

电弧重燃后$(t_3{}^+)$,新的稳态值分别为

$$u_1(t_3{}^+) = 0$$

$$u_2(t_3{}^+) = u_{VU}(t_3) = -1.5U_\phi$$

$$u_3(t_3{}^+) = u_{WU}(t_3) = -1.5U_\phi$$

在$(t_3{}^- - t_3{}^+)$时段中,V、W 两相电容 C_2, C_3 经电源电感从 $0.5U_\phi$ 充电到 $-1.5U_\phi$,振荡过程中过电压的最大值可达

$$u_{2m}(t_3) = u_{3m}(t_3) = 2(-1.5U_\phi) - (0.5U_\phi) = -3.5U_\phi$$

以同样的方法分析每隔半个工频周期依次发生熄弧和重燃,过渡过程将与上面完全相同,两健全相的最大过电压为 $3.5U_\phi$,故障相上不存在振荡过程,最大过电压为 $2.0U_\phi$。

若用高频熄弧理论分析,高频电流第一次过零时熄弧,这时振荡电压刚好达最大值,过电压的分析结果要比上述严重些。实际上,发弧时刻、熄弧时刻具有随机性,加之导线相间有电容存在,线路有损耗,过电压下将出现电晕而引起衰减等因素,这些都会对振荡过程产生影响。若计及这些影响因素,会使过电压的最大值有所降低。但由于这种过电压的持续时间可以很长(如数小时),波及范围广,在整个电网某处存在绝缘弱点时,即可在该处造成绝缘闪络或击穿,因而是一种危害性很大的过电压。

二、限制过电压的措施

从以上分析可以看出,间歇电弧接地过电压的根本原因在于电网中性点的电位偏移,要消除这种过电压,要从改变中性点的接地方式入手。

　　方法之一是采用中性点有效接地方式运行。当发生单相接地将造成很大的单相短路电流,断路器将立即跳闸,切断故障,经过一段短时间歇让故障点电弧熄灭后再自动重合。如能成功,就立即恢复送电;如不能成功,断路器将再次跳闸,不会出现间歇电弧现象。因而 110kV 及以上电网均采用这种中性点接地方式,除可避免出现这种过电压外,还因为能降低所需的绝缘水平,缩减建设投资。

　　方法之二是中性点经消弧线圈接地方式运行。对于为数极多的较低电压等级的送电线路来说,单相电弧接地的事故率相对很大,中性点有效接地后,将会引起断路器的频繁开断和增加重合闸装置以及维修工作量。对于 66kV 及以下电压等级的电网,解决的方法是采用中性点经消弧线圈的接地运行方式,它可补偿接地电流,使通过故障点的残流变得很小,促使电弧迅速熄灭,因而也就消除了间歇性的弧光接地现象。

　　消弧线圈是一电感线圈,其接线如图 9-8(a)中虚线所示,它能提供电感电流 $\dot{I}_L$ 以补偿流过故障点的容性电流 $\dot{I}_C$,使故障点电弧自行熄灭,系统自行恢复正常,由图 9-8(b)可得出

$$\dot{I} = \dot{I}_C + \dot{I}_L \tag{9-11}$$

式中,$\dot{I}_C$ 是在线电压作用下,流过两健全相 C_2、C_3 的电容电流;$\dot{I}_L$ 是在中性点偏移电压 U_ϕ 作用下流过消弧线圈 L 的电感电流。

　　将电感电流补偿电容电流的百分数称为消弧线圈的补偿度(或调谐度),用 K 表示

$$K = \frac{I_L}{I_C} = \frac{U_\phi/\omega L}{3\omega C U_\phi} = \frac{1}{3\omega^2 LC} = \frac{\omega_0^2}{\omega^2} \tag{9-12}$$

式中,$\omega_0 = 1/\sqrt{3LC}$ 称电路的自振角频率。

　　用 γ 表示脱谐度

$$\gamma = 1 - K = \frac{I_C - I_L}{I_L} = 1 - \frac{\omega_0^2}{\omega^2} \tag{9-13}$$

　　当 $K < 1$,$\gamma > 0$,即 $I_C > I_L$,表示故障点流过容性残流,称此为欠补偿;当 $K > 1$,$\gamma < 0$,$I_C < I_L$,表示故障点流过感性残流,称此为过补偿;当 $K = 1$,$\gamma = 0$ 时 I_C 与 I_L 恰好抵消,消弧线圈与三相并联电容处于并联谐振状态,称此为全补偿。由于多方面的原因,一般均希望采用以过补偿为主的运行方式。

　　不论是欠补偿还是过补偿运行,消弧线圈的脱谐度不能太大,太大时流过故障点的残流增大,消弧线圈不能可靠地自动消弧。但太小的脱谐度将导致正常运行和发生故障时有较大的中性点偏移电压而危及绝缘。因此,我国规

程对消弧线圈的脱谐度和中性点位移电压数值均有规定。

第五节　谐振过电压

在电力系统中有大量反映电场效应的电容元件以及磁场效应的电感元件,例如:反映前一效应的串、并补偿电容器组,过电压保护用的电容器和反映后者的变压器、发电机、消弧线圈等等。除此,还有反映热能效应的电阻元件,由它们构成了多种带阻尼的振荡回路。在正常运行条件下,这些振荡回路被负载所阻尼或旁路,所以不会产生严重的振荡,但在系统进行操作或发生故障时,在一定电源作用和参数配合下,可能产生谐振现象,谐振常常引起严重的、持续时间很长的过电压,使系统无法正常运行。

由系统谐振而引起的过电压称为谐振过电压。谐振过电压属暂时过电压,它与操作过电压比,其持续时间要长得多(操作过电压的持续时间在 0.1s以内)。

一、谐振类型

通常认为系统中的电阻和电容元件均为线性元件,而电感元件在不同条件下可分为:线性、非线性和呈周期性变化的特性元件,当它们与一定参数的电容元件等配合时,可能产生三种不同形式的谐振现象。

1.线性谐振

在线性电感和电容以及电阻元件构成的串联回路中,当回路等值参数的自振频率等于或接近电源频率时,将发生线性电压谐振。谐振时回路电流只由电阻决定,它限制了回路电流也就抑制了电感和电容元件上的过电压。因此,限制这种过电流、过电压的方法是增加回路损耗(电阻),而消除这种过电压的方法是使回路脱离谐振状态。实际中,往往在设计或运行时设法避开谐振条件来避免这种线性谐振过电压。

2.参数谐振

系统中某些元件的电感参数在某种情况下会发生周期性变化,例如发电机转动时,它的电感大小随着转子的位置不同而周期性地变化。当它带有电容性负荷时(如一段空载线路),如再遇到某种不利参数的配合,就有可能产生参数谐振现象。这种现象也被称作发电机的自激或自励磁。

参数谐振所需要的能量由改变参数的原动机供给,一般有足够的剩磁或残余电荷存在,且参数又处在特定的范围内,就不可避免地出现这种谐振现象。

　　由于回路中有损耗,所以只有在参数变化从原动机吸收的能量足以补偿回路中的损耗时,才能保证谐振的持续发展。谐振发生以后,理论上振幅将趋向无限大,而不像线性谐振那样受到回路电阻的限制。但实际上当电压增大到一定程度后,电感进入饱和会使回路自动偏离谐振条件,从而限制了过电压幅值的无限增大。

　　电力设计部门对发电机正式投运前要进行自激校核工作,以避开谐振点,因此,一般不会发生参数谐振。

3.铁磁谐振

　　在含有铁芯的电感元件的回路中,由于铁芯会出现饱和现象,这时电感不再是常数,它是电流或磁通的非线性函数。在满足一定条件时就会产生铁磁谐振现象。

　　与其它谐振情况比,它具有一系列特点,运行经验表明,它是电力系统某些严重事故的直接原因,在设计和运行时应力求避开它。为此下面对铁磁谐振作较为详细的介绍。

二、铁磁谐振过电压

　　为了分析铁磁谐振过电压,先讨论最简单的有铁磁元件的振荡电路,如图9-10所示,图9-10(a)中非线性电感及线性电容元件的特性如图9-10(b)u_L曲线及u_C直线。当对作用电源频率发生谐振时,即发生基波谐振,基波分量较其它频率分量(高次及分次频率)显著上升,为便于分析可忽略其它分量,而认为谐振时的电压和电流都是基波频率的正弦函数。

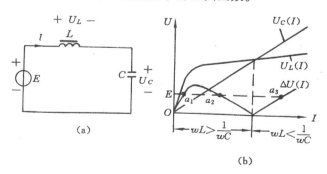

图 9-10　串联铁磁谐振电路和特性曲线

　　由图 9-10(b)可见,当 $\omega L > \dfrac{1}{\omega C}$ 时,电流为感性的,$\Delta U = U_L - U_C$;随着回

路电流增大,铁芯饱和,电感降低,当 $\omega L < \dfrac{1}{\omega C}$ 时,电流为容性的,$\Delta U = U_C -$
U_L。由回路的电势平衡关系 $\Delta U = |U_L - U_C|$ 可知这回路的工作点为 ΔU 曲线以外加电压 E 水平线的交点,在图示的参数条件下,有 a_1、a_2、a_3 三个交点,这三点都可决定回路的工作状态,但其性能是不一样的。

　　研究某一点是否稳定,可假定回路中有一个微小的扰动,分析此扰动是否能使回路脱离该点。图中 a_1 点是稳定工作点。假定由于偶然的因素使电流稍许上升一点,相应的 U_L 和 U_C 都要上升,而 U_L 的上升比 U_C 要快,$\Delta U = |U_L - U_C|$ 的值也要上升。这时 E 低于电流上升后的 ΔU 值,维持不了这个电流,于是电流逐渐下降,直到 a_1 点才恢复平衡。又如假定由于偶然的因素使电流稍许下降。U_L 和 U_C 都要下降,U_L 下降得比 U_C 要快,$|U_L - U_C| = \Delta U < E$,电源电压高于这时的 ΔU 值,迫使电流逐渐上升,回到 a_1 点才恢复平衡。用同样的方法分析 a_2、a_3 点,对应于图 9-10(b)中的 a_2 是不稳定工作点,a_3 是稳定工作点。

　　如果外加电压从零上升,电流相应地从零上升,可以断定一定会在 a_1 点稳定下来,因为不可能出现越过 a_1 相应的电流而达到 a_3 的电流这种情况。而当电感经受了巨大的电流冲击(例如突然合闸的巨大涌流,或者巨大的短路电流),使得达到不稳定的 a_2 点,这时就可能转到 a_3 点了。

　　根据以上分析,基波铁磁谐振有如下特点:

● 产生串联铁磁谐振的必要条件是:电感和电容的伏安特性必须相交,也就是

$$\omega L > \frac{1}{\omega C} \tag{9-14}$$

可见铁磁谐振不存在固定的谐振点,它可以在很大的参数范围内发生。

● 铁磁谐振可在电势(或其它参数)的均匀变化时产生,也可能在操作过程中的暂态激励时产生,视具体条件可以产生自激(前一种状态)或者他激(后一种状态)。

● 对铁磁谐振回路,在自激或他激的条件下,回路可能从非谐振工作状态跃变到谐振工作状态,电路从感性变为容性,发生相位反倾,同时产生过电压与过电流。

● 铁磁元件的非线性是产生铁磁谐振的根本原因,它的饱和特性本身又限制了过电压的幅值,此外回路损耗会使过电压降低。当回路电阻值大到一定数值时,就不会出现强烈的谐振现象。

上面分析了基波铁磁谐振,研究表明:在有铁磁元件的振荡回路中,如果满足一定条件,还有可能出现持续性的其它频率的谐振现象。谐振频率为电源频率的整数倍或分数倍(分别称为高次或分次谐振)。

这种过电压与系统铁磁元件特性、接线、参数等有极为密切的关系,在决定接线和运行方式时,应力图避开构成谐振的可能。除此,还必须采取有效措施来限制和消除铁磁谐振过电压。这些措施是:

● 改善电磁式电压互感器的激磁特性,或改用电容式电压互感器;

● 在电压互感器开口三角形绕组中接入阻尼电阻,或在电压互感器一次绕组的中性点对地接入电阻;

● 在有些情况下,可在 10kV 及以下的母线上装设一组三相对地电容器,或用电缆段代替架空线段,以增大对地电容,从参数配置上避开谐振;

● 在特殊情况下,可将系统中性点临时经电阻接地或直接接地,或投入消弧线圈,也可以按事先规定投入某些线路或设备以改变电路参数,消除谐振过电压。

第六节　工频电压升高

一、空载长线的电容效应

正弦电势作用于 L-C 电路,当 $X_C > X_L$ 时,由于电容电流在感抗上的电压升作用,电容电压将比电源电势为高。因此,可以联想到无损耗导线,它是由均匀分布的电感电容所组成的链型电路。当它连接于正弦电势时,由于每一 dX 段上有 $\dfrac{1}{\omega C_0} > \omega L_0$ 成立,也会出现类似的电压升高现象,称此为空载长线的电容效应。

图 9-11 为单端供电空载长线,图中 $\dot{E}$ 为电源电势,X_s 为电源感抗,l 为无损长线,$\dot{U}_1$、$\dot{U}_2$ 分别为线路首、末端电压。分析时先假设 $X_s = 0$,且 $\dot{E} = \dot{U}_1$,即无限大电源,于是可写出线路首、末端电压、电流关系

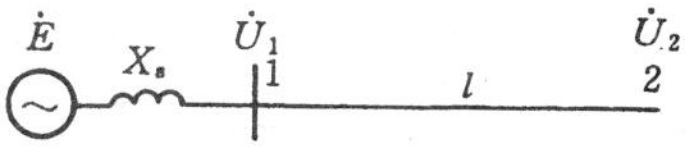

图 9-11　单端供电空载长线

$$\begin{bmatrix} \dot{U}_1 \\ \dot{I}_1 \end{bmatrix} = \begin{bmatrix} \cos\alpha l & jZ\sin\alpha l \\ j\dfrac{\sin\alpha l}{Z} & \cos\alpha l \end{bmatrix} \begin{bmatrix} \dot{U}_2 \\ \dot{I}_2 \end{bmatrix}$$

(9-15)

式中，Z 为线路波阻抗(Ω)；α 为相位系数，$\alpha = \omega \sqrt{L_0 C_0}$(°/km)；$\omega$ 为电源角频率，L_0，C_0 分别为线路单位长度电感和电容，l 为线路长度(km)。

因空载长线末端开路，所以 $\dot{I}_2 = 0$，由式(9-15)可得线路末端对首端的电压传递系数

$$K_{12} = \frac{\dot{U}_2}{\dot{U}_1} = \frac{1}{\cos\alpha l} \qquad (9\text{-}16)$$

从式(9-16)可见：当 $\alpha l = \dfrac{\pi}{2}$ 时，线路末端电压将趋于无限大。

为便于计算和分析线路首、末端情况，常引入阻抗 Z_{RK}，它表示从首端往线路看去，可将线路等值为一入口阻抗。从式(9-15)可知

$$Z_{RK} = \frac{\dot{U}_{1K}}{\dot{I}_{1K}} = \frac{\cos\alpha l}{\mathrm{j}\dfrac{\sin\alpha l}{Z}} = -\mathrm{j}Z\cot\alpha l \qquad (9\text{-}17)$$

当 $\alpha l < 90°$，Z_{RK} 为容抗，$X_s > 0$，即有限大电源与空载长线相连时，线路首端电压为

$$\dot{U}_1 = \frac{\dot{E}}{\mathrm{j}X_s + Z_{RK}} \cdot Z_{RK} = \frac{\dot{E}}{X_s - Z\cot\alpha l} \cdot (-Z\cot\alpha l) \qquad (9\text{-}18)$$

再引入线路首端对电源电势的传递系数

$$K_{01} = \frac{\dot{U}_1}{\dot{E}} = \frac{\cot\alpha l}{\cot\alpha l - \dfrac{X_s}{Z}} \qquad (9\text{-}19)$$

由上可以推得线路末端对电源电势的传递系数

$$K_{02} = K_{01} \cdot K_{12} = \frac{\dot{U}_1}{\dot{E}} \cdot \frac{\dot{U}_2}{\dot{U}_1} = \frac{\cot\alpha l}{\cot\alpha l - \dfrac{X_s}{Z}} \cdot \frac{1}{\cos\alpha l} = \frac{1}{\cos\alpha l - \dfrac{X_s}{Z}\sin\alpha l}$$

$$(9\text{-}20)$$

由式(9-19)、式(9-20)可见：当电源容量为无限大 $X_s = 0$ 时，有 $K_{01} = 1$，$K_{02} = K_{12}$，即 $\dot{U}_1 = \dot{E}$，$U_2 > U_1$；当电源容量有限时，$X_s > 0$，有 $K_{01} > 1$，$K_{02} > K_{12}$，即 $U_2 > U_1 > E$。由此可见，在线路建设初期，装机容量不多，或者由于线路传送轻负荷时，开机数目不多的情况下会产生较高的工频电压。因此，在单端供电的系统中，估算最严重的工频电压升高时，应取最小运行方式时的 X_s 为依据。工频电压升高也属暂时过电压。

二、不对称短路引起的工频电压升高

在空载线路上发生单相或两相不对称对地短路时，健全相上工频电压升

高,不仅是由于长线的电容效应,而且还有短路电流的零序分量的作用。其中单相接地故障最为常见,两相短路接地故障概率较小。因此,用系统单相接地时工频电压升高的数值来选定阀式避雷器的灭弧电压。所以下面将只讨论单相接地的情况。

在发生单相接地时,故障点各相电压、电流是不对称的,通常采用对称分量法和复合序网计算健全相上的电压升高,当线路 L_1 接地时,$\dot{U}_{L1} = 0$,$\dot{I}_{L2} = \dot{I}_{L3} = 0$,可求得 L_2、L_3 两健全线路的电压为

$$\dot{U}_{L2} = \frac{(a^2 - 1)Z_0 + (a^2 - a)Z_2}{Z_0 + Z_1 + Z_2}\dot{U}_{L1N}$$

$$\dot{U}_{L3} = \frac{(a - 1)Z_0 + (a^2 - a)Z_2}{Z_0 + Z_1 + Z_2}\dot{U}_{L1N} \tag{9-21}$$

式中,U_{L1N} 为正常运行时故障点处线路 L_1 的相电压;Z_1,Z_2,Z_0 为从故障点看进去的电网正序、负序、零序阻抗;$a = e^{-j\frac{2\pi}{3}}$。

对于电源容量较大的系统,$Z_1 \approx Z_2$,忽略各序阻抗中的电阻分量 R_1,R_2,R_0,则式(9-21)可简化为

$$\dot{U}_{L2} = \left[-\frac{1.5\frac{X_0}{X_1}}{2 + \frac{X_0}{X_1}} - j\frac{\sqrt{3}}{2} \right]\dot{U}_{L1N}$$

$$\dot{U}_{L3} = \left[-\frac{1.5\frac{X_0}{X_1}}{2 + \frac{X_0}{X_1}} + j\frac{\sqrt{3}}{2} \right]\dot{U}_{L1N} \tag{9-22}$$

由式(9-22)可见,$\dot{U}_{L2}$、$\dot{U}_{L3}$ 的复模相等,即

$$U_{L2} = U_{L3} = KU_{L1N} \tag{9-23}$$

式中

$$K = \sqrt{3}\frac{\sqrt{(\frac{X_0}{X_1})^2 + (\frac{X_0}{X_1}) + 1}}{\frac{X_0}{X_1} + 2}$$

称系数 K 为接地系数,它表示单相接地故障时,健全相的最高对地工频电压有效值与无故障时对地电压有效值之比。接地系数 K 与 $\frac{X_0}{X_1}$ 的关系曲线

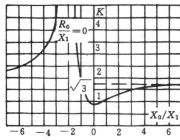

图 9-12　单相接地时健全相
的电压升高

如图 9-12 所示。

对中性点绝缘的 3 ~ 10kV 系统，X_0 主要由线路容抗决定，故应为负值。单相接地时，健全相的工频电压升高约为额定线电压 U_N 的 1.1 倍，避雷器灭弧电压按 110% U_N 选择，可称为 110% 避雷器。

对中性点经消弧线圈接地的 35 ~ 60kV 系统，在过补偿状态运行时，X_0 为很大的正值，单相接地时健全相上电压接近额定线电压 U_N，故采用"100% 避雷器"。

对中性点直接接地的 110kV 及以上系统，X_0 为不大的正值。X_0/X_1 不大于 3，单相接地时，健全相的电压升高不大于 1.4 倍 U_{L1N}，约为 0.8 倍 U_N，故采用"80% 避雷器"。对于 330kV 及以上系统，由于输送距离较长，当计及长线路的电容效应时，线路末端工频电压升高可能超过 80% U_N。因此，应根据安装位置的不同分为：电站型避雷器（"80% 避雷器"）、线路型避雷器（"90% 避雷器"）。

三、突然甩负荷引起的工频电压升高

除上述空载长线的电容效应和不对称短路之外，在输电线路传输较大容量时，由于某种原因，断路器突然跳闸甩去负荷，会在原动机与发电机内引起一系列机电暂态过程，这是造成线路工频电压升高的又一原因。

在发电机突然失去部分或全部负荷的瞬间，由磁链守恒原理可知，通过激磁绕组的磁通是不会突变的，与其对应的电源电势 E_d' 仍维持原来大小。很显然，甩负荷前的电感电流对发电机主磁通的去磁效应会突然消失，而空载线路的电容电流对主磁通将起着增磁作用使得 E_d' 上升，反映为工频电压升高。

实际中，一方面由于甩去有功负荷，发电机的制动装置还来不及起作用，将使电机转速上升，其相应电势和频率也上升，而且也会加剧线路的电容效应，从而引起较大的电压升高。另一方面电压调整器和制动装置也要起作用，使电势的上升受到限制，一般来说，快速自动调压系统能在短时内降低励磁，最高电压多在甩负荷后一秒钟左右出现。

以上分析的是工频电压升高的三种主要原因，当同时计及长线电容效应、单相接地及突然甩负荷等三种情况，工频电压升高可达 2 倍相电压之大。

四、工频电压升高的限制措施

　　根据我国的运行经验,在 220kV 及以下的电网中,一般不需要采取特殊措施来限制工频过电压。在 330kV、500kV 系统中,工频电压升高对确定设备的绝缘水平起着重要作用,应适当采取措施,如:合理的电网接线;科学的操作程序;正确设置并联电抗器或采用新型的静止补偿装置等,将工频电压升高限制在一定水平内。目前我国规定以上系统母线上的工频电压升高不超过最高工频相电压的 1.3 倍,线路不超过 1.4 倍。

习　　题

9-1　试用分布参数等值电路和行波理论来分析切、合空线过电压。

9-2　为什么切除带负载的变压器不会产生过电压,而切除空载变压器会产生过电压?

9-3　在中性点直接接地系统中不产生间歇电弧接地过电压,而在中性点不直接接地系统中会产生间歇电弧接地过电压,为什么?

9-4　试用高频熄弧理论分析间歇电弧接地过电压。

9-5　铁磁谐振过电压是怎样产生的? 危害如何? 如何避免铁磁谐振过电压。

9-6　分叙限制以上各种过电压的措施?

9-7　对用于限制操作过电压的避雷器的技术要求是什么?

第十章 电力系统绝缘配合

本章介绍电力系统绝缘配合的原则和方法(惯用法、绝缘配合统计法)以及在输变电设备、输电线路绝缘配合中的应用。

第一节 绝缘配合的基本概念

电力系统绝缘配合问题是一综合性科学技术课题,就知识面而言,它所涉及的内容很广。以下仅对绝缘配合的基本概念作以简单介绍。

一、绝缘配合的根本任务、基本原则和核心问题

电力系统绝缘配合的根本任务是:正确处理过电压和绝缘这一对矛盾,以达到优质、安全、经济供电的目的。绝缘配合的基本原则就是综合考虑电气设备在系统中可能承受的各种作用电压(工作电压及过电压)、保护装置的特性和设备绝缘对各种作用电压的耐受特性,合理地确定设备必要的绝缘水平,以使设备的造价、维护费用和设备绝缘故障引起的事故损失,达到经济上和安全运行上总体效益最高的目的。也就是说,在技术上要处理好各种作用电压、限压措施及设备绝缘耐受能力三者之间的相互配合关系,在经济上要协调投资费用、维护费用及事故损失费用三者的关系,即必须从技术、经济的角度全面权衡。

绝缘配合的核心问题就是确定各种电气设备的绝缘水平,它是绝缘设计的首要前提。所谓电气设备的绝缘水平是指该电气设备能承受的试验电压值。考虑到设备在运行时要承受运行电压、工频过电压,雷电过电压及操作过电压的作用,对电气设备绝缘规定了短时工频试验电压,对外绝缘还规定了干状态和湿状态下的工频放电电压。考虑到在长期工作电压和工频过电压作用下,内绝缘的老化和外绝缘的抗污秽性能,还规定了一些设备长时间工频试验电压。考虑到雷电过电压对绝缘的作用,规定了雷电冲击试验电压等。在技术上力求做到作用电压与绝缘强度的全伏秒特性配合。

二、绝缘配合中存在问题举例

电力系统中存在着许多绝缘配合方面的问题,主要表现在:

1. 架空线路与变电所之间的绝缘配合

大多数过电压源于输电线路,在电网发展的早期,为了使侵入变电所的过电压不致太高,曾一度把绝缘水平取得比变电所内电气设备的绝缘水平低一些。因为线路绝缘都是自恢复绝缘,一旦发生闪络其后果不像变电设备绝缘故障那样严重,这在当时的条件下,有一定的合理性。

在现代变电所内,装有保护性能相当完善的阀式避雷器,近些年又装有新型的 MOA,虽侵入波的幅值大,但有避雷器可靠地加以限制。只要过电压波前陡度不太大,变电设备均能处于避雷器的保护距离之内。

实际上,现代输电线路的绝缘水平反而高于变电设备,因为有了避雷器的可靠保护,降低变电设备的绝缘水平不但技术上可行,而且经济效益显著。

2. 同杆架设的双回线路之间的绝缘配合

为了避免雷击线路引起两回线路同时跳闸停电的事故,可采用不平衡绝缘的方案,亦即使一回路的三相绝缘子片数少于另一回路的三相绝缘子片数。这样在雷击线路时,绝缘水平较低的那一回路将先发生冲击闪络,甚至跳闸、停电,保护另一回路使之继续正常运行、以减少损失。那么两回路绝缘水平应选择多大的差距,这就是一个绝缘配合的问题。

3. 电气设备内绝缘和外绝缘之间的绝缘配合

在没有获得现代避雷器的可靠保护以前,曾将内绝缘水平取得高于外绝缘水平,因为内绝缘击穿的后果远较外绝缘(套管)闪络更为严重。

4. 各种外绝缘之间的绝缘配合

有不少电力设施的外绝缘不止一种,它们之间往往也有绝缘配合问题。架空线路塔头空气间隙的击穿电压与绝缘子串的闪络电压之间的关系就是一个典型的绝缘配合问题。这在后面将有详细的介绍。又如高压隔离开关的断口耐压必须设计得比支柱绝缘子的对地闪络电压更高一些,这样的配合是保证人身安全所必需的。

5. 各种保护装置之间以及它们与被保护绝缘之间的绝缘配合

变电所防雷接线中的阀式避雷器 FV 与断路器外侧的管式避雷器 FT 放电特性之间的关系就是不同保护装置之间绝缘配合的一个很典型的例子(前面已讲过,参阅相应章节内容)。

被保护绝缘与保护装置之间的绝缘配合。

这是最基本和最重要的一种配合,将在后面详细分析。

三、绝缘配合的发展过程

从电力系统绝缘配合的发展过程来看,大体经历了三个阶段:

1. 采用多级配合阶段

20 世纪 40 年代以前由于当时所用的避雷器保护性能及电气特性较差，因而不能把它的保护特性作为绝缘配合的基础。当时多级配合的原则是价格越昂贵、修复越困难、损坏后果越严重的绝缘结构，其绝缘水平应选得越高。按照这一原则，变电所的绝缘水平应高于线路，设备内绝缘水平应高于外绝缘水平等等。在现代阀式避雷器的保护性能不断改善、质量大大提高了的情况下，再采用多级配合的原则就是严重的错误。

2. 采用两级配合(惯用法)阶段

从 20 世纪 40 年代后期开始，人们逐渐摒弃多级配合的概念而转为采用两级配合的原则，即各种绝缘都接受避雷器的保护，仅仅与避雷器进行绝缘配合，而不在各种绝缘之间寻求配合。换言之，阀式避雷器的保护特性变成了绝缘配合的基础，只要将它的保护水平[参阅式(8-26)]乘上一个综合考虑各种影响因素和必要裕度的系数，就能确定绝缘应有的耐压水平。从这一基本原则出发，经过不断修正和完善，终于发展成为直至今日仍在广泛应用的绝缘配合惯用法。

3. 采用绝缘配合统计法阶段

随着输电电压的提高，绝缘费用因绝缘水平的提高而急剧增大，因而降低绝缘水平的经济效益也越来越显著。

在惯用法中，以过电压的上限与绝缘电气强度的下限作绝缘配合，而且要留出足够的裕度，以保证不发生绝缘故障。但这样做并不符合优化总经济指标的原则。从 20 世纪 60 年代以来，国际上出现一种新的绝缘配合方法，称为"统计法"。它的主要原则如下：电力系统中的过电压和绝缘的电气强度都是随机变量，要求绝缘在过电压的作用下不发生任何闪络或击穿现象，未免过于保守和不合理了(特别是在超高压和特高压输电系统中)。正确的做法应是：规定出某一可以接受的绝缘故障率(例如将超、特高压线路绝缘在操作过电压下的闪络概率取为 0.1% ~ 1%)，容许冒一定的风险。总之，应该用统计的观点及方法来处理绝缘配合问题，以求获得优化的总经济指标。

目前进行绝缘配合主要是采用惯用法和统计法。

第二节　绝缘配合惯用法

惯用法是目前采用得最广泛的绝缘配合方法，除了在 330kV 及以上的超高压线路绝缘(属自恢复绝缘)的设计中才开始采用统计法外，在其它情况下主要均采用惯用法。

由两级配合原则出发,避雷器的保护水平就是确定电气设备绝缘水平的基础,其值就是避雷器上可能出现的最大电压。同时还要将设备安装点与避雷器间的电气距离所引起的电压升高、绝缘因老化所引起的电气强度下降、避雷器运行中逐渐劣化引起的保护性能变差和冲击电压下击穿电压的分散性,以及必要的安全裕度等等因素都考虑在内,必须在保护水平上再乘以一个配合系数,即可得出应有的绝缘水平。

由于不同电压等级在过电压保护措施、绝缘耐压试验项目、最大工作电压倍数以及绝缘裕度取值等方面都存在差异,因此作绝缘配合时将全电压等级分为两个电压范围

$$3.5kV \leqslant U_m \leqslant 252kV \text{ 为范围 I }, U_m > 252kV \text{ 为范围 II}$$

式中,U_m 为系统最大工作电压。

一、雷电过电压下的绝缘配合

电气设备在雷电过电压下的绝缘水平通常用它们的基本冲击绝缘水平(BIL)来表示,它可用下式求得:

$$BIL = K_L U_{p(L)} \tag{10-1}$$

式中,$U_{p(L)}$ 为阀式避雷器在雷电过电压下的保护水平(kV),通常简化为以配合电流下的残压 U_R 作为保护水平。K_L 为雷电过电压下的配合系数,其值为 1.2~1.4 范围内。IEC 规定 $K_L \geqslant 1.2$,我国规定:若电气设备与避雷器相距很近,则取 K_L 为 1.25,相距较远则取 K_L 为 1.4,即

$$BIL = (1.25 \sim 1.4)U_R \tag{10-2}$$

二、操作过电压下的绝缘配合

在按内部过电压作绝缘配合时,通常不考虑谐振过电压,因为在系统设计和选择运行方式时均应设法避免谐振过电压的出现;此外,也不单独考虑工频电压升高,而把它的影响包括在最大长期工作电压内。因此按内部过电压作绝缘配合实际上就是操作过电压下的绝缘配合。

这样处理应分两种不同的情况讨论:

● 若变电所内的阀式避雷器只用作雷电过电压保护,在内过电压下,避雷器应不动作。为此,须依靠别的降压或限压措施加以限制,而绝缘本身应能耐受可能出现的内部过电压。

我国标准对范围I的各级系统所推荐的操作过电压计算倍数 K_0 如表10-1所示。

对于这类变电所中的电气设备来说,其操作冲击绝缘水平(SIL)可按下式

表 10-1　操作过电压的计算倍数

系统额定电压/kV	中性点接地方式	相对地操作过电压计算倍数
66 及以下	有效接地	4.0
35 及以下	经小电阻有效接地	3.2
110~220	有效接地	3.0

求得

$$SIL = K_s K_0 U_\phi \qquad (10\text{-}3)$$

式中,K_s 为操作过电压下的配合系数。

● 对于范围Ⅱ(EHV)的电力系统,过去采用的操作过电压计算倍数: 330kV 级为 2.75 倍,500kV 级为 2.0 或 2.2 倍。

由于现多采用 MOA 或磁吹避雷器同时限制雷电与操作过电压,故不再采用以上数据。若采用 MOA,这时的 $U_{P(s)}$ 等于规定的操作冲击电流下的残压值;若采用磁吹避雷器,$U_{P(s)}$ 等于以下两个电压中的较大者。一种是在 250/2500μs 标准操作冲击电压下的放电电压,另一种是规定的操作冲击电流下的残压值。

对于这类变电所的电气设备来说,其操作冲击绝缘水平可用下式求得

$$SIL = K_s U_{P(s)} \qquad (10\text{-}4)$$

式中 $$K_s = 1.15~1.25$$

可见 K_s 较 K_L 为小,主要是因为操作波的波前陡度远较雷电波为小。这样被保护设备与避雷器之间的电气距离所引起的电压差值也小。

三、工频绝缘水平的确定

为了检验电气设备绝缘是否达到了以上已确定的 BIL 和 SIL,这就需要进行雷电和操作冲击耐压试验。对于 330kV 及以上的超高压电气设备而言,完全应进行实体试验,但对于 220kV 及以下的高压电气设备,应设法用较为简单的高压试验等效地检验绝缘耐受雷电和操作冲击电压的能力。对高压电气设备普遍施行的工频耐压试验,实际上也就包含这方面的要求和作用。

如果在进行工频耐压试验时所采用的试验电压比被试品的额定相电压略高,那么试验目的只限于检验绝缘在工频工作电压和工频电压升高下的电气性能。而实际上短时(1min)工频耐压试验所采用的试验电压值远比额定相电

压高出数倍,可见试验的目的和作用是代替雷电和操作冲击耐压试验,等效地检验绝缘在这两类过电压下的电气强度。为实现这一等效的替代试验,图10-1 所示给出了确定短时工频耐压值的流程。

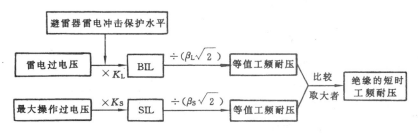

图 10-1　确定工频试验电压值的流程

K_L,K_s—雷电与操作冲击配合系数;β_L,β_s—雷电与操作冲击系数

由此可见:凡经工频耐压试验合格的设备绝缘在雷电和操作过电压下均能可靠地运行。为了更加可靠和直观,IEC 补充了如下规定:

对 300kV 以下的电气设备:

● 绝缘在工频工作电压、暂时过电压和操作过电压下的性能用短时(1min)工频耐压试验来检验;

● 绝缘在雷电过电压下的性能用雷电冲击耐压试验来检验。

对 300kV 及以上的电气设备:

● 绝缘在操作过电压下的性能用操作冲击耐压试验来检验;

● 绝缘在雷电过电压下的性能用雷电冲击耐压试验来检验。

四、长时间工频高压试验

当内绝缘的老化和外绝缘的污染对绝缘在工频工作电压和过电压下的性能有影响时,还需作长时间工频高压试验。

显然,由于试验的目的不同,长时间工频高压试验时所加的试验电压值和加压时间均与短时工频耐压试验不同。

按照上述惯用法的计算,根据我国具体情况,并参考 IEC 推荐的绝缘配合标准,我国国家标准 GB311.1—83[2] 中对各种电压等级电气设备以耐压值表示的绝缘水平做出相应规定。运行经验表明这些修订是合理的。

第三节　输变电设备以及输电线路的绝缘配合

现均以惯用法作输变电设备以及输电线路的绝缘配合。

一、输变电设备的绝缘配合

在变电所的诸多电气设备中,电力变压器是最为重要的电力枢纽,因此,通常以确定电力变压器的绝缘水平为中心环节。而确定电力变压器绝缘水平的基础是避雷器的保护水平,即变压器的绝缘水平与避雷器的保护水平的配合就代表了输变电设备的绝缘配合。

1. 雷电过电压下的绝缘配合

由上节分析可知:变压器的雷电冲击耐受电压和避雷器保护水平之间应取一定的安全裕度系数。以雷电冲击保护水平为基础,利用式(10-2)关系,当电气设备(如变压器)与避雷器紧靠时,安全系数取 1.25,有一定距离时取 1.4。

2. 操作过电压下的绝缘配合

由上节可知:采用磁吹避雷器保护则变压器的操作基本冲击绝缘水平与避雷器的保护水平相配合,可利用式(10-4)关系,安全系数在 1.15 ~ 1.25 范围内。

电气设备是否需做操作冲击耐受电压试验均按上节所述规定进行。

以上是以变压器为例说明用避雷器保护的设备其绝缘水平的确定过程。对于用不同的避雷器保护或非有效保护的设备,如断路器、互感器等,应选用较高雷电冲击耐受电压及与之对应的操作冲击耐受电压。这些可按有关规程规定进行。

根据我国电力发展情况及电器制造水平,结合运行经验,并参考 IEC 推荐的绝缘配合标准,我国国标 GB311.1—83[2] 中对各电压等级电气设备的试验电压作了规定(见表 10-2)。

对表 10-2 中数据作简要说明:

● 对 220 ~ 500kV 的设备,给出了两种基准绝缘水平,由用户根据电网特点和过电压保护装置的性能等具体情况加以选用,制造厂可按客户要求选择基准。

● 对 3 ~ 15kV 的设备给出了系列 Ⅰ 和 Ⅱ 数据。系列 Ⅰ 适合于:

▲在不接到架空线的系统和工业装置中,系统中性点经消弧线圈接地,且在特定系统中安装适当的过电压保护装置;

表 10-2　3～500kV 输变电设备的基准绝缘水平

额定电压	最高工作电压	额定操作冲击耐受电压		额定雷电冲击耐受电压		额定短时工频耐受电压	
有效值/kV	有效值/kV	峰值/kV	相对地过电压(标幺值)	峰值/kV		有效值/kV	
				I	II	I	II
3	3.5			20	40	10	18
6	6.9			40	60	20	23
10	11.5			60	75	28	30
15	17.5			75	105	38	40
20	23.0				125		50
35	40.5				185/200*		80
63	69.0				325		140
110	126.0				450/480*		185
220	252.0				850		360
					950		395
330	363.0	850	2.85		1050		(460)
		950	3.19		1175		(510)
500	550.0	1050	2.34		1425		(630)
		1175	2.62		1550		(680)

注：●用于 15kV 及 20kV 电压等级的发电机回路的设备,其额定短时工频耐受电压一般提高 1～2 级;
　　●对于额定短时工频耐受电压,干试和湿试选用同一数值,括号内数值为 330～500kV 设备额定
　　　短时工频耐受电压,供参考。
* 仅用于变压器类设备的内绝缘。

　　▲在经变压器接到架空线上去的系统和工业装置中,变压器低压侧的电缆每相对地电容至少为 $0.05\mu F$,如不足此数,应尽量靠近变压器接线端增设附加电容器,使每相总电容达 $0.05\mu F$,并应用适当的避雷器保护。在所有其它场合,或要求很大的安全裕度时,均须采用系列 II。

二、架空输电线路的绝缘配合

　　确定输电线路的绝缘配合,包括确定绝缘子串的绝缘子片数及线路绝缘的空气间隙。

1. 绝缘子串中绝缘子片数的确定

　　在根据杆塔的机械载荷选定绝缘子型式之后,需要确定每串绝缘子的片数,以满足下列要求:

　　● 在工作电压下不发生污闪;
　　● 在操作过电压下不发生湿闪;
　　● 具有一定的雷电冲击绝缘水平,保证线路的耐雷水平和雷击跳闸率满

足规定要求。

具体选择程序是:先按机械负荷和环境条件选定绝缘子型号;再按工作电压所要求的泄漏距离决定绝缘子片数,按操作过电压的要求计算应有的片数,选择两种要求所得片数中的较大者;最后校验该线路的耐雷水平与雷击跳闸率是否符合规定要求。

(1) 按工作电压要求

为了防止绝缘子串在工作电压下不发生污闪事故,绝缘子串应有足够的沿面爬电距离(总爬电比距)

$$\lambda = \frac{nK_\mathrm{e}L_0}{U_\mathrm{m}} \tag{10-5}$$

式中,n 为每串绝缘子的片数;L_0 为每片绝缘子的几何爬电距离(cm);U_m 为系统最高工作线电压有效值(kV);K_e 为绝缘子爬电距离有效系数;K_e 之值主要由各种绝缘子几何泄漏距离对提高污闪电压的有效性来确定。可参阅文献2附录 D 得到。

对于不同的污秽地区要求一定的爬电比距 d_0,必须满足 $d \geqslant d_0$,否则污闪事故将比较严重,会造成很大损失。我国规定的各污秽等级所要求的爬电比距值是以大量实际运行经验为基础而定的,因此一般按规定的 λ 来选择绝缘子串的 d 和 n 是能保证必要的运行可靠性的。

表 10-3　各污秽等级所要求的爬电比距值(λ)

污秽等级	爬电比距/cm·kV^{-1}			
	线路		发电厂	变电所
	220kV 及以下	330kV 及以上	220kV 及以下	330kV 及以上
0	1.39 (1.60)	1.45 (1.60)	—	—
I	1.39~1.74 (1.60~2.00)	1.45~1.82 (1.60~2.00)	1.60 (1.84)	1.60 (1.76)
II	1.74~2.17 (2.00~2.50)	1.82~2.27 (2.00~2.50)	2.00 (2.30)	2.00 (2.20)
III	2.17~2.78 (2.50~3.20)	2.27~2.91 (2.50~3.20)	2.50 (2.88)	2.50 (2.75)
IV	2.78~3.30 (3.20~3.80)	2.91~3.45 (3.20~3.80)	3.10 (3.57)	3.10 (3.41)

注:括号内的数据为以系统额定电压为基准的爬电比距值。

由此可得出根据最高工作线电压确定每串绝缘子的片数为

$$n_1 \geqslant \frac{\lambda U_m}{K_e L_0} \qquad (10\text{-}6)$$

应该看到:按式(10-6)求得的片数 n_1 中已包括零值绝缘子(串中已丧失绝缘性能的绝缘子),所以不必再增加零值片数;式(10-6)对中性点接地方式不同的电网都是适用的。

(2)按操作过电压要求

绝缘子除应在长期工作电压下不发生闪络外,还应耐受操作过电压的作用,即绝缘子串的湿闪电压在考虑大气状态等影响因素并保持一定裕度的前提下,应大于可能出现的操作过电压,通常取 10% 的裕度。此时,应有的绝缘子片数为 n_2',则由 n_2' 片组成的绝缘子串的工频湿闪电压幅值应为

$$U_W = 1.1 K_0 U_\phi \qquad (10\text{-}7)$$

式中,K_0 为操作过电压计算倍数,见表 10-1;U_ϕ 为最高运行相电压;1.1 为综合考虑各种影响因素和必要裕度的一个综合修正系数。

在实际运行中,不排除零值绝缘子存在的可能性,再考虑需增加的零值绝缘子片数 n_0,因此按操作过电压确定的每串绝缘子片数应为

$$n_2 = n_2' + n_0 \qquad (10\text{-}8)$$

预留的零值绝缘子片数 n_0 见表 10-4。

表 10-4 零值绝缘子片数 n_0

额定电压/kV	35 ~ 220		330 ~ 500	
绝缘子串类型	悬垂串	耐张串	悬垂串	耐张串
n_0	1	2	2	3

如果已知绝缘子串在正极性操作冲击波下的 50% 放电电压 $U_{50\%(s)}$ 与片数的关系,那么可以用以下方法求得 n_2' 和 n_2。绝缘子串应能承受的 $U_{50\%(s)}$ 为

$$U_{50\%(s)} \geqslant K_s U_s \qquad (10\text{-}9)$$

式中,U_s 对于 $U_m \leqslant 252\text{kV}$,$U_s = K_0 U_\phi$;对于 $U_m > 252\text{kV}$,它应为合空载线路、单相、三相重合闸这三种方式中的最大者;K_s 为绝缘子串操作过电压配合系数,对范围 I 取 $K_s = 1.17$,对范围 II 取 $K_s = 1.25$;

(3)按雷电过电压要求

按雷电过电压要求的片数 n_3 通常不一定就大于 n_1 和 n_2,雷电过电压不一定成为确定 n 值的决定性因素。因为线路的耐雷性能取决于各种防雷措施的综合效果。由表 10-5 可以清楚地看到这点。

2. 空气间距的选择

输电线路的绝缘水平还取决于线路上各种空气间隙的极间距离,从经济角度审视,空气间距的选择对降低线路建设费用有很大作用。

表 10-5　各级电压线路直线杆每串绝缘子片数

线路额定电压/kV	35	66	110	220	330	500
按工作电压下泄漏比距要求决定 n_1	2	4	7	13	19	28
按内部过电压下湿闪电压决定 n_2	3	5	7	12	17	22
按大气过电压下耐雷水平要求决定 n_3	3	5	7	13	19	25~28
实际采用值 n	3	5	7	13	19	28

输电线路的空气间隙主要有:导线对大地、导线对导线、导线对架空地线、导线对杆塔及横担。导线对地面的高度主要是考虑穿越导线下的最高物体与导线间的安全距离,在超高压输电线下还应考虑对地面物体的静电感应问题。导线间的距离主要由导线弧垂最低点在风力作用下,发生异步摇摆时能耐受工作电压的最小间隙来确定,由于这种情况出现的机会极少,所以在低电压等级时以不碰线为原则。导线对地线间的间隙,由雷击避雷线挡距中间不引起对导线的空气间隙击穿的条件来确定。因此,以下重点介绍如何根据工作电压、内部过电压、大气过电压来确定导线对杆塔的距离。

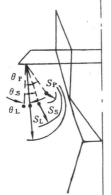

图 10-2　绝缘子串风偏角 θ 及其对杆塔的距离 S 示意图

间隙所承受的电压就幅值而言,其排序是工作电压最低,内部过电压次之,雷电过电压幅值可能最高;就作用时间而言,顺序刚好相反。如图 10-2 所示,在确定导线对杆塔间隙的大小时,必须考虑风吹导线使绝缘子串倾偏摇摆偏向杆塔的偏角,结合表 10-6 进行分析。

表 10-6　电压类型与风速、偏角(间隙)的对应关系

电压类型	工作电压	内部过电压	雷电过电压
风速/m·s⁻¹	25~35	12.5~17.5	10
对应偏角(间隙)	$\theta_P (S_P)$	$\theta_s (S_s)$	$\theta_L (S_L)$

(1) 按工作电压确定风偏后的间隙 S_p

为保证间隙在工作电压下不发生闪络，S_p 的工频放电电压为

$$U_{50\sim} = K_1 U_\phi \tag{10-10}$$

式中，K_1 为安全系数，它考虑了空气密度及湿度变化的影响，以及如工频电压升高等不利因素的影响，可查表 10-7 确定 K_1。

表 10-7　安全系数 K_1 取值范围

电压等级/kV	66 及以下	110 ~ 220	330 ~ 500
安全系数 K_1	1.2	1.35	·1.4

(2) 按操作过电压确定风偏后的间隙 S_s

为保证间隙在操作过电压下不发生闪络，其等值工频放电电压为

$$U_{50\%(s)} = K_2 K_0 U_\phi \tag{10-11}$$

式中，K_0 为操作过电压计算倍数；系数 K_2 为空气间隙操作配合系数，对范围 I 取 1.03，对范围 II 取 1.1。

(3) 按雷电过电压确定绝缘子串风偏后的空气间隙 S_L

应使间隙冲击强度与非污秽地区绝缘子串的冲击放电电压相适应，运行经验表明：S_L 在雷电冲击波下 50% 放电电压 $U_{50\%(L)}$ 取为绝缘子串的 50% 雷电冲击闪络电压 U_{CFO} 的 85% 即

$$U_{50\%(L)} = 0.85 U_{CFO} \tag{10-12}$$

这样选择的目的是尽量减少绝缘子串沿面闪络的概率，以保护绝缘子。

当确定 S_p，S_s 和 S_L 后，即可求得绝缘子串处于垂直状态时对杆塔应有的水平距离

$$\begin{aligned}
L_p &= S_p + l\sin\theta_p \\
L_s &= S_s + l\sin\theta_s \\
L_L &= S_L + l\sin\theta_L
\end{aligned} \tag{10-13}$$

式中，l 为绝缘子串的长度。

从式(10-13)中选三者之中最大的作为导线与杆塔之间的水平距离 L。

表 10-8 列出各级电压线路最小空气间隙值。

表 10-8　各级电压线路最小空气间隙值(cm)

额定电压/kV	35	66	110	220	330	500
X-4.5 型绝缘子片数	3	5	7	13	19	28
S_p	10	20	25	55	90	130
S_s	25	50	70	145	195	270
S_L	45	65	100	190	260	370

由表 10-8 和运行经验表明:一般情况下,对空气间隙的确定起决定作用的是雷电过电压。

第四节 绝缘配合统计法

以上几节均用惯用法分析了输电设备的绝缘配合及架空输电线路的绝缘配合。惯用法对有自恢复能力的绝缘(如气体绝缘)和无自恢复能力的绝缘(如固体绝缘)都是适用的。

由于在超高压系统中降低绝缘水平对于减少系统建设费用具有举足轻重的作用,并且在超高压系统中,操作过电压在绝缘配合中起着主要作用。绝缘在操作过电压下抗电强度分散性很大,若采用惯用法,对绝缘要求偏严,因此从 60 年代以后,国内外相继推崇采用统计法对自恢复绝缘进行绝缘配合。

统计法的根据是假定描述过电压和绝缘强度的随机特性的概率分布函数是已知的,当研究由于某种原因引起的过电压时,并不能预知每一次过电压的幅值,但可利用在大量统计资料的基础上作出的某类过电压概率密度分布曲线,同样地可得到绝缘放电电压的概率密度分布曲线,然后用计算的方法求出由过电压引起绝缘损坏的故障概率。在技术经济比较的基础上,正确地确定绝缘水平。

当已知过电压概率密度函数 $f(U)$ 和绝缘的放电概率函数 $P(U)$,就可以计算由过电压引起绝缘损坏的危险性。设绝缘在过电压作用下遭到损坏的故障概率为

$$R_a = \int_{U_\phi}^{\infty} P(U)f(U)\mathrm{d}U \tag{10-14}$$

式(10-14)中 U_ϕ 为最高运行相电压幅值,由过电压含义可得 U 的积分限为:$U_\phi \sim \infty$,函数 $f(U)$ 与 $P(U)$ 具有互不相关性。图 10-3 给出了绝缘故障率的估算区域,由图可见:$P(U_0)f(U_0)\mathrm{d}U$ 为有斜线阴影的小块面积,R_a 为阴影

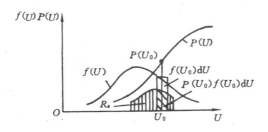

图 10-3 绝缘故障率的估算

部分总面积。增加绝缘强度,即曲线 $P(U)$ 向右方移动,则故障率减小,但投资成本增加。从技术、经济角度考虑,在可接受的故障率的前提下,选择合理的绝缘水平。

由于实际工程中采用统计法进行绝缘配合是相当繁琐和困难的。因此,通常采用"简化统计法"。由 IEC 推荐的简化统计法,对过电压和绝缘电气强度的统计规律做出一些通常认为合理的假设,如正态分布,并已知其标准偏差等等,这就使得过电压和绝缘电气强度的概率分布曲线可用与某一参考概率相对应的点来表示,称为"统计过电压"和"统计绝缘耐压"。在此基础上可以计算绝缘的故障率。实际上,绝缘的故障率只由这两个电压之间的裕度来决定,仅这一点是与惯用法很相似的。

还必须指出:绝缘配合的统计法至今只能用于自恢复绝缘。而要得出非自恢复绝缘击穿电压的概率分布是非常困难的。因此,通常对 220kV 及以下的自恢复绝缘均采用惯用法,而对 330kV 及以上的超高压自恢复绝缘才部分地采用简化统计法进行绝缘配合。

习　　题

10-1　电力系统绝缘配合的基本原则和根本任务是什么?

10-2　什么是绝缘配合惯用法?什么是绝缘配合统计法?

10-3　如何确定输变电设备以及输电线路的绝缘配合?

附录一　标准球隙放电电压表

附表 1-1、附表 1-2 均为

(1) 一球接地；

(2) 标准大气条件(101.3kPa,293K)；

(3) 电压均指峰值(kV)；

(4) 括号内的数字为球隙距离大于 0.5D 时的数据,其准确度较低。

附表 1-1　　　　　　　　　　　球隙放电电压表

球隙距离	球　直　径 /cm											
cm	2	5	6.25	10	12.5	15	25	50	75	100	150	200
0.05	2.8											
0.10	4.7											
0.15	6.4											
0.20	8.0	8.0										
0.25	9.6	9.6										
0.30	11.2	11.2										
0.40	14.4	14.3	14.2									
0.50	17.4	17.4	17.2	16.8	16.8	16.8						
0.60	20.4	20.4	20.2	19.9	19.9	19.9						
0.70	23.2	23.4	23.2	23.0	23.0	23.0						
0.80	25.8	26.3	26.2	26.0	26.0	26.0						
0.90	28.3	29.2	29.1	28.9	28.9	28.9						
1.0	30.7	32.0	31.9	31.7	31.7	31.7	31.7					
1.2	(35.1)	37.6	37.5	37.4	37.4	37.4	37.4					
1.4	(38.5)	42.9	42.9	42.9	42.9	42.9	42.9					
1.5	(40.0)	45.5	45.5	45.5	45.5	45.5	45.5					
1.6		48.1	48.1	48.1	48.1	48.1	48.1					
1.8		53.0	53.5	53.5	53.5	53.5	53.5					
2.0		57.5	58.5	59.0	59.0	59.0	59.0	59.0	59.0			
2.2		61.5	63.0	64.5	64.5	64.5	64.5	64.5	64.5			
2.4		65.5	67.5	69.5	70.0	70.0	70.0	70.0	70.0			
2.6		(69.0)	72.0	74.5	75.0	75.5	75.5	75.5	75.5			
2.8		(72.5)	76.0	79.5	80.0	80.5	81.0	81.0	81.0			
3.0		(75.5)	79.5	84.0	85.0	85.5	86.0	86.0	86.0	86.0		
3.5		(82.5)	(87.5)	95.5	97.0	98.0	99.0	99.0	99.0	99.0		
4.0		(88.5)	(95.0)	105	108	110	112	112	112	112		
4.5			(101)	115	119	122	125	125	125	125		
5.0			(107)	123	129	133	137	138	138	138	138	
5.5				(131)	138	143	149	151	151	151	151	

注:(适用于:①工频交流电压;②负极性冲击电压;③正、负极性直流电压)

续附表 1-1

球隙距离 /cm	球 直 径 /cm											
	2	5	6.25	10	12.5	15	25	50	75	100	150	200
6.0				(138)	146	152	161	164	164	164	164	
6.5				(144)	(154)	161	173	177	177	177	177	
7.0				(150)	(161)	169	184	189	190	190	190	
7.5				(155)	(168)	177	195	202	203	203	203	
8.0					(174)	(185)	206	214	215	215	215	
9.0					(185)	(198)	226	239	240	241	241	
10					(195)	(209)	244	263	265	266	266	266
11						(219)	261	286	290	292	292	292
12						(229)	275	309	315	318	318	318
13							(289)	331	339	342	342	342
14							(302)	353	353	366	366	366
15							(314)	373	387	390	390	390
16							(326)	392	410	414	414	414
17							(337)	411	432	438	438	438
18							(347)	429	453	462	462	462
19							(357)	445	473	486	486	486
20							(366)	460	492	510	510	510
22								489	530	555	560	560
24								515	565	595	610	610
26								(540)	600	635	655	660
28								(565)	635	675	700	705
30								(585)	665	710	745	750
32								(605)	695	745	790	795
34								(625)	725	780	835	840
36								(640)	750	815	875	885
38								(655)	(775)	845	915	930
40								(670)	(800)	875	955	975
45									(850)	945	1050	1080
50									(895)	(1010)	1130	1180
55									(935)	(1060)	1210	1260
60									(970)	(1110)	1280	1340
65										(1160)	1340	1410
70										(1200)	1390	1480
75										(1230)	1440	1540
80											1490	1600
85											1540	1660
90											1580	1720
100											1660	1840
110											(1730)	(1940)
120											(1800)	(2020)
130												(2100)
140												(2180)
150												(2250)

注:本表不适用于 10kV 以下的冲击电压。

附表 1-2 球隙放电电压表(适用于正极性冲击电压)

球隙距离	球 直 径 /cm											
cm	2	5	6.25	10	12.5	15	25	50	75	100	150	200
0.05												
0.10												
0.15												
0.20												
0.25												
0.30	11.2	11.2										
0.40	14.4	14.3	14.2									
0.50	17.4	17.4	17.2	16.8	16.8	16.8						
0.60	20.4	20.4	20.2	19.9	19.9	19.9						
0.70	23.2	23.4	23.2	23.0	23.0	23.0						
0.80	25.8	26.3	26.2	26.0	26.0	26.0						
0.90	28.3	29.2	29.1	28.9	28.9	28.9						
1.0	30.7	32.0	31.9	31.7	31.7	31.7	31.7					
1.2	(35.1)	37.8	37.6	37.4	37.4	37.4	37.4					
1.4	(38.5)	43.3	43.2	42.9	42.9	42.9	42.9					
1.5	(40.0)	46.2	45.9	45.5	45.5	45.5	45.5					
1.6		49.0	48.6	48.1	48.1	48.1	48.1					
1.8		54.5	54.0	53.5	53.5	53.5	53.5					
2.0		59.5	59.0	59.0	59.0	59.0	59.0	59.0	59.0			
2.2		64.5	64.0	64.5	64.5	64.5	64.5	64.5	64.5			
2.4		69.0	69.0	70.0	70.0	70.0	70.0	70.0	70.0			
2.6		(73.0)	73.5	75.5	75.5	75.5	75.5	75.3	75.5			
2.8		(77.0)	78.0	80.5	80.5	80.5	81.0	81.0	81.0			
3.0		(81.0)	82.0	85.5	85.5	85.5	86.0	86.0	86.0	86.0		
3.5		(90.0)	(91.5)	97.5	98.0	98.5	99.0	99.0	99.0	99.0		
4.0		(97.5)	(101)	109	110	111	112	112	112	112		
4.5			(108)	120	122	124	125	125	125	125		
5.0			(115)	130	134	136	138	138	138	138	138	
5.5				(139)	145	147	151	151	151	151	151	
6.0				(148)	155	158	163	164	164	164	164	
6.5				(156)	(164)	168	175	177	177	177	177	
7.0				(163)	(173)	178	187	189	190	190	190	
7.5				(170)	(181)	187	199	202	203	203	203	
8.0					(189)	(196)	211	214	215	215	215	
9.0					(203)	(212)	233	239	240	241	241	
10					(215)	(226)	254	263	265	266	266	266
11						(238)	273	287	290	292	292	292
12						(249)	291	311	315	318	318	318
13							(308)	334	339	342	342	342
14							(323)	357	363	366	366	366

球隙距离	球 直 径 /cm											
cm	2	5	6.25	10	12.5	15	25	50	75	100	150	200
15							(337)	380	387	390	390	390
16							(350)	402	411	414	414	414
17							(362)	422	435	438	438	438
18							(374)	442	458	462	462	462
19							(385)	461	482	486	486	486
20							(395)	480	505	510	510	510
22								510	545	555	560	560
24								540	585	600	610	610
26								570	620	645	655	660
28								(595)	660	685	700	705
30								(620)	695	725	745	750
32								(640)	725	760	790	795
34								(660)	755	795	835	840
36								(680)	785	830	880	885
38								(700)	(810)	865	925	935
40								(715)	(835)	900	965	980
45									(890)	980	1060	1090
50									(940)	1040	1150	1190
55									(985)	(1100)	1240	1290
60									(1020)	(1150)	1310	1380
65										(1200)	1380	1470
70										(1240)	1430	1550
75										(1280)	1480	1620
80											(1530)	1690
85											(1580)	1760
90											(1630)	1820
100											(1720)	1930
110											(1790)	(2030)
120											(1860)	(2120)
130												(2200)
140												(2280)
150												(2350)

附录二 阀式避雷器电气特性

附表 2-1　　　　普通阀式避雷器(FS 和 FZ 系列)的电气特性

型　号	额定电压有效值 kV	灭弧电压有效值 kV	工频放电电压有效值(干燥及淋雨状态) kV		冲击放电电压(预放电时间 1.5～2.0μs) kV 不大于		冲击残压(波形 8/20μs) kV 不大于				备　注
							FS 系列		FZ 系列		
			不小于	不大于	FS系列	FZ系列	3kA	5kA	5kA	10kA	
FS-0.25	0.22	0.25	0.6	1.0	2.0		1.3				
FS-0.50	0.38	0.50	1.1	1.6	2.7		2.6				
FS-3 (FZ-3)	3	3.8	9	11	21	20	(16)	17	14.5	(16)	
FS-6 (FZ-6)	6	7.6	16	19	35	30	(28)	30	27	(30)	
FS-10(FZ-10)	10	12.7	26	31	50	45	(47)	50	45	(50)	
FZ-15	15	20.5	42	52		78			67	(74)	组合元件用
FZ-20	20	25	49	60.5		85			80	(88)	组合元件用
FZ-30J	30	25	56	67		110			83	(91)	组合元件用
FZ-35	35	41	84	104		134			134	(148)	
FZ-40	40	50	98	121		154			160	(176)	110kV 变压器中性点保护专用
FZ-60	60	70.5	140	173		220			227	(250)	
FZ-110J	110	100	224	268		310			332	(364)	
FZ-154J	154	142	304	368		420			466	(512)	
FZ-220J	220	200	448	536		630			664	(728)	

注:残压栏内加括号者为参考值。

附表 2-2　　　　　　　　　　电站用磁吹阀式避雷器(FCZ 系列)电气特性

型　号	额定电压有效值 kV	灭弧电压有效值 kV	工频放电电压有效值(干燥及淋雨状态) kV		冲击放电电压/kV 不 大 于		冲击电流残压/kV (波形 8/20μs) 不 大 于		备　注
			不小于	不大于	预放电时间 1.5~20μs 及波形 1.5/40μs	预放电时间 100~1000μs	5kA 时	10kA 时	
FCZ-35	35	41	70	85	112	—	108	122	110kV 变压器中性点保护专用
FCZ-40	—	51	87	98	134	—	—①	—	
FCZ-50	60	69	117	133	178	—	178	205	
FCZ-110J	110	100	170	195	260	(285)②	260	285	
FCZ-110	110	126	255	290	345	—	332	365	
FCZ-154	154	177	330	377	500	—	466	512	
FCZ-220J	220	200	340	390	520	(570)	520	570	
FCZ-330J	330	290	510	580	780	820	740	820	
FCZ-500J	500	440	680	790	840	1030	—	1100	

①1.5kA 冲击残压为 134kV。
②加括号者为参考值。

附表 2-3　　　　　　　　　保护旋转电机用磁吹阀式避雷器(FCD 系列)电气特性

型　号	额定电压有效值 kV	灭弧电压有效值 kV	工频放电电压有效值(干燥及淋雨状态) kV		冲击放电电压(预放电时间 1.5~20μs 及波形 1.5/40μs) kV 不 大 于	冲击电流残压/kV (波形 8/20μs) 不 大 于		备　注
			不小于	不大于		3kA 时	5kA 时	
FCD-2	—	2.3	4.5	5.7	6	6	6.4	电机中性点保护专用
FCD-3	3.15	3.8	7.5	9.5	9.5	9.5	10	
FCD-4	—	4.6	9	11.4	12	12	12.8	电机中性点保护专用
FCD-6	6.3	7.6	15	18	19	19	20	
FCD-10	10.5	12.7	25	30	31	31	33	
FCD-13.2	13.8	16.7	33	39	40	40	43	
FCD-15	15.75	19	37	44	45	45	49	

附表 2-4 　　　　　　　110～500kV 变电所用 MOA 电气特性

避雷器额定电压有效值 kV	系统额定电压有效值 kV	容许最大持续运行电压有效值 kV	直流 1mA 参考电压峰值/kV 不小于			残压峰值 /kV								
						雷电冲击电流下, 不大于			操作冲击电流下, 不大于			陡波冲击电流下, 不大于		
			避雷器等级(标称放电电流/kA)											
			5	10	20	5	10	20	5	10	20	5	10	20
100	110	73	145	145	—	260	260	—	221	221	—	299	291	—
						290	290	—	247	247	—	334	325	—
126			214	—	—	332	—	—	282	—	—	382	—	—
200	220	146	290	290	—	520	520	—	442	442	—	598	582	—
						580	580	—	494	494	—	668	650	—
288	330	210	—	408	—	—	698	—	—	593	—	—	782	—
300		215	—	424	—	—	727	—	—	618	—	—	814	—
312		220	—	441	—	—	756	—	—	643	—	—	847	—
396	500	312	—	532	532	—	905	986	—	804	808	—	1015	1104
420		318	—	565	565	—	960	1046	—	852	858	—	1075	1170
444		324	—	597	597	—	1015	1106	—	900	907	—	1137	1238
468		330	—	630	630	—	1070	1166	—	950	956	—	1198	1306

注:本表根据"中国国家标准 GB11032-89:MOA"所规定的数据整理而得。

附表 2-5 　　　　　　　美国 OB 公司有机外套 MOA 的主要性能

避雷器额定电压 kVrms	最大持续运行电压 kVrms	10kA 最大陡波残压 kV	10kA 最大雷电残压 kV	操作电流 A	最大操作残压 kV	高度 mm	重量 kg
96	76.00	257.4	234.0	500	183.2	1133	38.2
108	84.00	288.9	262.6	500	205.6	1405	44.9
108	88.00	288.9	262.6	500	205.6	1405	44.9
120	98.00	326.9	297.2	1000	241.3	1405	45.9
132	106.00	362.7	329.7	1000	267.7	1671	53.4
144	115.00	386.1	351.0	1000	285.0	1671	54.5

附表 2-6　　　　　　　　　　前苏联有机外套 MOA 的主要性能

系统额定电压 kV$_{rms}$	持续运行电压 kV$_{rms}$	雷电电流 kA	雷电残压 kV	操作电流 A	操作残压 kV	高度 m	重量 kg	工频电压耐受时间特性（相电压倍数）				
								20min	20s	3.5s	1s	0.15s
110	73	5	190~230	105	170~190	0.88	14	1.2	1.3	1.4	1.45	1.55
220	146	5	380~445	120	340~380	1.88	30	1.2	1.3	1.4	1.45	1.55
330	220	10	550~630	192	475~530	2.38	59	1.2	1.3	1.4	1.45	1.55
500	332	10	750~880	288	680~780	3.416	135	1.2	1.3	1.4	1.45	1.55
750	496	10	1180~1300	600	1020~1080	5.08	305	1.2	1.3	1.4	1.45	1.55

附表 2-7　　　　英国 Bowthorpe 公司的 4P 和 5P 有机外套 MOA 的性能

额定电压 kV	型号	最大持续运行电压 kV	最大操作残压 kV$_{crest}$		最大雷电残压 kV$_{crest}$		20kA 陡波残压 kV$_{crest}$	总高 mm	重量 kg
			500A	2000A	10kA	20kA			
360	4P10S	270	719	775	914	997	1066	4670	260.0
396	4P11S	297	791	852	1006	1097	1173	5137	286.0
420	4P11S	315	839	904	1067	1163	1244	5137	288.2
444	4P12S	333	886	955	1128	1230	1315	5604	314.4
468	4P13S	351	934	1007	1189	1296	1386	6071	340.6
525	4P14S	394	1048	1130	1334	1454	1555	6538	366.8
420	5P11S	315	832	890	1029	1102	1179	5137	407.0
444	5P12S	333	879	941	1088	1165	1246	5604	444.0
468	5P13S	351	927	992	1147	1228	1313	6071	481.0
525	5P14S	394	1040	1113	1286	1377	1473	6538	518.0

注：4P、5P 为线路放电等级达到 4 级、5 级。

附表 2-8　　　　　　　　有机外套和瓷套 MOA 性能比较

型　号	3EQ2	3EP2
外　套	硅橡胶	瓷套
U_c/kV	120	120
U_r/kV	150	150
10kA 残压/kV	360	360
1kA 残压/kV	306	306
线路放电等级	3	3
2ms 方波容量/A	1000	1000
能量/kJ·(kV$_r$)$^{-1}$	8	8
压力释放等级/kA	50	50
高度/mm	1680	1620
爬距/mm	4065	4030
耐受盐密度(U=120kV)/g·L^{-1}	80	20
外套内径/mm	180	140
杆径/mm	200	185
伞径/mm	320	260/290
重量/kg	100	136

附录三 架空线路常用杆塔技术指标

35~500kV架空输电线路常用杆塔的耐雷水平和雷击跳闸率/次·(100km·40雷电日)$^{-1}$

额定电压/kV	500		330	220		110				60	35	
杆塔型式												
保护角	14°		20°	16.5°	22.5°	30°		25°		30°		
保护方法	双避雷线		双避雷线	双避雷线	单避雷线	双避雷线	单避雷线	双避雷线	单避雷线	单避雷线	木横担无避雷线钢筋混凝土杆	铁横担无避雷线钢筋混凝土杆
						中性点直接接地		中性点经消弧线圈接地		中性点经消弧线圈接地	中性点经消弧线圈接地	
杆塔绝缘 绝缘子 片数	28	25	19	13	13	7	6	7	6	5	2	3
杆塔绝缘 绝缘子 型号	XP-16	XP_3-16D	CP-10	X-7	X-4.5	X-7	X-4.5	X-7	X-4.5	X-4.5	X-4.5	X-4.5
50%冲击放电电压/kV正极性	2310	2138	1645	1410	1200	700	520	700	520	350		

续表

额定电压/kV	500	500	330	220	220	220	220	110	110	110	110	60	60	35	35	35
档距长度/mm	400	400	400	400	400	400	400	300	300	300	250	250	250	200	200	200
冲击接地电阻/Ω①	7~15	7~15	7~15	7~15	7~15	7	7	7~15	7~15	7~15	7~15	20	10	10	20	20
雷击杆塔时耐雷水平/kA	174~126.6	161.7~122.2	141.5~100	118~83.3	100~71	93.5	79.6	85.5~53.7	53.5~36.3	63.0~42.7	48.6~32.6	28.4	46.7	38.1	19.1	31.5
建弧率	91%	100%	100%	80%	91.8%	80%	91.8%	85%	85%	85%	75%	57%	57%	20.6%	58%	58%
平原线路　绕击率	0.112%	0.112%	0.238%	0.144%	0.144%	0.7%	0.7%	0.133%	0.238%		0.38%					
平原线路　击杆率	1/6	1/6	1/6	1/6	1/6	1/4	1/4	1/6	1/4		1/4					
平原线路　跳闸率	0.0709	0.098	0.28	0.125	0.28	0.53	0.80	0.19	0.74		0.53					
山区线路　绕击率	0.397%	0.397%	0.84%	0.5%	0.5%	2.23%	2.23%	0.474%	0.82%	0.82%	1.4%					
山区线路　击杆率	1/4	1/4	1/4	1/4	1/4	1/3	1/3	1/4	1/3	1/3	1/3					
山区线路　跳闸率	0.127~0.286	0.17~0.343	0.23~0.45	0.28~0.45	0.45~0.80	0.87	1.27	0.30~0.57	1.0~1.4	0.70~1.1	0.71~1.0	2.08	1.42	0.55	2.33	1.81

注：①平原按7Ω计算跳闸率，山区按7~15Ω计算跳闸率，无避雷线者以表中数字为准；
②35kV木横担相时，导线对杆空气间隙为1.15m。

参 考 文 献

1 中国国家标准 GB2900.19—82:电工名词术语——高电压试验技术和绝缘配合.北京:技术标准出版社,1983.
2 中国国家标准 GB311.1～311.6—83:高压输变电设备的绝缘配合、高电压试验技术.北京:中国标准出版社,1985.
3 中国国家标准 GB/T16434—1996:高压架空线路和发电厂、变电所环境污区分级及外绝缘选择标准.北京:中国标准出版社,1996.
4 中国电力行业标准 DL/T596—1996:电力设备预防性试验规程.北京:中国电力出版社,1997.
5 中国电力行业标准 DL/T620—1997:交流电气装置的过电压保护和绝缘配合.北京:中国电力出版社,1997.
6 张仁豫等.高电压试验技术.北京:清华大学出版社,1982.
7 华中工学院,上海交通大学合编.高电压试验技术.北京:水利电力出版社,1983.
8 解广润主编,电力系统过电压.北京:水利电力出版社,1985.
9 张纬铍等.电力系统过电压与绝缘配合.北京:清华大学出版社,1988.
10 周泽存主编.高电压技术.北京:水利电力出版社,1988.
11 唐兴祚.高电压技术.重庆:重庆大学出版社,1991.
12 朱德恒,严璋主编.高电压绝缘.北京:清华大学出版社,1992.
13 刘炳尧主编.电气设备绝缘试验.北京:水利电力出版社,1993.
14 吴南屏.电工材料学.北京:机械出版社,1993.
15 邱毓昌主编.GIS 装置及其绝缘技术.北京:水利电力出版社,1994.
16 张仁豫主编.绝缘污秽放电.北京:水利电力出版社,1994.
17 [俄]B.П.拉里昂诺夫主编,赵智大等译.高电压技术·电力系统绝缘与过电压.北京:水利电力出版社,1994.
18 陈化钢.电气设备预防性试验方法.北京:水利电力出版社,1994.
19 严璋编.电气绝缘在线检测技术.北京:中国电力出版社,1995.
20 邱毓昌等.高电压工程.西安:西安交通大学出版社,1995.
21 赵智大主编.高电压技术.北京:中国电力出版社,1999.
22 Kuffel E. et al. High-voltage Engineering. Fundementals New York, Pergamon Press, 1984.
23 Naidu MS. et al. High-voltage Engineering. New Delhi Tata McGraw-Hill, Publ., 1982.
24 河野照哉著.系統絶縁論.東京:コロナ社,昭和 59 年 8 月
25 Сви П. М. Контроль Изоляция оборудования высокого напряжения 2—е Издание, Москва, Переработанное и Дололненное Энергоатомиздат,1988.
26 Базуткин В В. и др. Перенапряжения в электрических системах и защита от них. М, Энергоатомиздат,1995.